U0384197

本书为中国社会科学院国情调研
重大项目的最终成果

# 特大自然灾害与社会危机应对机制

## ——2008年南方雨雪冰冻灾害的反思与启示

**Serious Natural Disasters and Coping Mechanisms of Social Crises:**

Reflection and Enlightenment of
Freezing Rain and Snow Disaster over Southern China in 2008


**中国社会科学院社会政法学部**

郝时远 主编

# 目　录

## 总报告



## 专题报告

# 总 报 告

# 低温雨雪冰冻考验与应急管理

郝时远*

2011年年初，中国南方一些省区再度遭逢低温雨雪冰冻的袭击。这是中国步入新世纪第二个十年面对的首场自然灾害，也是继2008年南方各省区遭受前所未有的低温雨雪冰冻灾害后对国家、地方各级政府在应对同类自然灾害响应、动员、抗灾、救灾能力的再次考验。新闻媒体的报道中出现的“08经验”之说，即是对我国应对2008年低温雨雪冰冻灾害经验、教训以及后续不断完善的应急机制做出的概括。

在2008年年初南方低温雨雪冰冻灾害中，最引人注目的现象之一是高压输电线路因冰冻凝结造成断线和倒塔。而电力的中断，无论是对政府应急管理、救灾能力的实施，还是对灾区抗灾、自救行动的举措，都产生了制约性影响。其间，救援人员对电力设施覆冰现象进行人工敲击，甚至用枪弹射击冰坨等，这样的场景可以说明面对这种罕见的自然灾害现象无论是电力系统还是救灾抢险专业队伍，都难以有效地应对和缓解这种危害。因此，电力系统在这场灾害中蒙受的损失也特别重大。根据国家电力监管委员会发布的《2008年低温雨雪冰冻灾害期间电力应急工作情况》

* 郝时远，中国社会科学院学部委员，学部主席团秘书长，社会政法学部主任。

显示：灾害期间有13个省份的电力系统运行不同程度地受到影响，特别是贵州、湖南、江西、广西和浙江等省区的电力设施损毁严重，发电出力受阻，多片电网解列，一些地区电网大面积停电。全国因灾害停运电力线路36740条，停运变电站2018座，110千伏及以上电力线路因灾倒塔8381基，110千伏以下电力线路因灾倒塔100万基（根）。全国因灾停电县（市）多达170个，部分地区停电时间长达10多天。灾害还造成部分铁路牵引变电站失电，京广、沪昆、鹰厦等电气化铁路中断运行，人民群众正常的生产生活秩序被严重破坏。大量通信基站在停电后无法正常运作，公用通信网络发生了不同程度的中断。此外，一些重要负荷（如政府、医院、金融机构）以及需连续作业的工业用户（如化工、钢铁、冶炼、煤矿和水泥等）都受到不同程度的影响。[①] 中国俗语说“吃一堑长一智”，电力系统的“08教训”如何成为“08经验”？

2011年年初，根据中央气象台的预报，1月6日南方电网公司应急指挥中心启动了低温雨雪冰冻灾害Ⅱ级应急响应。当时，贵州有286条110千伏及以上线路覆冰，其中严重覆冰122条，最大覆冰厚度18毫米。作为应急措施，贵州电网启动了全部12套直流融冰装置对覆冰线路进行融冰，取得了显著效果。截至1月6日12：00，已完成了75条110千伏及以上线路的融冰工作，线路覆冰全部消融，保证了电网安全稳定运行。[②] 直流融冰装置是在2008年低温雨雪冰冻灾害之后，国家电网公司委托中国电力科学院等科研院所研制的一项科研成果，也是“08教训”的经验产物。在应对2011年南方低温雨雪冰冻灾害中，直流融冰装置为电网安全和电力供给在技术层面提供了保障，有效地提高了我国应对低温雨雪冰冻灾害的应急能力。

当然，应急管理不仅需要科学技术方面的支撑，还涉及政府、法律、社会、舆论等诸多要素的协同应对。因此，对2008年这场低温雨雪冰冻灾害的观察和研究，也必然超越了自然灾害本身而成为对国家能力的一项研究。

---

① 参见国家安全生产应急救援指挥中心网站（http：//www. emc. gov. cn/emc/），2009年4月21日。

② 参见 http：//news. 163. com/11/0107/20/6PQQH5DC00014AED. html。

## 一 低温雨雪冰冻灾害损失严重

2008年1月10日~2月20日，一场罕见的低温雨雪冰冻灾害袭击了中国南方等地区，其波及面之大也前所未有。在这一持续两个多月的恶劣天气中，长江中下游地区的最低气温降至-6℃~0℃，日最高温度与最低温度接近。贵州、湖南、湖北、广西、广东、福建、江西、重庆、四川、江苏、浙江、云南、西藏、河南、陕西、甘肃、山西和上海等20个省区市不同程度地受到影响。这场以冰冻现象极其严重为主要特征的“极端天气事件”，持续时间之长、影响范围之广、侵袭强度之大和灾害程度之重，均达到新中国成立以来最严重的水平。

根据气象学专家对1951~2007年长江中下游、贵州区域等地平均最大连续冰冻日数的气象资料分析，2007年12月1日~2008年2月2日的最大连续冰冻日数，超过了历史最大值。而且，这场低温雨雪冰冻灾害“作为一次极端天气事件有多项气象记录超过了当地自有气象记录以来的极值”。[①] 因此，应对这场突如其来的自然灾害，对中国政府、地方政府、相关省区市的各民族人民群众，乃至全国人民都是一次罕见的考验。

在自然灾害的分类中，气象灾害主要指台风、暴雨（雪）、寒潮、大风（沙尘暴）、低温、高温、干旱、雷电、冰雹、霜冻和大雾所造成的灾害。[②] 低温雨雪冰冻虽然属于低温范畴，但有其显著的特点。在我国民政部颁发的《自然灾害统计制度》中，低温冷冻和雪灾（包括冻害、冷害、寒潮灾害和雪灾等）为一种类型。[③] 中国南方低温雨雪冰冻气候的基本成因是蒙古、西伯利亚冷高压形成迅速南下的强冷空气，与控制南方的暖湿气团相遇，造成势力强、范围广的冷锋系统，出现大范围的雨雪天气。由于持续低温、雨

---

① 王东海等：《2008年1月中国南方低温雨雪冰冻天气特征及其天气动力学成因的初步分析》，《气象学报》2008年第3期。

② 《气象灾害防御条例》，中华人民共和国国务院令第570号，2010年4月10日实行。

③ 参见民政部《关于印发〈自然灾害统计制度〉的通知》（民函〔2008〕119号），http：//jzs. mca. gov. cn/article/bzgz/zcwj/200805/20080520014115. shtml。

雪，因此造成了冻结、凝华、冰雾粒子附着增长等物理现象的发生。

在迈入2008年之际，对于缺乏冬季公众供暖系统的南方地区来说，无论是地方政府还是普通人家，对这场低温雨雪冰冻的危害性都缺乏心理准备。低温雨雪冰冻灾害袭来之初，在城镇、农村、自然界造成千姿百态的冰雪凝结现象，一度成为网络上流行的南方冰雪世界奇观景致。然而，当电力输送线路由于不堪冰冻凝结而断线垮塌、铁路公路和通信中断的现象接踵而至时，人们才感受到了灾害的降临。这场灾害不仅导致路面结冰、积雪冷冻、铁路、电力输送线路覆冰，造成建筑物垮塌、道路封堵、铁路不通、电力输送线路和通信塔台等设施断线等严重后果，而且对农作物、森林、养殖业等造成了严重危害，由此产生的对人民群众正常生活的影响，甚至对财产和生命安全的威胁也十分严重。这场灾害形成的灾害链被简约概括为"低温—雨雪—冰冻/雪冰压拉（自然灾害）—机场关闭—公路堵塞—煤运受阻/断电—缺水—铁路中断—煤运受阻（生产事故）—旅途受困—乘客积压—车站拥堵/供应不足—物价上涨—生活困难（治安问题）"。[①] 形成了一种连锁的、相互制约的困局，造成了重大危害和严重损失。

2008年4月22日，国家发展和改革委员会主任张平向第十一届全国人大常委会第二次会议报告了2008年年初南方低温雨雪冰冻灾害的情况和损失：

——交通运输严重受阻。京广、沪昆铁路因断电运输受阻，京珠高速公路等"五纵七横"干线近2万千米瘫痪，22万千米普通公路交通受阻，14个民航机场被迫关闭，大批航班取消或延误，造成几百万返乡旅客滞留车站、机场和铁路、公路沿线。

——电力设施损毁严重。持续的低温雨雪冰冻造成电网大面积倒塔断线，13个省（区、市）输配电系统受到影响，170个县（市）的供电被迫中断，3.67万条线路、2018座变电站停运。湖南500千伏电网除湘北、湘西外基本停运，郴州电网遭受毁灭性破坏；贵州电网500千伏主网架基

① 中国科学院学部：《建立国家应急机制科学应对自然灾害 提高中央和地方政府的灾害应急能力——关于2008年低温雨雪冰冻灾害的反思》，《院士与学部》2008年第3期。

本瘫痪，西电东送通道中断；江西、浙江电网损毁也十分严重。

——电煤供应告急。由于电力中断和交通受阻，加上一些煤矿提前放假和检修等因素，部分电厂电煤库存急剧下降。1月26日，直供电厂煤炭库存下降到1649万吨，仅相当于7天用量（不到正常库存水平的一半），有些电厂库存不足3天。缺煤停机最多时达4200万千瓦，19个省（区、市）出现不同程度的拉闸限电。

——工业企业大面积停产。电力中断、交通运输受阻等因素导致灾区工业生产受到很大影响，其中湖南83%的规模以上工业企业、江西90%的工业企业一度停产。有600多处矿井被淹。

——农业和林业遭受重创。农作物受灾面积2.17亿亩，绝收3076万亩。秋冬种油菜、蔬菜受灾面积分别占全国的57.8%和36.8%。良种繁育体系受到破坏，塑料大棚、畜禽圈舍及水产养殖设施损毁严重，畜禽、水产等养殖品种因灾死亡较多。森林受灾面积3.4亿亩，种苗受灾243万亩，损失67亿株。

——居民生活受到严重影响。灾区城镇水、电、气管线（网）及通信等基础设施受到不同程度破坏，人民群众的生命安全受到严重威胁。据民政部初步核定，此次灾害共造成129人死亡，4人失踪；紧急转移安置166万人；倒塌房屋48.5万间，损坏房屋168.6万间。

上述危害造成的直接经济损失高达1516.5亿元。①

当然，在这些数据背后，不同行业遭受的损失都有一部令人震惊的账目。其中林业损失即是一例。江西省奉新县罗市镇店前村的林农罗来远，面对自家成片的毛竹林欲哭无泪地说："白天满眼都是断毛竹挡路，夜晚满耳都是毛竹变爆竹。"这种毛竹成片爆裂、湿地松拦腰折断、油茶幼果尽落、幼树倒伏殆尽、经济林果减产甚至绝收的现象，在江西、贵州、安徽、广西、湖北等省区十分普遍。贵州黔东南州等重点林业地区的林业损失占到当地灾害总损失的70%以上；广西桂林市的林业损失占全区灾害

① 参见张平《国务院关于抗击低温雨雪冰冻灾害及灾后重建工作情况的报告》，《全国人民代表大会常务委员会公报》2008年第4号。

损失的60%以上，永福县一个桉树造林大户的3万亩2~3年的生桉树80%以上折断，漓江源头的水源涵养林基本“全军覆没”；湖北全省林木种苗，特别是2007年秋冬播种的种苗、容器苗，90%以上受到严重冻梢，难以再成活，一座投资近千万元的现代化、工厂化育苗车间整体坍塌；等等。面对这些显性的灾难，林业专家认为其潜在的影响、隐性的损失、后续的恶果将会逐步表现出来。林木、毛竹损毁，对林农、林业职工生产、生活的毁灭性影响和对区域性生态的影响，将是林业次生、衍生灾害最突出的隐患。

当时，江西省林业厅厅长刘礼祖说，有的祖祖辈辈靠山吃饭的林农，因冻害损失，可能几年都翻不了身，打击非常大。奉新县罗市镇店前村村支书黄昌华认为：未来3~10年依托经营毛竹、杉木、湿地松为主要经济来源的林农将基本丧失收益，生活压力剧增，出现大面积返贫。广西林业局有关负责人说，桂林市近年来林业收入占农民年收入的23%。就毛竹来说，要恢复到灾前的状况至少需要4~5年时间，林木的恢复则需要更长时间。在这段时间内，依靠竹木实现增收的林农，其收入将会下降，有的将会出现负增长。江西省2613家木竹加工企业未来2~10年内，原料来源受到严重限制，31.5万企业职工就业受到严重影响。林业专家估计，受灾害影响毛竹恢复需要5年时间、松杉恢复需要10年、阔叶乔木恢复需要20年，古树无法恢复，生态修复恐怕需要更长的时间。①

显而易见，从林业这一个系统来观察这场灾害造成的影响，它不仅是现实数据的列举，而且关系到生态、产业、民生等一系列未来发展的后续问题。

## 二　举国应对低温雨雪冰冻灾害

2008年，是中国改革开放的第30个年头，也是一个艰难而辉煌的年

① 摘引自《抗击在雨雪冰冻中——林业抗击历史罕见雨雪冰冻灾害纪实》，2008年2月20日，http：//xnhz.forestry.gov.cn。

份。年初的低温雨雪冰冻灾害、随之而来的西藏拉萨“3·14”事件、“5·12”汶川大地震、奥运圣火传递的国际互动、中国人百年期盼的奥运会在北京成功举行，无不牵动着中国各民族人民、海外华侨华人的心。可歌可泣的悲壮、众志成城的凝聚、欢欣鼓舞的喜悦，演出了一幕幕举国动员的宏大剧目。抗击低温雨雪冰冻灾害则是这一艰难而辉煌年份的一幕序曲。

2008年1月10日，中央气象台发布预报：受来自贝加尔湖地区的一股东移南下的较强冷空气影响，今天夜间起，我国中东部大部地区自北向南将出现明显降温，西北地区东部、内蒙古中东部、东北地区中南部、华北、黄淮、江淮、江汉、江南、华南以及西南地区东部等地的气温将先后下降4℃～8℃，云贵高原东部及长江中下游的部分地区的降温幅度可达10℃。这一预报，揭开了南方低温雨雪冰冻灾害的序幕。在随后的几天中，南方一些省区的灾情相继显现，交通中断造成火车站、飞机场大量旅客滞留，公路阻断、事故频发、旅客受困，一年一度的“中国春运”遭受了天灾的重大困厄，而在那些被冰雪封闭的城镇、乡村和山寨则遭逢电力、燃气、通信、供水、商业等系统中断的困扰，甚至出现房屋垮塌、人员死伤和一些地区与外界隔绝的危机。面对这场突如其来的低温雨雪冰冻灾害，党中央、国务院、各级地方人民政府及时采取措施应对灾害，展开抗灾救助工作，从1月10日开始，国家减灾委、民政部系统启动低温雨雪冰冻灾害四级应急响应，紧急向湖南、广西、重庆、四川、贵州调拨棉帐篷、棉衣棉被等保障受灾群众基本生活的物资。在党中央确定的“保交通、保供电、保民生”抗灾救灾工作原则的号召下，举国上下形成了万众一心抗击低温雨雪冰冻灾害的社会动员和实际行动。展现了中国应对重大自然灾害从中央到地方、从政府到民间广泛的应急管理能力。

从2008年1月10日开始，中央办公厅、国务院办公厅即开始协调和指导相关部门和地方政府应对灾害。随着灾情的蔓延和持续，1月27日温家宝总理主持召开电视电话会议，针对低温雨雪冰冻灾害对煤电油运造成的严重影响部署保障工作。1月29日，胡锦涛总书记主持中央政治局会议，专门研究低温雨雪冰冻灾情，部署做好保障群众生产生活工作。根据党中央的部署，31 日，国务院决定成立煤电油运和抢险抗灾应急指挥中心，其主要职责有五个方面：一是负责及时地掌握全国煤电油运和抢险抗灾有关方面的综合情况；二是协调解决煤电油运和抢险抗灾中的重大问题，特别是突发性的问题；三是督促各地区、各有关部门和单位落实有关政策措施；四是向党中央、国务院报告协调会商的综合情况；五是建立新闻发布制度，统一发布政府信息。这一统筹协调煤电油运和抢险抗灾中跨部门、跨行业、跨地区工作的指挥中心，成为党中央、国务院应对低温雨雪冰冻灾害的应急管理工作中枢。2 月 1 日，温家宝总理主持召开国务院常务会议，研究部署抢险抗灾和煤电油运保障工作。3 日，胡锦涛总书记主持中央政治局常委会，进一步研究部署当前低温雨雪冰冻灾害抗灾救灾工作，确定了千方百计“保交通、保供电、保民生”的抗灾救灾工作原则。在此期间，胡锦涛、吴邦国、温家宝等中央领导同志分别多次对煤电油企业、救灾物资生产厂家、南方各省区灾区进行视察和指导，亲临救灾第一线进行慰问。

从低温雨雪冰冻灾害的灾情初现，国家减灾委、民政部即根据党中央、国务院的工作部署，按照《国家自然灾害救助应急预案》及时启动国家救灾四级响应，并随着灾情的加剧及时提升国家救灾响应的级别。在国务院煤电油运和抢险抗灾应急指挥中心的组织协调下，中宣部、国家发改委、公安部、民政部、财政部、铁道部、交通部、信息产业部、商务部、卫生部、国家民航总局、国家安全监管总局、国务院新闻办、国家气象局、国家电监会、解放军总参、武警、国务院应急办、国家电网公司、南方电网公司、中石油集团、中石化集团、煤炭运销协会 23 个成员单位，在政策制定、财政支持、物资调运、设施抢修、煤电油供给、医疗卫生保证、救灾力量组织、交通疏导、通信保障、社会安全、商品供应、舆论宣传等诸多方面展开了抗灾救灾工作。尤其是在“保民生”方面，国务院煤电油运和抢险抗灾应急指挥中心专门成立了由民政部、国家发改委、财政部、农业部、商务部、卫生部、解放军总参谋部组成的救灾和市场保障指挥部，专门协调解决灾区抗灾救灾、城乡居民生活必需品保障和紧急物资供应等重大问题。2 月 4 日，国务院煤电油运和抢险抗灾应急指挥中心成立抢修电网指挥部，加快灾区电力恢复的速度。

与此同时，各受灾省区地方党委和政府，根据党中央、国务院的统一部署也相继启动应急管理预案，省区市县各级党政领导亲赴抗灾救灾第一线，组织、发动、协调、指挥抗灾救灾行动。在灾情信息方面形成了及时、准确的报送网络，为抗灾救灾的工作决策提供了动态性、预期性的资料。同时，利用地方突发事件预警信息发布平台，每天至少两次向手机用户免费发布交通、天气、卫生等相关信息，利用电台、电视台、各大报纸、各门户网站不间断滚动播出春运信息等方式，多渠道、大范围地发布相关信息，保障人民群众及时了解灾情，安定民心。作为抗灾救灾第一线的各级民政部门紧急动员，迅速启动救灾应急预案，组织转移房屋倒塌的受灾群众，积极筹措救灾物资，顶风冒雪，肩挑背负，给铁路公路滞留旅客和被困群众分发食品、饮用水和棉衣被等物资。截至2月12日，湖南、贵州、江西、安徽、湖北、广西、四川7省（区）共投入救灾人员775.3万人次，发放方便食品2081.9吨、口粮5.5万吨、饮用水56.9万箱、棉被425.4万床、棉衣553.6万件。

在中国任何一次抗灾救灾的行动中，解放军、武警部队都是主力军。在这次抗击低温雨雪冰冻灾害的社会动员和救灾行动中，解放军和武警部队也不例外，充分发挥组织力强、调动及时的优势，截至2月12日，累计出动兵员66.7万人次（其中解放军31.9万人次，武警34.8万人次），组织民兵预备役188.2万人次投入除雪破冰、疏通道路、抢修损毁电路和调拨、抢运救灾物资，在抗灾救灾工作中发挥了骨干作用。为给大雪围困地区运送救灾物资，空军出动飞机41架，飞行174架次，空运棉衣、棉被、蜡烛、应急灯等各种救灾物资3万余件700余吨。动用9架直升机，克服大雾等天气不利因素，为四川宜宾、万源地区和广西桂林地区的边远山区乡镇紧急空投43吨棉衣、棉被等御寒物资和方便食品，解决了受灾群众的燃眉之急。[①] 同时，全国公安系统也全面投入了抗灾救灾、维护社

① 参见中华人民共和国民政部网站《全国低温雨雪冰冻灾害灾情和救灾工作情况》，2008年2月14日。

会稳定和保护人民安全的行动之中。公安部启动雨雪天气交通管理应急预案，先后派出 17 个工作组，由部委领导带队分赴 14 个受灾严重地区，消防、督察、装备等相关部门也迅速派出工作组，深入抗灾一线，与灾区公安机关共同组织抗灾救灾工作。据统计，1 月 11 日 ~2 月 8 日，广东、湖南、安徽、贵州、浙江、江苏、江西、广西、湖北、河南 10 个灾区共出动警力 593.8 万人次，救助群众约 743.9 万人，疏导车辆约 1927.4 万辆。① 全国消防部队组成 300 多个工作组，3 万多人的应急救援机动力量，在打通道路、救助民众、排险抢修等方面发挥了重要作用。②

在抗灾救灾的举国动员过程中，国家减灾委、民政部先后针对湖南、贵州、江西、安徽、湖北、广西、四川 7 省（区）启动国家Ⅱ级救灾应急响应，协调相关部门和地方向灾区调拨棉衣被 198.8 万件及大量棉帐篷、照明物品，各行各业对灾区的对口支援，也以捐赠等方式解决灾区的紧迫困难。如灾区供水系统遭受冰冻破坏，水表迸裂，建设系统紧急动员供水设备生产厂家组织捐赠供货，截至 2 月 13 日，全国已有 15 个单位的 1.985 万只水表、1000 个配套阀门、5 个管径 300 毫米伸缩蝶阀运往灾区。③ 商务部累计向灾区紧急调运 1000 万支蜡烛及手电、电池、应急灯等照明设备。民政部会同财政部及时安排中央自然灾害生活补助资金 5.35 亿元，重灾省份城乡低保对象临时补贴资金 7.1 亿元；中央财政还对 7 个重灾省份安排综合性财力补助资金 7 亿元。截至 13 日，灾区卫生部门共派出医疗、防疫、卫生监督队伍 25115 支，医务工作人员 18.29 万人次，救治伤病员和受灾群众 40.22 万人次，向基层发放“消杀灭”药械价值 1345 万元，发放宣传材料 993 万份；④ 等等。

面对这场严重的自然灾害，全国各族人民、港澳台同胞、海外侨胞，

---

① 参见人民网《全国公安民警抗击雨雪冰冻灾害纪实》，2008 年 2 月 11 日。

② 参见中国消防在线《2008 全国消防部队抗击低温雨雪冰冻灾害纪实》，2008 年 3 月 13 日。

③ 参见胡春民《全国建设系统支援南方抗击冰雪灾害和灾后重建纪实》，《中国建设报》2008 年 2 月 21 日。

④ 参见中华人民共和国民政部网站《全国低温雨雪冰冻灾害灾情和救灾工作情况》，2008 年 2 月 14 日。

外国政府、国际组织及海外各界都极为关注。截至2月12日，有84个国家政府或领导人、8个国际组织和机构向我国表示慰问，美国、日本、韩国、新加坡、马来西亚、蒙古国和叙利亚等国向我国提供了紧急援助。中国香港、澳门特区政府和港澳台同胞、海外华人华侨积极向灾区捐款。内地各族各界群众更是对支援灾区表现出了极大的捐赠热情。民政部及时协调中国红十字总会和中华慈善总会，向社会公布捐赠电话和账号，并协调和指导受灾省区开展救灾捐赠活动。同时，积极协调外交、海关、质检等部门，建立国外捐赠物资接收的协调机制和快速通道。民政部、中国红十字总会、中国慈善总会及湖南、贵州、江西、安徽、湖北、广西、四川7个重灾省（区）接收救灾捐赠款物约11.95亿元。[①]

在这场抗击低温雨雪冰冻灾害的举国动员中，新闻媒体发挥的作用十分重大。无论是党和国家抗灾救灾的重大决策及领导人深入灾区的身先士卒，还是国家各部委、军队、武警、地方政府、民间团体和人民群众的抗灾救灾行动，都通过报纸、电视、广播、网络等传播载体遍及社会、深入人心、影响世界。在重大灾害发生后，人们的恐慌无助是加剧灾害危害性的重要动因，猜测、谣言、盲目的行为都可能造成危及社会稳定、人身安全的次生灾祸。在这种情况下，广播、电视、网络（甚至手机短信）传播的国家声音，展现的抗灾救灾第一线那些可歌可泣的宏大场面、那些难能可贵的微小场景，都会增强灾区人民脱困的信心，也都会激发全国各族人民以各种形式投入抗灾救灾的激情。正如相关研究所指出的“在危机发生时，媒体给予受众的解释、引导、鼓舞和安慰是人们战胜危机不可或缺的精神动力”。[②] 在2008年举国抗击南方低温雨雪冰冻灾害的过程中，中国的报纸、电视、广播、网络和通信平台通过多渠道、多角度对灾情、抗灾、救灾的及时、密集、生动的报道，集中体现了在党中央、国务院的坚强领导下，全国人民万众一心抗灾救灾的坚定信念，极大地展示了国家

---

① 参见中华人民共和国民政部网站《全国低温雨雪冰冻灾害灾情和救灾工作情况》，2008年2月14日。

② 芮毕峰、李小军：《大众传媒与社会风险——以南方雨雪灾害报道为例》，《淮海工学院学报》2008年第2期。

能力，调动了民间力量，起到了增强信心、稳定民心、激发中华民族精神、为取得抗灾救灾的胜利提供舆论导向的重大作用。

在这场“保交通、保供电、保民生”的抗灾救灾行动中，党和国家、各级党政部门、社会各界和人民群众形成的紧急响应，为我国应对自然灾害危机管理提供了一个具有重要意义的范例。虽然这场灾祸过去不久，就发生了“5·12”汶川大地震，形成了更大规模的抗灾救灾举国动员，但是这场低温雨雪冰冻灾害是在2007年11月1日《中华人民共和国突发事件应对法》正式生效后，面对的第一场重大突发事件。这份法律规范的“突发事件”是指“突然发生，造成或者可能造成严重社会危害，需要采取应急处置措施予以应对的自然灾害、事故灾难、公共卫生事件和社会安全事件”。2008年1月的低温雨雪冰冻灾害即是其中的“自然灾害”。因此，这场低温雨雪冰冻灾害也是对我国应对突发事件法律法规建设的首次考验。

## 三　低温雨雪冰冻灾害考验应急管理预案

应急管理体制建设，是我国改革开放以来随着经济社会的发展而逐步纳入国家能力建设的一个重要方面。其重要的转折点是基于2003年举国应对SARS疫情的经验和教训，以及随之而来的禽流感、矿难、污染等重大灾祸。

2006年1月8日，国务院颁布了《国家突发公共事件总体应急预案》，10日颁布了《国家自然灾害救助预案》，为全国各级政府制定突发公共事件、自然灾害救助预案提供了规范。6月15日，国务院发布了《关于加强应急管理工作的意见》（国发〔2006〕24号），认为“加强应急管理，是关系国家经济社会发展全局和人民群众生命财产安全的大事，是全面落实科学发展观、构建社会主义和谐社会的重要内容，是各级政府坚持以人为本、执政为民、全面履行政府职能的重要体现”。该意见指出了“我国应急管理工作基础仍然比较薄弱，体制、机制、法制尚不完善，预防和处置突发公共事件的能力有待提高”的现状，确立了“以邓小平理论和‘三个代表’重要思想为指导，全面落实科学发展观，坚持以人为本、预防为主，充分依靠法制、科技和人民群众，以保障公众生命财产安全为根本，以落实和完善应急预案为基础，以提高预防和处置突发公共事件能力为重点，全面加强应急管理工作，最大程度地减少突发公共事件及其造成的人员伤亡和危害，维护国家安全和社会稳定，促进经济社会全面、协调、可持续发展”的指导思想，提出了“在‘十一五’期间，建成覆盖各地区、各行业、各单位的应急预案体系；健全分类管理、分级负责、条块结合、属地为主的应急管理体制，落实党委领导下的行政领导责任制，加强应急管理机构和应急救援队伍建设；构建统一指挥、反应灵敏、协调有序、运转高效的应急管理机制；完善应急管理法律法规，建设突发公共事件预警预报信息系统和专业化、社会化相结合的应急管理保障体系，形成政府主导、部门协调、军地结合、全社会共同参与的应急管理工作格局”的工作目标。

可以说，从2006年以来，我国在应急管理的法制建设方面取得了突破性进展，尤其是2007年8月30日颁布了《中华人民共和国突发事件应对法》，为我国应急管理体制的建设提供了国家基本法的保障。明确了“国家建立统一领导、综合协调、分类管理、分级负责、属地管理为主的应急管理体制”法律要求。形成了国家总体应急预案（1项）、省级总体应急预案（31项）、国务院部门应急预案（85项）、国家专项应急预案（20项）的应急预案体系。其中，国务院部门、国家专项、省级应急预案在地方、部门、行业中也形成了逐级落实的应急预案系统性结构。建立了国家应急管理工作体系：领导机构——国务院、办事机构——国务院办公厅应急管理办公室、工作机构——国务院有关部委、地方机构——地方各级人民政府、专家组——应急管理人才库。以“一案三制”为标志的应急管理预案和法制、管理体制、运行机制趋于完备。但是，结构性的完备并不等于综合效能的完善。

制定应急预案，是我国社会管理体制建设中实施有效应急管理机制的重要措施。应急预案以“以人为本、减少危害”，“居安思危、预防为主”，“统一领导、分级负责”，“依法规范、加强管理”，“快速反应、协同应对”，“依靠科技、提高素质”为基本原则，要求“建立健全分类管理、分级负责、条块结合、属地为主的应急管理体制”，通过各地区“因地制宜”的预案设计，在常态化的预防、模拟、演练中形成各部门、各行业的协同联动机制，以便在自然灾害等突发事件来袭时能够快速启动，最大限度地抗御和减轻危害。因此，当2008年低温雨雪冰冻灾害袭来之时，随着中央气象台、国家减灾委、民政部等紧急启动应急管理的响应机制，受灾地区政府也纷纷启动了应急预案，发挥了迅速反应、指挥有序、协调联动、应对有力的重要作用。本报告所涉及的内容正是从全局到局部、从专题到个案对抗击这场重大自然灾害的行动及其应急管理机制进行的实证性调查研究。在应对2008年南方低温雨雪冰冻灾害的过程中，从中央到地方、从部门到行业、从社区到乡村，形成了抗灾、救灾、减灾、赈灾的应急管理工作网络，其中也包括民间传统抗灾措施和乡里自我救助的各种行动，新闻媒体为这一举国动员、万众一心的抗灾壮举提供了强大的精神动力和舆论支持，展现了我国《中华人民共和国突发事件应对法》颁行之后，从中央到地方各级人民政府在应急预案的制定及其启动实施中联动体制和运行机制的保障作用，经受了严重低温雨雪冰冻灾害的考验。

同时，我们也必须看到，毕竟我国在构建和实践应急管理体制和机制方面仍处于起步阶段，无论在应急管理预案的制定方面，还是预案启动后的实施能力方面都存在着一些问题。例如，地方各级政府应急管理预案的制定，存在逐级套用国家、省区市政府应急管理预案的基本内容、结构和话语的现象，而“因地制宜”地从本地区自然地理、气候环境、城乡分布、交通运输、电力供给、经济类型、社会生活等实际状况出发，对既往经验教训进行梳理、分析，进行针对性的应急管理设计明显不足。有的地区虽然制定了几十个单项预案，但是这些预案之间缺乏联动的统筹机制，在实践中出现各行其是的紊乱。这场抗击低温雨雪冰冻灾害的应急行动，需要气象、铁路、民航、公路、电力、公安、民政、医疗等诸多部门之间，中央与地方之间及时有效地沟通和联合行动，这方面的网络机制尚存在问题，“缺少整合条条与块块应对巨灾的综合性预案”。[①] 在一些地区，制定的应急预案缺乏纳入常态工作范畴给予演练、模拟性实践和根据本地区实际进行完善的过程，特别是应急预案所涉及的各个部门之间协调运作尚未达成完备、有效的联动机制。在一些地区，特别是基层的应急管理机构由于编制、人员、设备、资金等各方面的因素，尤其是自然灾害等突发事件本身的“非常态化”，很容易造成对应急管理常态化重视程度的缺失，这也导致一些基层应急管理机构有名无实，甚至运行机制的“休眠”状态，不能适应“快速反应”的响应、动员、指挥、协调、联动等应急要求。此外，在面对突发自然灾害的侵袭，各地方自主的抗灾、救灾、减灾、赈灾能力明显不足，依赖外部援助的需求过程，也常常导致灾情加重、次生灾害的出现。我国的一些基础设施建设在设计、施工和维护措施等方面，也缺乏对全球气候变化及其对我国的影响等方面的预期性考虑。甚至，很多社会行业还没有做好应对巨大自然灾害的准备。

例如，低温雨雪冰冻灾害发生后，我国的保险业界为减少地区、企业、行业和家庭的损失，恢复灾区的生产生活秩序，开展灾后重建做出了积极贡献。截至 2008 年 3 月 5 日，保险业界共“接到灾害保险报案 101.7 万件，支付赔款 22.3 亿元，捐款 6000 多万元”。但是，“尽管保险业积极主动赔付，但与低温雨雪冰冻灾害造成的损失相比，保险赔偿所占比例明显偏低，还不到 2%，远远落后于全球 30% 以上、发展中国家 5% 的平均水平，这说明我国的保险覆盖面还非常低。多数企业、基础设施、农作物没有参加保险，经济损失无法得到补偿。有的即使参加了保险，也只选择少数风险较高的项目，保障不全面、不充分”。[②] 这一实例表明，在我国保险业发展的进程中，保险、防损意识的社会化程度依然有限，保险业在注重发展业务的同时对重大灾害事故的应急处置也缺乏重视，加之我国尚未建立起巨灾保险制度，利用保险手段分散巨灾风险的能力还比较有限。作为改革开放以来伴随着社会主义市场经济体制建设而不

---

① 史培军：《建立巨灾风险防范体系刻不容缓》，《求是》2008 年第 8 期。

② 中国保监会政策研究室：《低温雨雪冰冻灾害带给保险业的反思》，《中国保险》2008 年第 3 期。

断发展壮大的社会保险业，对我国来说总体上还是一个需要不断发展完善的社会事业，即使存在这样那样的缺失和问题也不奇怪。但是，这场灾害对关系国计民生、经济社会生活命脉的传统产业提出的挑战，同样十分严峻。

例如，国家电力监管系统在应对这一突如其来的低温雨雪冰冻灾害过程中，就切实感受到“缺乏有效的电力应急平台”，导致电力监管部门不能即时获取现场电力设施受灾、损毁和修复等情况，对实时和全面的电网运行状况和运行数据不能及时掌握，影响了应急判断、应急决策和应急指挥。同时，由于电力企业一般不设置专业应急抢险队伍，应急技术装备缺失，在组织实施抢修时物资运输也遭逢交通阻碍的影响等，尤其是“地方电力企业从物资、技术、人员三个方面得不到有力支援，一定程度上使灾害损失和持续时间扩大”。[①] 在这方面，中国科学院学部的综合研究报告对这场特大自然灾害进行的灾害链分析表明：“南方交通有赖电力，电力有赖能源，能源有赖运输，社会经济运行在这次特大自然灾害面前表现为一个恶性循环，而电力则是总开关。”[②] 电力设施这一“总开关”受损，必然产生“一损俱损”连锁反应，甚至使很多其他行业的应急预案在“动能”受到制约的条件下，失去了功效和应急能力。这些都是深刻的教训。

2008 年南方地区罕见的低温雨雪冰冻灾害对电力、交通、通信、社会秩序和人民生活造成的严重影响，也凸显了各部门、各行业、各地区应急、应对能力不足的现状。应急管理的预案的编制既要立足于本地的实际和既往的经验，也要对预期可能出现的突发性事件、自然灾害的规模和力度做出层级性的准备。而后者则是在预案中不可忽视的要素。例如，“广州火车站应对旅客滞留的预案是 1998 年编制的，按滞留旅客 15 万 ~20

---

① 李霞：《电力系统受低温雨雪冰冻灾害影响情况报告》，中国电力网，2008 年 3 月 22 日，http：//www.ccchina.gov.cn/cn/NewsInfo.asp？NewsId = 11399。

② 中国科学院学部：《建立国家应急机制科学应对自然灾害 提高中央和地方政府的灾害应急能力——关于 2008 低温雨雪冰冻灾害的反思》，《院士与学部》2008 年第 3 期。

万人编制的。2008年春节前夕，广州火车站共滞留旅客200多万人，以致预案失效"。[①] 可见，编制预案也需要有超前意识，有备无患。当然，预案不是万能的，也不是一成不变的，它需要在应对灾害等突发事件的实践中去检验，在吸取经验教训的过程中去完善。灾害本身的突发性和严重性，应对预案存在的缺失和功效，都为我们全面贯彻落实国家的相关法律和政策，加强应急管理体制的构建，加快应急管理队伍和救援队伍的培养，改进救灾物资储备的布局，提高救灾设备的科技含量提出了新要求。

## 四　不断完善应急管理体制和提高抗灾救灾能力

我国自2003年SARS疫情之后开始建立的应急管理体系并初步形成的全方位、多层级、宽领域的应急预案，在2008年这场历史上罕见的大范围低温雨雪冰冻灾害中，经受了首次实战检验。随后，接踵而至的3月14日西藏拉萨严重暴力事件和5月12日突发的汶川大地震，则对我国应对重大突发事件、重大自然灾害的应急管理体制提出了新的挑战。在经历了2008年这些重大的突发事件和自然灾害之后，总结经验、反思缺失也成为完善我国应急管理体制和提高抗灾救灾能力的必然要求。我国应急管理体系的不断完善，需要国家、地方、各行各业在应对突发自然灾害综合能力的实践考验中，针对"我国经济社会发展和灾害应对工作中还存在着一些问题和薄弱环节"，[②] 加强对应急预案及其运作机制的综合能力的建设。实践证明，除了预案和应急响应机制等因素以外，这场灾害所暴露的问题也突出了社会管理综合能力的欠缺，其中包括抗灾、救灾、减灾等方面的意识和能力。

这场灾害造成了受灾地区经济社会和人民财产的重大损失，国家在抗

---

① 栾盈菊：《对政府编制应急预案的实施与思考——以2008年南方低温雨雪冰冻灾害为例》，《江南社会科学院学报》2008年第2期。

② 张平：《国务院关于抗击低温雨雪冰冻灾害及灾后重建工作情况的报告》，《全国人民代表大会常务委员会公报》2008年第4号。

灾、救灾和恢复重建方面投入了大量的资金和人力，社会各界广泛的捐款、捐物也为灾区人民共克时艰提供了雪中送炭的效应。但是，在实践中，这场灾害所牵动的社会各行各业，或多或少都存在着防灾、抗灾、救灾能力不足的问题。这方面的缺失，虽然受制于我国经济社会发展水平的总体条件，但是在现有资源和能力的储备、布局、配给等方面的调控，也存在诸多问题。因此，要充分认识到我国防灾能力尚不够完备，经济发展与防灾能力尚不适应，加强防灾与应急预案和救灾物资储备的研究与实施，也成为重要的聚焦点。[①]

我国中央救灾物资储备制度始建于1998年，是当年河北省张北地区抗震救灾实践的产物，也是针对救灾物资缺乏统一规划协调弊端的抉择。根据党中央、国务院的决策，当年民政部、财政部发出了《关于建立中央级救灾物资储备制度的通知》，提出了“为提高灾害紧急救助能力，保证灾民救济工作的顺利进行，促进灾区社会的稳定，中央和地方以及经常发生自然灾害的地区都要储备一定的救灾物资”的要求。根据这一通知的要求，沈阳、天津、郑州、武汉、长沙、广州、成都、西安被确定为首批8个代储点，分别负责东北、华北、华中、华南、西南、西北各个区域。其后，广州调整为广西南宁，增加了哈尔滨、合肥，形成民政部所辖中央救灾物资10个代储点的全国布局。我国中央级救灾物资储备制度，实行“专项储存、合理布局，快速高效、保证急需，集中管理、保证安全，专物专用、严格审批”的管理体制和工作机制。同时，地方也根据实际建立了相应的救灾物资储备库。2002年，民政部、财政部联合制定了《中央级救灾储备物资管理办法》，对我国救灾储备物资的采购、管理、调拨、使用、回收和责罚从法制的高度作出了规范。截至“十五”末，我国已设立了10个中央级储备库，在31个省、自治区、直辖市和新疆生产建设兵团建立了省级储备库；251个地市建立了地级储备库，占所有地市的75.3%；1079个县建立了县级储备库，占所有县市的37.7%。[②]

① 参见马宗晋《2008年华南雪雨冰冻巨灾的反思》，《自然灾害学报》2009年第2期。

② 参见《自然灾害应急体系建设提速》，《京华时报》2006年1月13日。

这些储备库在安置受灾群众和保障灾民基本生活需求等方面起到了巨大作用。

实践证明，从中央到地方救灾物资储备体系的建立，对我国应对自然灾害、紧急救助灾区人民和降低灾情损失等方面，发挥着至关重要的作用。但是，实践也证明，到2008年低温雨雪冰冻灾害以及随之而来的汶川大地震，我国的救灾物资储备体系还不能适应应急管理的要求，物资储备不足、品种较少、储备库分布不均的弊端越来越突出。首先，救灾物资储备的品种单一，即棉、单帐篷。这虽然保障了受灾群众遮风避雨的居住问题，但是衣、食、饮水、照明、取暖等民生迫切之需则不在储备物资之列。其次，我国的救灾物资储备不仅空间有限（中央级最大的仓储空间如天津、郑州的中央代储点也只有10000平方米），而且帐篷储备量也明显不足。2004年中央级救灾物资储备库储存的棉、单帐篷为157990顶，民政部移交各地区救灾物资储备库的棉、单帐篷为212560顶，总计37万余顶。[①] 而汶川地震10天后对帐篷的需求就达到90万顶，满足这一迫切需求的生产、调拨、运输过程需要一个月。再次，由于救灾物资仓储布局不平衡、救灾物资储备品种单一且数量不足，在组织应急投放过程中往往因调运的困难而迟滞救灾的及时性和减灾的有效性，以及运输成本的困扰。救灾物资能否在最短的时间内调运到灾区，是考验国家应急能力的重要指标，救灾物资储备能否适应灾区灾民的基本生计需求，是践行“以人为本”的重要标志。对于我们这个自然灾害多发、国土面积广阔、人口众多的国家来说，救灾物资储备的布局、救灾物资品种的常态储备，显得尤为重要。因此，“宁可备而不用，不可用而无备”，也成为我国2008年以来完善应急管理体制的重要原则。当然，在这方面还涉及救灾物资储备的资金投入、救灾物资储备的科技含量等一系列问题。其中，也包括中西部地区地域辽阔、人口密集程度不一、交通运输能力不足、地方财政困难等实际问题，需要将救灾物资储备和救灾能力纳入区域经济社会协调发

① 参见高建国等《国家救灾物资储备体系的历史和现状》，《国际地震动态》2005年第4期。

展之中。

2009 年，民政部对中央救灾物资储备库进行了重新规划和布局，数量增加到 24 个，并陆续开始建设。民政部在广泛征求意见的基础上编制的《救灾物资储备库建设标准》出台，为中央与地方各级救灾物资储备库建设提供了国家标准，明确了不同层级救灾物资储备库的规模等各方面的技术指标。现已建成的昆明中央救灾物资储备库，是规模最大的救灾物资储备库，可停放起降直升机，救灾物资储备能够满足 70 万灾民的基本生活需求。救灾物资品种也由过去的单一品种（帐篷），扩大到主要生活需求品（棉被、衣服、净水器、火炉、炊具等），还包括救灾设备、工具等。同时，针对我国应急管理体系在人才队伍建设方面的缺失，国务院办公厅发出了《关于加强基层应急队伍建设的意见》（国办发〔2009〕59 号），确定了坚持专业化与社会化相结合，着力提高基层应急队伍的应急能力和社会参与程度，形成规模适度、管理规范的基层应急队伍体系的指导原则，要求通过三年左右的努力，达到县级综合性应急救援队伍基本建成，重点领域专业应急救援队伍得到全面加强，乡镇、街道、企业等基层组织和单位应急救援队伍普遍建立，应急志愿服务进一步规范，基本形成统一领导、协调有序、专兼并存、优势互补、保障有力的基层应急队伍体系的建设目标。民政部等相关部门，在加大救灾物资储备的数量和品种、建立物资调运和储备的管理信息系统、出台救灾物资行业标准等方面进行了一系列制度、规范建设。为我国的应急管理体系的建设和完善进行了多方面的努力，并在此基础上，制定和发布了《民政部关于加强救灾应急体系建设的指导意见》（民发〔2009〕148 号），可以说是对 2008 年一系列重大自然灾害经验教训的系统总结，也是对我国救灾应急体系全面建设和发展的未来规划。

这份指导意见，从“加强救灾应急体系建设，是关系国家经济社会发展全局和人民群众切身利益的大事，是全面落实科学发展观、构建社会主义和谐社会的重要内容，是各级政府坚持以人为本、执政为民、全面履行政府职能的重要体现”的高度，确立了“以保障人民群众生命财产安全和基本生活权益为出发点和落脚点，以提高救灾应急能力为核心，坚持应急救灾与常态减灾相结合、救灾减灾并重、城市农村统筹、政府社会协同、治标治本兼顾，综合运用行政、法律、科技、市场等多种手段，统筹做好灾前、灾中和灾后各阶段的应对工作，全面提高应对自然灾害的综合防范和应急处置能力，切实保障人民群众生命财产安全，促进经济社会全面、协调、可持续发展”的指导思想。提出了“用3～5年的时间，健全政府主导、分级负责、条块结合、属地为主的救灾应急管理体制；构建统一指挥、反应灵敏、协调有序、运转高效的救灾应急综合协调机制；建成覆盖各级政府和城乡社区的救灾应急预案系统；建立健全规范、高效的灾情管理系统；建成布局合理、品种齐备、数量充足、管理规范的救灾物资储备系统；完善救灾法律法规，打造救灾科技支撑平台，建立专兼结合的救灾应急队伍；建立部门协调、军地结合、全社会共同参与的救灾应急工作格局，形成具有中国特色的救灾应急体系，全面提升救灾应急工作的整体水平”的工作目标。对加强救灾应急管理体制机制、救灾应急法规制度、救灾应急预案体系、救灾应急队伍、灾情管理制度、救灾资金保障机制、救灾物资储备能力、救灾装备建设、救灾应急指挥系统、应急避灾场所、救灾科技支撑能力、社区综合减灾救灾能力和救灾应急社会动员能力13个方面的建设任务，做出了具体部署。要求在2010年基本形成“纵向到底、横向到边”的救灾应急预案体系。可以说，这些措施和工作目标，都是“08经验”的结果。

应急管理是我国社会管理事业中不可或缺的内容之一，它作为一种非常态的管理，也必须纳入社会管理事业常态建设的范畴，这种常态建设就是制定并不断完善应急管理预案、建设和完善应急监测和预警系统，形成中央、地方、各部门和社会组织之间合纵连横的应急网络协调体系，做好有备无患的救灾物资储备和调度规划，建立和培育专业、高效的应急和救灾队伍，开展全民的应急防灾、自救和自觉维护社会稳定的教育，等等。从这个意义上说，虽然应急管理针对的是“非常态”的突发事件，但是应对突发事件的能力却只有在常态化的准备中才能建立和健全。在这方面，相关法律法规的建设和完善、社会舆论的教育渗透、规范化的各种类型的演练，都是应急管理中至关重要的基本要素。当媒体记者对北京市民随机采访“是否知道市内专设的应急避难场地”时，绝大多数受访者对此难以言对。我国是一个幅员辽阔、人口众多的大国，同时也是一个自然灾害频繁、在相当长阶段面对社会各类矛盾频发的大国，这样一种国情特点不仅需要国家、各级政府、各行各业在应对突发事件方面高度重视，而且也需要民间社会增强危机意识、安全意识和应急管理意识。从国际经验中可以看到，应急管理意识的民间化程度越高，应对危机的国家能力和社会功效也越强。应对危机、应急管理的意识和知识，需要成为国民教育的法定内容。

本报告虽然以2008年南方低温雨雪冰冻灾害为调研对象，但是其调查研究的过程也不断发生着诸如旱灾等重大突发事件。因此，课题组在调查过程中也围绕应急管理这一主题对相关的案例进行了研究。事实上，突发事件与应急管理是我国当前乃至未来日益突出的社会问题类别和社会管理内容。无论是2008年南方低温雨雪冰冻灾害的经验和教训，还是随后发生的汶川大地震、玉树大地震、舟曲泥石流等重大自然灾害，无疑都是对我国突发事件的应急管理和危机处理体系及其运作功能的考验，而在这些接踵而至的自然灾害面前，我国的应急管理体系和抗灾、救灾能力也随之完善和增强。虽然2008年的南方低温雨雪冰冻灾害，在后来的一系列灾害中已经不甚起眼，但是应对这场灾害的过程、教训和经验及其对我国应急管理体系的触动和完善，却构成了“08经验”的主题。

社会政法学部组织的“雨雪冰冻灾害与社会危机应对机制研究”，是2008年立项的中国社会科学院国情调研重大项目。本学部各研究所对本项目的实施给予了积极支持。社会学所、民族所、法学所、政治学所、新闻所分别设立了子课题，组织近40位学者参加。5个子课题组分别从雨雪冰冻灾害引发的社会危机的应对机制、社会支持模式、应对机制的法律问题、公共危机管理、新闻报道与舆情等角度对湖南、湖北、江西、广西、贵州等地区进行调研，最终形成6篇专题报告。2010年，为更全面地研究特大自然灾害的应对机制问题，学部又布置有关研究所对2009年发生的其他特大自然灾害进行调研，形成《西南大旱与广西河池的抗旱救灾调查》等报告。在此，我对参与本项目的各研究所和学者表示衷心的感谢！

# 专 题 报 告

# 极度深寒冻醒的反思

## ——冰雪灾害型公共危机管理研究报告

中国社会科学院政治学研究所课题组*

使当代人们陷入安全困境的，并不是风险和威胁本身，更多的是制度对变化的反应迟钝。

——安东尼·吉登斯

近年来，在全球气候变暖的背景下，我国各种极端天气事件频繁发生，影响越来越复杂，应对难度越来越大。据统计，近16年来，在我国各类自然灾害造成的总损失中，气象灾害引起的损失占70%以上，平均每年气象灾害造成的损失接近2000亿元人民币。[①] 根据专家分析，由于气候变暖导致大气环流发生了显著改变，低层空气明显变暖，大气不稳定性增加，未来极端天气气候事件发生的频率和强度都有所增强，发生的时机更难以预测，导致的危害也将更大，而大幅降温、极端强冷空气和暴雪灾害等极端气候冷害事件亦很有可能在不经意间再次与我们不期而遇，令

* 房宁，中国社会科学院政治学研究所研究员；周湘智，湖南省社会科学院政治学所副研究员；黄小勇，中央党校政法部副教授。

① 章柯：《未来中国极端寒冷事件将减少，极端高温将增加》，《第一财经日报》2008年1月29日。

我们措手不及。前事不忘，后事之师。2008 年初春发生在大半个中国的那场高强度、大范围、持续性的低温冰雪极端天气事件，虽然在举国上下的共同努力下得以成功克服，但由于危机意识、应对机制等方面存在缺陷，也给我们留下了不少的遗憾与教训，值得我们着力进行深入的探究。以此次事件为案例，从危机管理的视角全面回顾其发生发展的过程，深入总结其成功经验与教训，寻求冰雪灾害型公共危机的善治之道，建立科学高效的化解应对机制仍具有十分重要的作用与意义。

## 一 “美丽的代价”：2008 年冰雪凝冻天气过程

2008 年伊始，春天已是触手可及。然而，一场突如其来的大雪，让近在咫尺的春天似乎在一夜间离我们遥远起来。2008 年年初，我国先后出现了 4 次大范围的雨雪、冰冻过程。仅短短几天时间，大半个中国已是“千里冰封，万里雪飘”，而国人此时已无心情消受如此美景，眼前这场突如其来的冰冻灾害给正满怀喜悦迎接春节的人们一个意想不到的袭击，也给人民群众的生产生活和经济社会发展带来了严重困难，并造成了重大损失。

### （一）2008 年冰雪灾害天气事件的成因

#### 1. “拉尼娜”[①] 之催化

“拉尼娜”事件是此次灾害发生的气候背景，它为中国的雨雪冰冻天气提供了冷空气侵袭中国的前提条件。自 2007 年 8 月起，赤道中东太平洋海温进入“拉尼娜”状态后迅速发展，此次低温雨雪冰冻灾害事件前 6 个月，赤道中东太平洋海表温度较常年同期平均偏低 1.2 摄氏度，为 1951 年有资料记录以来历次“拉尼娜”事件前 6 个月平均强度之最。“拉尼娜”现象使我国东海、南海的暖湿水汽北上强度不足，在这种情况下，

① “拉尼娜”是指赤道太平洋东部和中部海面温度持续异常偏冷的现象，它往往伴随着飓风、暴雨和严寒的出现。

来自北方的冷空气与东海、南海的暖湿气流便长时间僵持在长江中下游至南岭一带，酿成大面积、大强度降雪和冻雨[①]等灾害天气。

### 2. 大气环流异常

"拉尼娜"现象导致了大气的环流异常，这是我国南方低温雨雪冰冻灾害的直接原因。大气环流异常主要表现在以下四个方面。一是欧亚中高纬度大气环流的异常。2008 年 1 月，中高纬度欧亚地区的大气环流表现为西高东低的分布，即乌拉尔山地区位势高度场异常偏高，中亚至蒙古国西部直到俄罗斯远东地区高度场偏低，有利于冷空气自西北向东南活动。这种环流异常持续日数达 20 天以上，是多年平均出现日数的 3 倍多，为 1951 年以来该环流持续日数最长的一次。在这样的环流形势下，冷空气从西伯利亚地区连续不断自西北方向沿河西走廊南下入侵我国，为我国自北向南出现大范围低温雨雪天气提供了冷空气活动条件。二是西北太平洋副热带高压偏强偏北。强大副高的位置稳定维持在我国东南侧的海洋上空，并多次向西伸展。在我国长江中下游及其以南地区，暖空气与北下的冷空气交汇，导致了该地区大量的降水。三是南支低压槽异常。2008 年，青藏高原南缘的南支槽异常活跃，特别是 1 月中旬以来，南支槽活动频繁，且强度偏高，是近十多年来所少有的。南支槽的活跃有利于来自印度洋和孟加拉湾的暖湿气流沿云贵高原不断向我国输送，为我国长江中下游及南部地区的强降雪提供了更加充足的水汽来源。四是对流层下部逆温层异常偏强。2008 年 1 月，冷暖空气长时间维持在长江以南地区，在冷暖空气交汇区，暖湿空气在上，在对流层中低层形成稳定的逆温层，这是大范围冻雨出现的主要原因。

### 3. 地理因素助推

印度洋的暖湿气流受到北冰洋低温海水的影响很小，但是，随着青藏

---

① 冻雨是指过冷却水落在地面或暴露物体时，迅速凝结为冰的天气现象。冻雨与冷暖气流的相遇有关，它的形成通常需要两个条件：①水汽充足；② 地面温度低于 0 ℃，高空则有逆温层。下冷上热的气温条件使雪落到地面之前融化为水滴，而地面低温使水滴落地时又能迅速凝结成冰。冻雨可以在物体表面形成一层透明的冰覆盖层，使路面覆冰，铁路、公路、航空等交通运输因此陷入停顿；冻雨落在屋顶以及各种裸露的户外公共设施（如电网等）上则会因为承载过重而倒塌。

高原积雪的持续减少、气温逐渐偏高，对印度洋水汽拉动力也随之减弱，再加上我国近年在横断山脉的澜沧江和金沙江峡谷修建了一系列大型水库，这些水库大坝对印度洋水汽北上也带来了新的阻力。在此情况下，相当一部分印度洋暖湿气流便转向东北方向，穿越云贵高原峡谷抵达贵州、广西、湖南、湖北、江西、安徽一带，与北下冷空气交汇，更加重了贵州、重庆南部、两湖、两广等地区的雪灾程度，加之我国江南地区人口密度偏高，广大丘陵山区经济仍不发达，承受巨灾的能力十分有限，又遇春节前人流高峰，天、地、人三方面的系统相互交融，构成巨型灾害链，最终形成了这场罕见巨灾。

低温雨雪冰冻灾害形成模型见图 1。

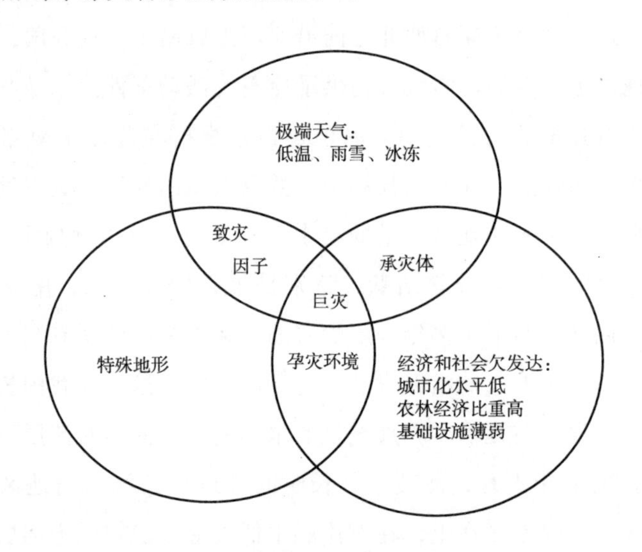


**图 1　低温雨雪冰冻灾害形成原因模型**

资料来源：祝燕德等：《重大气象灾害风险防范》，中国财政经济出版社，2008。

## （二）2008 年冰雪灾害天气过程的特点

### 1. 持续时间长

据气象资料显示，自 2008 年 1 月 10 日开始出现降雪及冰冻天气以后，冰雪冻雨一轮轮汹涌而至，这次罕见的低温雨雪冰冻灾害主要由四次天气过程造成，发生的时间段分别为 1 月 10 ~ 16 日、18 ~ 22 日和 25 ~ 29

日，1 月 31 日 ~2 月 2 日，灾害在这四个阶段中逐步扩大，并前后持续了近 1 个月时间。很多省份遭遇了有气象记录以来最长的连续冰冻期，持续时间从 10 年一遇，到 30 年一遇，再到 50 年一遇，个别地方甚至达到了百年一遇。2007 年 12 月 1 日 ~2008 年 1 月 31 日，长江中下游（江苏、安徽、湖北、湖南、江西、上海）及贵州日平均气温小于 1℃的最长连续日数仅少于 1954/1955 年，持续时间为历史同期次大值；长江中下游及贵州雨雪日数超过 1954/1955 年，为历史同期最大值；冰冻日数接近 1954/1955 年，为历史同期次大值。“其中贵州省持续冰冻天气为有气象记录以来最严重的一次，冰冻影响范围及电线积冰厚度突破有气象记录以来极值，有 56 个县（市）的冰冻持续日数突破了历史纪录。湖南省雨雪冰冻灾害为有历史记录以来范围最广、持续时间最长、损失最重的一年，冰冻天数为有历史记录以来最多，持续时间仅次于 1982/ 1983 年、1954/ 1955 年冬季。湖北出现自 1954/1955 年以来最严重的一次低温雨雪过程。大部分地区连续低温日数达 16 ~18 天，为 1954/1955 年以来最长。连续雨雪日数 15 ~18 天，为历史同期最长。江西省有 60 多个县市出现了冻雨天气，持续雨雪冰冻天气为 1959 年有气象记录以来最严重。江苏省此次区域性暴雪过程历史罕见，其持续时间、积雪深度及影响程度都为有记录以来之最。安徽省持续降雪时间超过 1954/1955 年和 1968/ 1969 年，为有气象记录以来时间最长的一年。”本次受灾最严重的湖南省郴州市，其历史上雨雪冰冻天气持续时间最长的 1954 年只有 10 天，而这次该市连续 28 天维持低温雨雪冰冻天气，部分山区持续达两个月之久，其持续冰冻纪录被屡屡刷新。①

**2. 涉及范围广**

此次冰灾产生的危害范围遍及大半个中国，河南东南部、安徽南部、贵州、江苏、浙江北部、江西北部、湖南大部分地区都出现大雪，局部地区出现暴雪以及冻雨和冰冻天气。2008 年 2 月 13 日，民政部部长李学举发布的统

① 丁一汇、王遵娅、宋业芳、张锦：《中国南方 2008 年 1 月罕见低温雨雪冰冻灾害发生的原因及其与气候变暖的关系》，《气象学报》2008 年第 5 期。

计显示，2008年的低温雨雪冰冻灾害共造成湖南、湖北、安徽、广西、江西、贵州、河南、云南、四川、重庆、青海、陕西、甘肃、新疆、浙江、江苏、福建、广东、海南等21个省（区、市、兵团）不同程度受灾，[①] 直接受灾人数在1亿人以上，仅湖南、贵州、江西等几个重点受灾省的遭灾面积就达到上百万平方千米，受灾领域产业上涵盖了国民经济的工业、农业与服务业等几乎所有行业与部门，地域上涵盖了城镇与农村，对象上涵盖了机关、企事业单位与居民。同时处于灾区外的其他地区也连带在出行、物资供应等方面受到不同程度影响，可以说这是一次影响全中国的大灾害。

3. 冰冻程度深

根据中国国家气候中心和南方各省气象部门的统计及分析，本次冰灾有8项气象要素打破同期中国历史纪录。其中，1月10日~2月2日，河南、四川、陕西、甘肃、青海、宁夏6省区降水量达1951年以来同期最大值。长江中下游地区的最低气温降至-6℃~0℃，日最高气温与最低气温接近。湖北、安徽、江西、湖南和贵州5省大部分地区的气温比常年同期偏低2℃~4℃，湖北中东部、贵州东部、湖南大部分地区偏低达4℃；河南、湖北、湖南、广西、贵州、甘肃、陕西平均气温均为历史同期最低值，江西、重庆、宁夏为次低值。江南、华南及西北大部分地区最大降温幅度达10℃~20℃，其中华南西北部超过20℃。江淮等地出现了30~50厘米的积雪，安徽和江苏的部分地区积雪深度创近50年极值，[②] 不少地方最低气温达零下7℃。贵州、湖南的电线覆冰直径达到30~60毫米。湖南、湖北雨雪冰冻天气更是1954年以来持续时间最长的冰冻天气，贵州26个县（市）的冻雨天气持续时间突破了历史纪录。湖南省郴州市全市平均最大雨雪量达171.2毫米，电线覆冰厚度40毫米，较高海拔地区达60毫米以上，个别地方达到100毫米以上，南岭的积雪厚度超过1米。湖南郴州电业局在接受《南方周末》采访时称，郴州的电网覆冰设计标

---

① 刘奕湛：《民政部：雨雪冰冻灾害已造成1111亿元直接经济损失》，http：//www.gov.cn/jrzg/2008-02/13/content_88902.htm。

② 欧阳首承等：《2008年1月份的中国南部的雪害、冰灾浅释》，http：//sea3000.net/ouyangshoucheng。

准一般不超过 15 毫米，但这次冰灾中，许多线路的覆冰厚度达 60 毫米，甚至 100 毫米。赴郴州调查的国家发改委专家组曾发现，一座原来只有 6 吨重的双回线铁塔，结冰后重达 50 吨。

**4. 造成损失重**

科技界通常把因灾损失达到 1000 亿元及人员伤亡较重和社会影响较大的灾害称为巨灾。持续低温雨雪冰冻天气造成重大灾害，特别是对交通运输、能源供应、电力传输、通信设施、农业生产、群众生活造成严重影响和损失。根据国家发展和改革委员会向十一届全国人大常委会第二次会议报告抗击低温雨雪冰冻灾害及灾后重建工作的有关情况时透露，此次低温雨雪冰冻灾害共给我国造成直接经济损失 1516.5 亿元。其中，农作物受灾面积 2.17 亿亩，绝收 3076 万亩。秋冬种油菜、蔬菜受灾面积分别占全国的 57.8% 和 36.8%。良种繁育体系受到破坏，塑料大棚、畜禽圈舍及水产养殖设施损毁严重，畜禽、水产等养殖品种因灾死亡较多。森林受灾面积 3.4 亿亩，种苗受灾 243 万亩，损失 67 亿株。共造成 129 人死亡，4 人失踪；紧急转移安置 166 万人；倒塌房屋 48.5 万间，损坏房屋 168.6 万间；电力中断、交通运输受阻等因素导致灾区工业生产受到很大影响，江西省 90% 的工业企业一度停产，全国有 600 多处矿井被淹，间接损失难以估量。其中湖南、贵州、江西、广西、湖北、安徽、浙江、四川 8 省（区）最为严重。低温雨雪冰冻灾害给人民群众生命财产和工农业生产造成重大损失。如受灾最重的湖南，全省 83% 的规模以上工业企业因灾停产，14 个市州受灾人数达 3900 多万人，直接经济损失逾 130 亿元。其下辖的郴州市，仅雪灾过后全市森林覆盖率就由原来的 63% 直接下降到 40%，活立木蓄积量减少到 3300 万立方米，许多林业重点工程毁于一旦。国家林业局冰雪灾害考察组专家在郴州考察灾情时指出："冰灾导致郴州森林生态系统遭受严重破坏，至少倒退 20 年，局部地区需要 30～50 年才能恢复。"①

① 唐安杰：《关于郴州冰灾的特征、成因及建议》，http://bbs.rednet.cn/thread-12051873-1-1.html。

2008 年相关省（区、市）低温雨雪冰冻灾害经济损失情况见图 2，受灾人口情况见图 3。

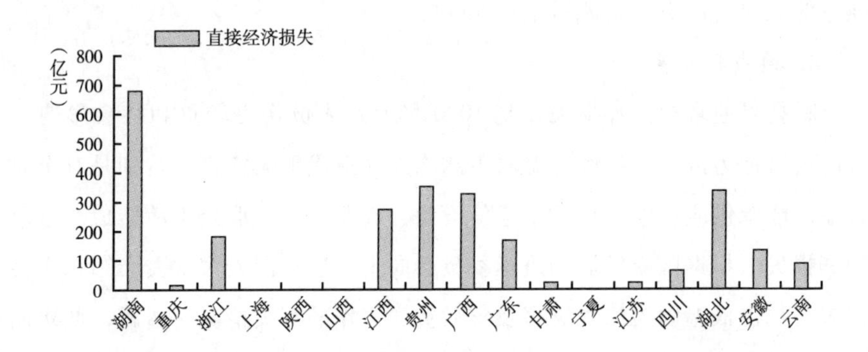


**图 2　2008 年相关省（区、市）低温雨雪冰冻灾害经济损失情况**

资料来源：祝燕德等：《重大气象灾害风险防范》，中国财政经济出版社，2008。

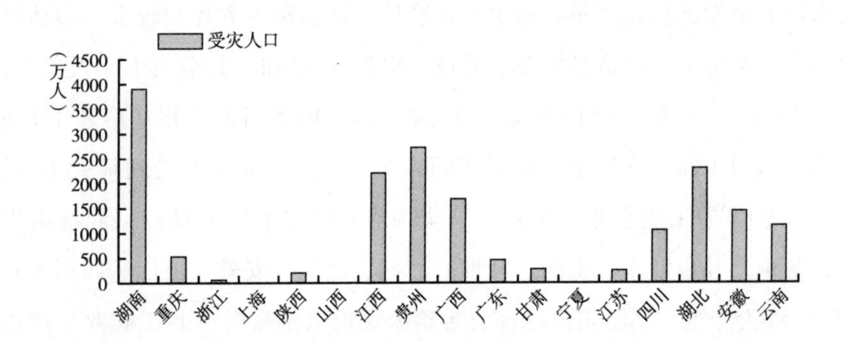


**图 3　2008 年相关省（区、市）低温雨雪冰冻灾害受灾人口情况**

资料来源：祝燕德等：《重大气象灾害风险防范》，中国财政经济出版社，2008。

## （三）冰雪灾害公共危机的表现

### 1. 电力供应大批中断

突如其来的持续低温雨雪冰冻造成大量电网的输变电设施大面积覆冰，导致电线坠断或输电杆塔被拉倒、压垮，造成局部电网崩溃，出现大面积停电。据统计，13 个省（区、市）输配电系统受到影响，170 个县（市）的供电被迫中断，3.67 万条线路、2018 座变电站停运。湖南 500

千伏电网除湘北、湘西外基本停运，郴州电网遭受毁灭性破坏；贵州电网500千伏主网架基本瘫痪，西电东送通道中断；江西、浙江电网损毁也十分严重。冰灾事故造成江西电网共计发生500千伏线路停运17条，倒塔116基、断线137处，变电站停运2座；220千伏线路停运70条，倒塔97基、倒杆43基、断线507处，变电站停运43座；110千伏线路停运137条，倒杆505基、断线850处，变电站停运197座；电力通信光缆受损203千米，全省35千伏及以下农村电网共计倒杆（塔）104932基；断线144083处，316座35千伏变电站、418条35千伏线路受损和停运，共有45个县城和806个乡镇遭遇全停电事故，给江西电网造成直接经济损失29.8亿元，需重建费用约83亿元。[①] 严重的覆冰使贵州省共有3895条电力线路遭到破坏，500千伏网架基本瘫痪，导致贵州电网解列运行，全省进入一级大面积停电状态。南方电网区域共有4216条线路被破坏，65个县市出现停电，2000多万人口受影响，最大错峰负荷已经突破1350万千瓦，损失超过30亿元人民币。[②] 冰灾还造成湖南省郴州市电网全面瘫痪，其境内的郴州电网7条对外通道全部中断；地方电网电源点和用户之间的输电线路也全部中断；华润电力输往广东电网两条500千伏线路全部中断，3大电网电力塔倒塌累计443座，电杆倒塌、折断数万根，全市数十年电力建设成果一朝被毁，一度成为全国关注的电力“孤岛”。还有一些地区如贵州因交通受阻，12座大型发电厂缺煤停运，致使18个县电力供应完全中断，近800万人无电可用。电力中断造成企业停产、通信停止、火车停开、居民停水等连带副作用，对社会的安全与发展造成严重威胁。由于电力中断和交通受阻，加上一些煤矿提前放假和检修等因素，部分电厂电煤库存急剧下降。1月26日，直供电厂煤炭库存下降到1649万吨，仅相当于7天用量（不到正常库存水平的一半），有些电厂库存不足3天。缺煤停机最多

---

① 胡啸：《冰灾造成江西电网直接经济损失达30亿元》，http://news.sohu.com/20080213/n255143204.shtml。

② 王华、蓝旺：《南方电网4216条线路遭破坏损失逾30亿元》，http://news.sina.com.cn/c/2008-01-31/222214874064.shtml。

时达4200万千瓦，19个省（区、市）出现不同程度的拉闸限电。①

2. 道路交通严重受阻

寒风冻雨，暴雪覆冰，南北交通动脉的大堵塞，使铁路、公路和航空运输暂时或局部陷入瘫痪状态，几百万返乡旅客滞留车站、机场和铁路、公路沿线。铁路方面，受停电影响，铁路的电力机车停运，造成京珠高速公路等“五纵七横”干线近2万千米瘫痪。作为南北交通大动脉之一的京广线衡阳至郴州段、沪昆线怀化至贵阳段出现旅客列车大面积晚点，大量旅客列车在沿线小站临时停车。时值春运高峰，由于列车停开、晚点，近百万旅客滞留在全国各大火车站。广州地区滞留了80万旅客。2008年1月24日~2月5日广州地区和广州火车站广场滞留旅客变化图见图4。

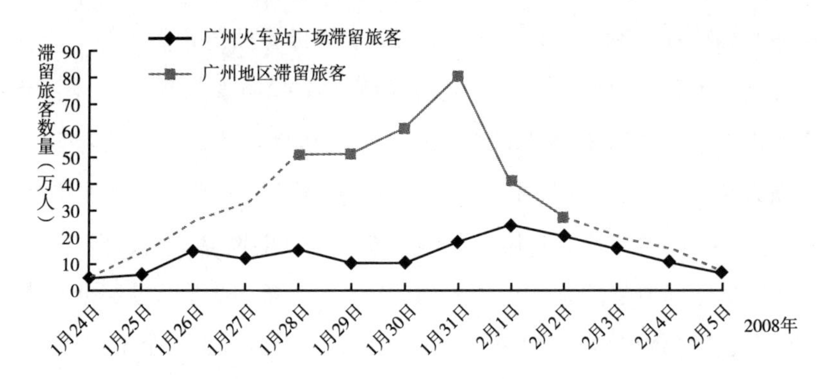


**图4 2008年1月24日~2月5日广州地区和广州火车站广场滞留旅客变化**

资料来源：祝燕德等：《重大气象灾害风险防范》，中国财政经济出版社，2008。

2008年1月27日晚，近10万人挤在广州火车站的7个大雨棚里度过了一个寒冷冬夜，此后在此滞留的旅客一度超过60万人，其间还发生了踩踏事故，致1人死亡，还有无法计数的旅客被“搁浅”在荒郊野外的铁道线上。在长沙火车站，高峰时滞留的旅客也接近了10万人。尽管铁路部门调集内燃机车牵引运营，但是自动闭塞调度系统无法正常运转，只能靠电话联系调度，铁路运转效率极度低下，铁路运输面临极为严峻的困难和挑战。公路方面，随着雨凇成灾、路面结冰，多条高速公路和国道、

① 王健君：《中央统筹灾后重建》，《瞭望新闻周刊》2008年2月。

省道、县道处于中断状态，22 万千米普通公路交通受阻。由于地方普通公路也严重堵塞，分流效果不明显，大批车辆和人员被困在雨雪交加的路上；交通压力增大，一些高速公路开通后又再度关闭。南北交通的另一条大动脉——京珠高速一度因冰雪滞留车辆 2.7 万辆、被困人员 8 万人。湖南境内自 2008 年 1 月 13 日开始，全省 16 段高速公路和 7 条国道、36 条省道交通先后阻断，公路受阻里程达 6248 千米，先后滞留车辆 10 多万台，滞留人员数十万人，全省道路客运累计停开近 100 万个班次。而从 1 月 23 日开始，该省境内的 14 条高速公路几乎全部处在被关闭的状态，长沙开往各地的所有班车停运。耒宜高速公路全线路面积雪结冰 5 厘米厚，有 4 个路段被阻，长达 20 千米，南北向均无法通行。京珠高速粤北段因结冰封闭，广东北上出省通道受阻，上万车辆、数万旅客滞留。公路是贵州的主要交通设施，自 2008 年 1 月 12 日凝冻扑向贵州后，数以万计的车辆被困公路。冰雪天气还造成广西 35 条公路交通中断。航空方面，全国 14 个民航机场因跑道结冰被迫关闭，大批航班取消或延误。如湖南长沙黄花国际机场自 2007 年 12 月 25 日开始多次关闭，4 天时间仅两架飞机出港。2008 年 1 月 25 日，长沙黄花机场 2 次关闭，造成 130 多个航班停运和延误，6000 多名旅客滞留，[①] 横贯南北中国的大交通，面临着前所未有的严峻考验。

**3. 群众生活陷入困顿**

在春节将至，全国人民举家欢庆的时候，冰灾使受灾地区的人民生活陷入极端艰难、困顿。因大面积停电、停水、通信不畅、交通堵塞，数千万人一时之间陷入了黑暗、寒冷、饥饿的困境之中，许多人陷入了生活困难的境地，许多群众在“无信息、无照明、无水源”中艰难度日，广大人民的正常生活受到威胁。在农村因无电碾米，许多村民面临断炊。大雪导致交通受阻，成千上万渴望回家的同胞难以如愿，持续低温还造成一些城乡居民取暖困难。在湖南省长沙市，各大宾馆、饭店爆满；各大高校，近 3000 名已放假的学生滞留校园。截至 2008 年 1 月 29

---

① 千灵坡、尹小赋：《众志成城 携手抗冰救灾，深寒过后是新春》，《长沙晚报》2008 年 5 月 5 日。

日9时，湖南电信、网通、铁通等固网共倒杆23004根，通信设施受损严重，745万用户通信受到影响；长沙城区1天内发生500起水管爆裂；长沙市中小学生，包括初三、高三毕业班全部停课放假；[①] 因为交通中断，蔬菜等时令商品以及春节物资无法运进长沙，出现了蔬菜、粮油等生活食品和柴油、汽油等生产物资的供应困难。蔬菜日销售由400万千克锐减到最低时期的213万千克，成品油供应日缺口达1500吨以上。持续严寒冰冻，造成30厘米以上水管每天爆管达数十处，小水管爆管每天200余起，冰冻严重时，发生了80厘米以上大管爆管。天然气日供应缺口30万立方米，因液化气二级运输困难影响了近4万户居民的生活。[②] 广东省连州市至2008年2月4日，全市163个行政村有62个交通中断，72个行政村供电中断。受灾群众达30多万人。有些地方连续多日停水停电，有的地方日常物资供应陡然紧张，有的甚至出现部分受灾人员的伤亡。[③]

4. 市场物价大幅波动

国家发改委表示，因雪灾导致的交通受阻、物流不畅，我国一些地方农副产品价格上扬，蔬菜、水果价格也开始大幅上涨，涨价影响面涉及全国大部分省市地区，部分地区个别品种的价格上涨1倍左右。商务部的市场监测也显示，受暴风雪天气影响，蔬菜调运难度加大，后期蔬菜价格保持着高位运行。长沙市的蔬菜平均价格比正常时期上涨了67%。[④] 在肉类、粮食价格未见明显回落之际，蔬菜价格的突然上涨，使得国家经济稳定关键调控指标的CPI面临大考，在一些商场，许多食品货架被抢购一空，其引发的连锁反应，对中国短时期内的经济冲击较大。广东连州市由于停电，居民对蜡烛、煤油的需求量倍增，由于数量有限，平时4元一斤的煤油卖到了10元一斤，后来发展到脱销，蜡烛最高价时曾卖至15元一

① 千灵坡、尹小赋：《众志成城 携手抗冰救灾，深寒过后是新春》，《长沙晚报》2008年5月5日。

② 长沙市人民政府：《长沙市抗冰救灾的做法与体会》，2008年2月26日，打印稿。

③ 邱永芬：《广东连州缺电蜡烛脱销，受灾民众达30多万人》，《南方都市报》2008年2月6日。

④ 廖建华：《冰灾考验物价》，http://bbs.zhuzhouwang.com/forum.php?extra=page%3D53&mod=viewthread&tid=10382。

包。有些商家还趁机囤货居奇、哄抬物价，全国不少受灾地区许多平时不起眼的蔬菜、日用品都卖出了惊人“天价”，造成市场价格的大幅波动，给国家的经济安全与社会稳定带来诸多不利影响。如个别县的大米涨到每斤 15 元、“烂便宜”的萝卜卖到了每斤 10 元。有些被困路段上的小笼包卖到 5 元一个，方便面曾卖到 50 元一桶，广东韶关附近的方便面甚至卖到 90 元一桶，令人心惊胆战，哭笑不得。

5. 叠加效应连环凸显

连续的几场大雪先后降临加上连日低温冰冻，一系列因素叠加开始产生连锁反应，各种次生、衍生灾害渐次产生，导致灾情不断扩大，其影响已经超过自然灾害本身。部分地区电力设施受到损害且修复困难，造成高速公路运输中断和电力设施受损，出现电力供应危机，造成这些地区大面积、长时间停电，大面积的停电又造成了电气化铁路停运，铁路、公路、航空运输告急，大规模旅客在交通枢纽滞留，或在途中受阻，交通拥堵局面急剧恶化，铁路停运的同时使得电煤运输中断，大大推迟了电力的恢复，电力无法恢复又造成铁路运输继续中断，由此形成一个难以解开的循环灾害链。此外，低温、停电、运输中断还对居民保暖、饮食、供水等造成影响，铁路停运造成的火车站旅客大量积聚也带来了社会安全事件爆发的风险。此次的低温雨雪冰冻灾害已不只是一场自然灾害，它已升级成为事故灾难、公共卫生事件和社会安全事件的混合体，对应对工作提出了极其严峻的考验。

应急事故相互转化模型及 2008 年中国南方低温雨雪冰冻灾害影响分析见图 5 和图 6。

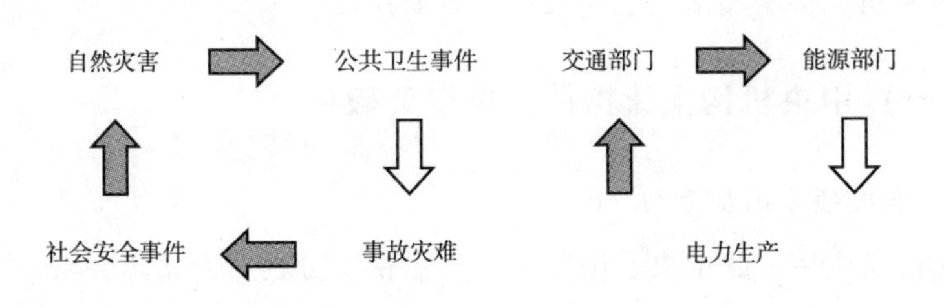


**图 5　应急事故相互转化模型**

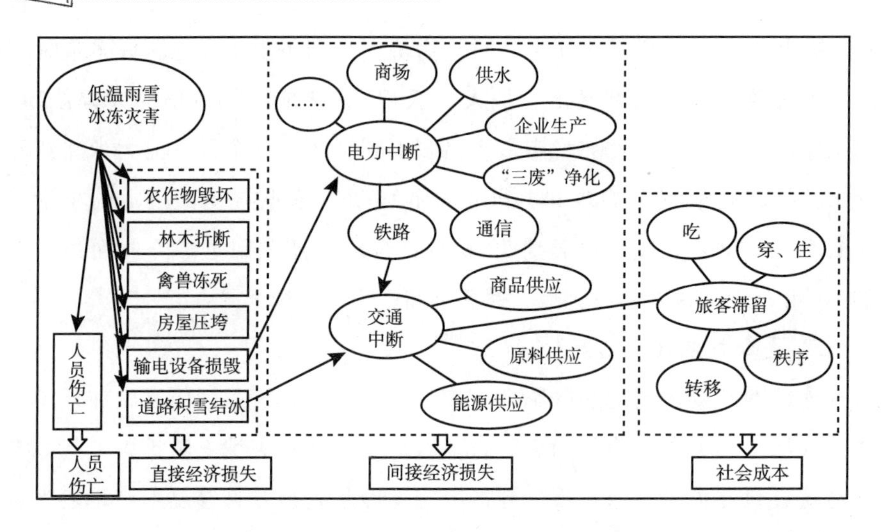


**图 6　2008 年中国南方低温雨雪冰冻灾害影响分析**

## 二　“寒冷的热战”：举国奋力抗冰救灾行动

这场 50 年一遇的冰雪灾害，如同 1998 年抗洪、2003 年抗击“非典”一样，再次考验了中国政府的应急处置能力。灾情发生后，党中央、国务院高度关注，周密部署；各大部委大力协同，不计得失；地方政府勇挑重担，全力以赴；人民军队紧急动员，冲锋在前；社会组织积极行动，凝聚力量；受灾对象生产自救，自力更生。经过近 20 天的顽强奋战，全国人民成功战胜了低温雨雪冰冻灾害造成的严重危害，最终赢得了这场抗冰之战的胜利，突出体现了我国近几年来应急管理工作取得的重要成绩，应急管理的体制、机制和法制建设发挥了重要作用。

### （一）中央机构坐镇指挥，重点突破

#### 1. 中央领导高度重视

灾情发生后，党中央、国务院非常重视，分别召开紧急会议，采取应急措施部署抗灾抢险。胡锦涛总书记分别于 2008 年 1 月 29 日和 2 月 3 日组织召开中共中央政治局、中共中央政治局常委会议，专题研究雨雪冰冻

灾情，部署做好保障群众生产生活工作，强调在全面做好抗灾救灾各项工作的同时要千方百计“保交通、保供电、保民生”。2008 年 1 月 30 日，胡锦涛发出指示，要求解放军和武警各有关部门全力支持灾区抗灾救灾。2008 年 2 月 10 日，胡锦涛发布重要指示，要求部队继续支持受灾区，搞好恢复重建工作。2008 年 1 月 29 日，温家宝总理亲赴灾情最重的湖南并决定成立国务院“抗冰救灾应急工作组”和“煤电油运和抢险抗灾应急指挥中心”，确定了“通路、保电、安民”的六字工作方针，并在整个抗灾过程中三次南下湖南省，实地指导救灾，慰问群众。其中，2 月 1 日，离开湖南还不到 3 天的温家宝总理再次赴湘。当日下午，飞机一抵达长沙，他就立即召开会议，研究部署进一步做好抗灾救灾工作的措施，如此密集地奔赴一地指导工作，在总理的工作行程里尚不多见。2008 年 2 月 2 日 ~14 日之间，国务院煤电油运和抢险抗灾指挥中心发布第 1 号 ~ 第 19 号公告。

2008 年 1 月 27 日 ~2 月 8 日间，党和国家其他领导人多次打电话或分赴受灾地和有关部门慰问抢险抗灾军民，指导抗灾指挥工作。灾情发生后中共中央政治局常委、中央纪委书记贺国强亲自打电话了解受灾情况，高度重视和关心抗冰救灾工作。中共中央政治局常委、中央政法委书记周永康对战斗在冰雪灾害第一线的广大公安民警、武警消防官兵表示崇高的敬意并致以亲切的问候。中共中央政治局委员、全国人大常委会副委员长、中华全国总工会主席王兆国对抗冰保电中牺牲的烈士表示哀悼，对其家属表示慰问。中共中央政治局委员、中央书记处书记、中宣部部长刘云山要求大力宣传好在抗冰保电中的英勇事迹，同时对奋战在抗冰救灾第一线的新闻工作者致以问候。中共中央组织部从代中央管理的党费中拨专款，用于帮助受灾地区党员解决生活困难和修缮受损的基层党员教育设施。中宣部、国家广电总局为让灾区群众及时了解新闻和交通、天气信息，收听到春节期间的文艺节目，向灾区捐助大量收音机。中央领导的亲切关怀、大力鼓舞对整个抗冰救灾与危机化解起到了非常关键的作用。特别到灾情最严重的后半段，中央政府集中指挥大权并调动军队强力介入，以“全国一盘棋”来调动各方资源救灾，尽快地扭转了乱局。

2008 年 2 月 15 日，国务院发出《国务院批转煤电油运和抢险抗灾应急指挥中心关于抢险抗灾工作及灾后重建安排报告的通知》。按照中央关于“及时做好灾后重建的充分准备，早做谋划，早做安排”的指示，国务院第208次常务会议决定将工作重点由应急抢险转为灾后全面恢复重建。2月25日，国务院发出《批转煤电油运和抢险抗灾应急指挥中心低温雨雪冰冻灾后重建规划指导方案的通知》。《指导方案》提出，抗击低温雨雪冰冻灾害已由应急抢险阶段转入全面恢复重建阶段。各地区、各有关部门要按照党中央、国务院的要求，进一步加强领导，周密部署，精心组织，全面做好灾后恢复重建工作，夺取抗灾救灾工作的全面胜利。

**2. 各大部委大力协同**

“抗冰救灾应急工作组”在原国务院副秘书长张平同志的带领下，国家发改委、交通部、铁道部、国家电监会等部委，以及总参、武警总部等成员单位迅速行动、各司其职。2008年1月21日，国务院应急办发出《关于做好防范应对强降雪天气的通知》，对各地的政府应急管理机构提出六点工作要求。国家发改委千方百计确保电煤、重要救灾物资及基本生活用品供应，维护市场秩序等。交通部组织协调本系统职工全力抗冰，奋力维护交通秩序，协助打通通行道路，并在2008年1月26日到2月5日期间，启动了鲜活农产品运输应急机制，对全国“五纵两横”绿色通道上行驶的整车合法装载的鲜活农产品运输车辆一律免缴车辆通行费。铁道部于2008年1月17日深夜，召开全路紧急电视电话会议，宣布立即提前启动春运，并要求全路做好应对各种紧急情况的准备。19日，铁道部向各局发布特紧通知，要求启动应急预案，全面做好迎战暴风雪的工作。20日，铁道部春运办再次通告各局全力加强售票组织，做好旅客的输送工作，并紧急调度部分列车改道迂回运行、几十辆内燃机车调往重灾区抢运滞留旅客。中国气象局启动重大气象灾害预警应急预案，加强气候监测分析预报及人工干预天气措施。国家电网、南方电网迅速启动应急预案，保障电网安全和居民生活用电，“卫生部、科技部、信息产业部、国土资源部等部门和重灾区的贵州、湖南、江西、湖北、安徽、云南、广西、甘肃等省采取应急机制，保春运、保电力、保通讯、保供应”。[1]

3. 集中突破关键节点

电、煤、路三大主要问题因直接关系到人流、物流的畅通与社会运转、国家稳定等基本要素，成为本次抗冰救灾的焦点，也成为中央着力解决的重点。围绕这三个问题，中央各个部门和中央直属企业开展了紧急行动。国务院及国家发改委相关领导到湖南协调解决各种问题，召集河南、山西、陕西等省相关部门的主要领导召开专题会议，全力组织电煤紧急运往湖南。为尽快帮助湖南受损电网恢复正常运行，国家电监会主席、国家电网公司负责人先后紧急奔赴湖南，现场指挥抗冰保电保网，并在全网内紧急调配资源，动员系统内的人、财、物等资源，全力支援湖南电力设施抢修。公安部两名副部长分别坐镇京珠高速公路湖南段南北两个出入口，指挥疏导交通。水利部从异地调遣两支电力队伍，紧急赶赴郴州抢修受损的地方电力设施。国家发改委、铁道部发布调度命令，要求郑州局、武汉局、西安局、南昌局及广铁集团确保有多少电煤运出多少。为确保京珠高速尽快抢通，交通部组织广东、湖南、湖北、江西、广西、河南六省（区）开展大联动，在人员、设备、物资等方面加强合作与交流，同时对分流车辆采取免收通行费等优惠政策，“京珠跨省大分流”得以顺利实施，大大减轻了京珠高速公路的压力。交通部还从湖北、河南调入大量急需的除雪车、平地机、铲车、撒盐车、防滑链、麻袋、工业盐等。铁道部从外省紧急调配大型发电机、发电车送往停电区段，通过自行发电保证了沿线各站铁路信号机与道岔用电。该部还从各铁路局调集了大量内燃机车投入衡阳至郴州区段进行摆渡式牵引，使一度中断的京广铁路恢复正常。铁道部还与相关部门协同作战，全力保障救灾物资优先快速运抵湖南。南方航空公司先后紧急调配8架民航客机，将长沙黄花机场滞留旅客全部运送出港。[2] 同时各主要产煤省和重点煤矿企业顾全大局，千方百计增加生产。铁路、交通部门突击抢运电煤，铁路电煤日均装车达到4.3万车，同

---

① 《中国储运》编辑部：《面对冰灾雪祸我们应该反思什么》，《中国储运》2008年第3期。

② 《湖南日报》前线记者采访组：《我们万众一心——湖南抗击08特大冰雪灾害大纪实》，http://hnrb.hnol.net/article/20082/20082581544652639191.html。

比增长53.9%，秦皇岛港等北方四港日装船130万吨，同比增长24%。截至2008年2月24日，直供电厂存煤恢复到14天，达到正常水平。有关部门及时组织向灾区调拨粮食、棉衣被、发电机、成品油等救灾物资，国家紧急下拨了各种救助资金35.34亿元，派出2.5万支医疗卫生队伍救治因灾伤病人员，防止流行疫病，确保大灾之后无大疫。

## （二）地方政府靠前指挥，全力以赴

### 1. 保群众安全，打响人员安置攻坚战

针对在公路、铁路上滞留的大量受困人员，各地采取紧急措施安置，实行地方政府属地管理、分片负责原则，采取过硬措施，对所有滞留在客车上的人员全部疏散，就地集中安置，并安排好食宿。[①] 一是认真做好宣传工作，公安部门组织警车架设高音喇叭进行动员，发布安民告示，维持秩序，促使因冰雪灾害滞留旅客和司乘人员配合做好疏散、安置分流工作；二是组织学校、机关、企事业单位尽量做好司乘人员的接收安置工作，动员高速公路沿线的服务区尽量吸纳滞留车辆和人员，对确实不能疏散仍滞留的司乘人员，继续做好救助救援工作，及时送足食品、矿泉水和棉衣棉被、毛毯以及药品，确保不饿死一人，不冻死一人。

### 2. 保电力供应，打响电网抢修攻坚战

在党中央的领导下，在国家有关部委的支持与指导下，各地方政府组织人员顶风冒雪，抢修被冰冻损坏的电网线路，恢复变电站，至2008年2月6日除夕，全国因灾停电的170个县城以及87%的乡镇基本恢复用电。如湖南省在冰灾期间组织了4万名职工抢修电力设施，成功修复了107座35千伏以上的变电站，使全省的电力负荷从最低时不到300万千瓦，恢复到600万千瓦，保证了居民正常生活和重要单位、场所的用电，为全面恢复通电做出了重要贡献。

### 3. 保交通畅通，打响道路抢通攻坚战

各地方政府动员各方面力量，采取除雪破冰、疏导滞留车辆、调集内

---

① 谭剑：《京珠高速公路湖南段仍有4万人滞留，湖南全力救援被困旅客》，http：//news. xinhuanet. com/newscenter/2008 -01/28 content -7513127. htm。

燃机车和发电设备、动员民工留在当地过年、实施跨区域分流等措施，尽力打通交通桎梏。如湖南省领导于2008年1月28日对京珠高速公路堵塞最严重的衡阳路段及时实施了跨省大分流方案。引导京珠高速公路滞留车辆绕道衡枣高速，打通经广西到广东的“第二条南下通道”。并争取广西壮族自治区大力支持，对绕道衡枣高速、经广西到广东的车辆，湖南、广西境内实行不收费、不检查、不罚款、不卸载的“四不”政策。后又与江西省紧急协商后决定，对京珠高速公路湖南段南下车辆，开辟第三条分流通道：通过醴潭高速，经江西进入广东东部梅州、惠州、深圳、东莞等地，通过两次大分流，累计分流车辆5万多辆，大大减轻了京珠高速湖南段的压力。各地还对公路的救援、除冰保畅实行属地负责制。交通部门一方面与气象、交警、通信等部门携手，合力疏通道路。另一方面组织干部职工上路破冰，铺设麻袋，组织车辆分流。对绕道车辆，发放路线示意图、燃油费补助，免收通行费。同时与相邻省份的交通调度、管制和分流建立联动机制，加强协调配合，尽快疏导滞留车辆。

#### 4. 保市场稳定，打响物资供应攻坚战

各地党委、政府把保证市场供应作为一个重大举措来抓，通过积极组织市场货源，千方百计克服交通运输困难，安排市场物资供应补贴资金，落实鲜活农产品“绿色通道”政策，努力降低流通成本；加强市场运行监测，加强对重要商品价格的监控力度，密切关注市场供需动态，建立蔬菜供应信息日通报制度，城市蔬菜供应得到基本保障；加强储备和安全监管，把加强重要商品储备作为应急和调控市场的物资保障，确保关键时刻调得出、用得上，粮食、生猪等重要生活物资储备充足；加强食品安全监管，确保消费者放心消费。针对灾害期间的物价波动，各地党委、政府还实施了临时物价干预措施，对重要的民生物资如粮食、生猪、蔬菜等进行价格临时管制，为抑制市场的大幅波动做出了努力。

### （三）人民军队闻令即动，冲锋陷阵

#### 1. 提供关键人力、物资支援

灾情发生后，解放军和武警部队在救灾一线投入大量兵力，全力抗

灾，切实做到了“要人给人，要物给物”。中国人民解放军总参谋部、总政治部2008年1月28日联合发出《关于做好应对雨雪灾情工作的指示》，要求全军部队把应对雨雪灾情当做一项紧迫任务，全力协助地方做好救灾工作。截至2月17日18时，解放军和武警部队一共出动84.6万名官兵、民兵预备役人员218.5万人次，机械车辆3.4万台次，特种装备50余台，运输机和直升机84架次，有180多名军级以上领导和2200多名师团职干部率领部队战斗在抗击雪灾第一线。他们既当指挥员又当战斗员，冲锋在前，鼓舞士气，全力应对中国南方地区出现的罕见雨雪灾情，全面介入抗冰救灾。截至2008年2月31日，武警部队共出动13万余名官兵投入抗灾救灾，共清扫积雪5000余千米、运送救灾物资13000余吨、疏散滞留旅客和受灾群众60余万人。① 据新华社报道，仅2008年2月3日一天，海军就调集了35台300千瓦的移动电站送抵江西，帮助灾区恢复供电。南京军区某集团军紧急出动4000名官兵，铲除了杭州绕城高速公路上的35千米冰雪，使杭州的交通迅速恢复。广州军区空军派出3架伊尔-76型军用运输机，协助广东省向长沙紧急空运价值100万元的药品、食品、大衣、手电和蜡烛等救灾物资。应民政部的请求，解放军总后勤部当日调运10万床棉被，通过铁路运往湖南灾区。② 充足的兵力、丰富的物资装备为救灾的顺利进行发挥了关键作用。冰灾期间，曾有1300多辆车被困秦岭，二炮某部派出吊装导弹装备的大型吊车、大型牵引车和大型车辆抢修车把一台台因滑坡倾倒在路旁濒临悬崖数十吨重的车辆“抓”了回来。2008年1月29日凌晨，湖北省军区进行紧急部署，派出由332名医疗人员组成的30个医疗小分队，冒着风雪分赴灾区巡诊。仅一天，他们就诊治病人2000余人次，发放药品价值4万余元。医疗小分队还为灾区群众送去官兵捐助的棉衣棉被26000余件，对灾区群众抗灾自救予以强有力的支持。江苏省军区紧急组织3.66万名部队官兵和民兵预备役人员，奔赴

---

① 《人民解放军全面介入抗冰救灾》，百度网“好文章博客”，2008年2月2日。

② 黎云：《解放军和武警部队全力救灾 投入兵力近60万人次》，http：//www. gov. cn/jrzg/2008-02/04/content-881826. htm。

一线抗击雪灾。[①]

2. 承担大量艰难险重任务

人民子弟兵在此次攻克抗冰救灾的艰难险重任务中再次起到了中流砥柱作用。在京珠高速郴州良田段，因冰冻反复、积雪厚实、车流量大，近 30 千米长的路段滞留了车辆 4000 余台、人员 1.3 万余人，成为京珠高速全线畅通的“卡脖子”路段。为尽快打通京珠大动脉，广州军区勇敢承担了此次艰巨任务，紧急增派 1000 多名工程兵赶到现场。武警湖南总队、驻湘武警某部出动了 1000 多名官兵，预备役工兵团、郴州市消防支队等近 1000 名官兵也前往参战。[②] 广州军区某部还出动了装甲牵引车、故障抢修车、推土机、破冰车等昼夜奋战，硬是连夜打通了该“瓶颈”路段，为抗冰救灾的最终胜利做出了重要贡献。2008 年 1 月 28 日 19 时，南京军区某防空旅接到镇江市交通局紧急求助电话后，急派 1500 名官兵火速赶往镇江润扬长江大桥现场清除冻雪。其中 13 名女官兵巾帼不让须眉，与男兵展开竞赛。经过官兵连续 6 小时艰苦奋战，长达 5 千米路段积雪被彻底清除，1400 多名受困群众乘车安全转移。贵州省军区组织部队官兵、民兵预备役人员 3 万余人投入抗灾一线，清除道路冰雪，抢修电力设施，救援被困群众，发放救灾物资。[③] 截至 2008 年 1 月 30 日他们疏通凝冻路面 2000 余千米，协助地方民政部门对受阻的近万辆车、5 万余司乘人员实施了紧急救助。2008 年 1 月 29 日 15 时 30 分，驻镇江某预备役高炮团 253 名官兵连续奋战 4 小时，清除了通往谏壁发电厂的 11 千米道路上厚达 30 厘米的冰雪，确保了该地区电煤的及时供应。

3. 发挥独特凝聚人心的作用

人民军队的出现，迅速给处于恐慌与不安的人们带来了安全感与踏实感，对稳定人心发挥了独特作用。位于长沙市岳麓山顶的广播电视塔由于凝结了大量冰柱，铁架严重超负荷，随时有可能倒塌，影响省会电视收

---

① 《人民解放军全面介入抗冰救灾》，百度网“好文章博客”，2008 年 2 月 2 日。
② 《人民解放军全面介入抗冰救灾》，百度网“好文章博客”，2008 年 2 月 2 日。
③ 《人民解放军全面介入抗冰救灾》，百度网“好文章博客”，2008 年 2 月 2 日。

看。2008 年 1 月 29 日，武警长沙市消防支队官兵临危受命，紧急赶赴现场承担破冰任务。在徒步 1 个多小时登上山顶后，官兵们将安全绳、腰斧等装备牢牢系在身上，沿着冰冷的铁架缓缓爬到塔顶，冒着生命危险，逐层逐片清理，用腰斧、橡胶锤等进行除冰，确保了省会电视信号传输正常，给人民树立了战胜困难险阻的坚强信心。为了不让被困高速公路的司乘人员受冻挨饿，部队官兵和民兵预备役人员及时赶到高速公路沿线，为被困群众送上食品、饮用水、药品等物资。一些部队派出野战炊事车，为被困群众送上香喷喷的热饭热菜。在被困人员受冻挨饿的紧要关头，许多官兵为了不让群众饿肚子，甚至主动让出了自己的干粮。2008 年 1 月 29 日，因雨雪导致交通事故频发，武汉市医院用血全面告急。上午，广州军区某舟桥旅官兵踊跃献血，200 名官兵共献血 4 万毫升。曾经 4 次无偿献血的某营营长姚学峰得知紧缺血型与自己血型相符，再次无偿献血 200 毫升。系列亲民举动让人民群众真切感受到了党和政府的温暖，感受到了人民子弟兵的深切爱民情怀。铁甲滚滚，迷彩如流，紧急时刻又见迷彩舞动；危难关头又见金盾生辉。

## 三 “冻伤的机制”：抗冰救灾凸显问题解构

这次重大气候灾害与公共危机虽然在党委、政府的领导下，在全社会的艰苦努力下，最终得到平复与化解，国内外也给予了较为积极的评价。但“天灾难料，人事可期”，在此次灾害的发生、发展过程中以及抗灾救灾的过程中，我们深切感受到，当灾害初露端倪时我们一度显得那么麻木不仁；当灾害突然“冰”临城下时我们一度显得那么紧张无措；当着手抗冰救灾时，我们一度显得那么一盘散沙，如此等等，灾难中暴露出许多严重困难和深层次问题值得我们高度警醒、反思与重视，揭示出的体制和政策弊病给我们带来诸多的感慨和启示。唯有不断地客观总结与理性追问，这场大灾难中所有人的那些超常付出，才不会显得白费，才能使我们面临同类灾难时多一份从容、多一份淡定、多一份宁静。

## （一）危机意识不强

### 1. 政府部门危机意识不强

这是此次灾害中首先需要反思的。此次冰雪灾害发生初期为2008年1月10日，而就在2008年1月8日，中国气象局发布天气预报："10日开始西北地区东南部、西南地区东部、华南大部、江南大部、黄淮、江淮自西向东、自北向南将有一次明显的小到中雪的过程。"此后气象部门一直发布相关预报信息。1月10日，我国华中地区普降首场大雪，同日中国气象局发布了"全国主要公路气象预报"，并于1月11日早晨六点就发布了"暴雪橙色预警"。而且这时第一轮的雨雪天气已经带来了一些影响，造成一些地方的交通受阻、旅客滞留等问题，然而，这时各方面、各行业均未启动相应的预警机制，还有很多政府部门对灾害形势估计不足、麻痹大意。在气象部门发出第二波大面积雨雪灾害气象预警后，地方政府仍未引起有效重视，未能及时转入应急状态，大多数地方政府都在按部就班地召开"两会"。[①] 最典型的表现就是交通运输部门，在强降雪过程开始后仍允许营运企业不断售票，导致交通枢纽人员大量滞留。因此当2008年1月12日第一场大雪来临时，人们还抱着一种"赏雪观景"的态度，还在为"银装素裹""瑞雪兆丰年"而高兴，湖南有导线覆冰，武汉有水管冻裂，道路有冰冻现象，却被认为"过几天就好了"，也未引起警觉。由于预警不足，有的地方对道路的除冰欠迅速，简单地采取封闭高速公路的措施。一些部门对京广大动脉在灾害天气下运行的能力估计不足，思想准备不足。到了2008年1月下旬，电网由岌岌可危到解列运行、电煤告急、电厂停机、公路堵塞、铁路中断，加上春运到来，一场来势凶猛的空前危机突然降临时已为时过晚。但值得一提的是，在1月19日各地交通部门全面启动应急预案前，一些先前已经出现交通拥堵的省份如湖

① 2008年1月中旬，中国31个省、自治区、直辖市逐步进入"两会"时期。如广东省"两会"（政协会议、人代会）时间分别为1月15/17日～20/25日；湖南省"两会"分别为1月18/20日～23/27日（人代会提前1天闭幕）；广西壮族自治区"两会"分别为1月18/19日～23/28日；贵州省"两会"分别为1月16/18日～23/26日。

北、河南等省和上海市提前启动了应急预案，“上海市还在暴雪降临前两天，组织了应对大雪天气专项应急演习，积累了经验，提高了应急反应能力”，[①] 减少了灾害损失。

2. 企业和公众的风险防范意识不高

尽管有关部门已经发出防范灾害性天气的通知，但公众普遍缺乏主动防灾避险意识和必要的应对常识，城乡居民家庭大多缺少蜡烛、手电筒等应急照明工具，御寒用品严重不足。多数受灾企业、基础设施、农作物和林木等没有参加保险，此次灾害后保险赔偿金额仅占灾害损失的2.2%，远低于36%的世界平均水平，也低于发展中国家3%的平均水平。城乡基层社区开展应急预案演练不够，社会救助力量不足，抗灾救灾的压力过于集中于政府。

### （二）反应速度不快

在此次雪灾中，我国政府有关部门与之前面对其他灾害一样，仍明显反应迟钝，未及时启动相关应急预案。不少应急管理机构在灾情出现几十个小时后还不能掌握基本情况；一些地方一直等到上级领导亲临一线督导、大雪暴烈并绵延成灾时才开始发力；不少地方等到大难临头才行动，而且手忙脚乱，被动低效，错失了许多抗灾良机，令人扼腕叹息。当前突发事件应对中的部门壁垒和区域壁垒主要依靠高位行政命令的强力介入来加以克服，高位介入一般要耗费时间，与突发事件应对的应急性和时间的紧迫性要求相违背，容易产生延误，坐失良机。如冰冻初期，电力部门没有迅速采用“带负荷融化线路覆冰技术”对220千伏以下导线进行融冰，没有对铁塔进行及时除冰操作，未及时组织人员上山除凌；交通部门未及时组织人员上路除雪，在冰雪成灾的初期，也未及时组织设备与人员上路破冰开道或实行限速、疏通、分流等措施，而是简单地“一关了之”；铁路部门在京广线电气化线路在电力中断时，未能及时调用内燃机车替代牵引，而待到雨雪冰冻迅猛来袭、绵延成灾后，再想融冰、除冰、除雪已为

---

① 解云建：《从抗冰救灾看我国政府公共危机管理》，《管理观察》2008年第8期。

时过晚，从而造成后面的极为被动局面。令人欣慰的是，陕西省宝鸡市供电局在冰灾出现初期及时采取了“定时短路融冰”措施，使整个重冰区的输电线路安然无恙。

## （三）设防标准不高

### 1. 电力布局与设施滞后

一些地区电力布局过于集中，供电范围单一，如遇突发事件，将使一些城市和地区变成电力“孤岛”，电网与电源、输电与配电、本地电源和跨区送电等发展不够协调。近年来我国主要集中发展了大机组和500千伏及以上电网，110千伏及以下电网支撑电源则相对不足且较为薄弱；有些地区外来电比重较大且输电通道集中，易受灾害影响。如湖南郴州的中心城区没有一条可靠的对外电力通道，冰灾期间7条电力通道全部与国家电力主网中断，瞬间成为“电力孤城”。不少重要电力用户缺乏保安电源，电网大面积停电时难以保障社会基本生活秩序。长期以来存在“重发轻供不管用”的倾向，部分区段电力线路自然灾害设防标准偏低，缺乏相应抢修装备，防风险能力不够。如我国近年来新的电网设计标准大都是按照抵御30年一遇冰灾的频率来设计的，电网的覆冰设计值为15～30毫米，这个频率虽然符合长期平均统计结果，但是不符合近一二十年灾害集中爆发的现实，此次灾害中一些输电线路却出现了40～60毫米的覆冰，远远超出了设计值。

### 2. 交通布局与设施滞后

从交通布局看，南北纵向通道较多，东西横向通道不足，尤其在广东北部至湖南省南部干道，京珠高速、京广铁路和107国道纵向南北贯通，缺乏横向干线，交通运输回旋余地不够，一旦干线运输受到影响，客流、货流无法实施错向分流，难以及时疏解。同时也存在一些“卡脖子”路段，如京珠高速公路在粤北、湘南境内的部分路段坡高、路窄，平时就经常出现车辆积堵，在这场灾害中堵塞也最为严重。绝大多数高速公路除收费站外，没有应急出口，遇堵车辆无法就近下道。现行高速公路管理体制难以适应应急快速反应的需要，路段所在地的地方政府、公路运营部门和交通安全部门之间缺乏有效应急联动。国道公路建设等级标准不高，导致路面因冰冻造成整体强度下降，出现大面积结构性损坏，公路沿线边坡垮塌、行道树被压断的现象十分严重，导致部分地区国道基本处于瘫痪状况，未能分流高速公路的车流和人流，反而滞留了大量车辆和司乘人员。京广、京沪、沪昆等连接主要经济区域的铁路干线和南北运煤通道能力严重不足，遇到春运和灾害事件相交时矛盾更加突出。重点地区客流集中的部分主要车站不仅候车场所规模偏小，不能适应客流急剧增长的需要，而且在断电情况下缺少备用动力机车，如燃气动力机车。

3. 市政公用基础设施滞后

我国南方省份供水、广播电视、通信等重要基础设施建设标准不高，缺少前瞻性，超常规的负载安排欠缺，抵御巨大自然灾害的能力不强等，诸多问题导致“防寒机制”薄弱。城镇多数供水管道超期服役，露天管道和水表未采取防冻保温措施，损坏非常严重，部分设施设计和建造质量存在问题，市政公用设施抗御灾害能力有待加强。如这次南方多个地方因供水管道的抗冻能力过低，造成城乡多处供水管道冻裂及大面积停水事故，居民的正常生活受到严重影响与威胁。

## （四）物资准备不足

1. 现有应急物资储备品种和数量偏少

此次抗击冰雪灾害中，许多地方大规模动员公务员、职工、军人等上街铲雪除冰，这种全民动员为抗灾立下汗马功劳，但同时也暴露出物资储备和抢险救灾必要装备匮乏，对抗灾救灾工作造成一定影响。南方地区公路除冰机械（铲雪车、清障车等）、电网除冰装置等装备普遍缺乏。公路尤其是高速公路的草袋、融雪剂、防滑装置、防寒设备、照明设备、移动发电设备等应急物资储备严重匮乏，一度只能靠人工除冰除雪，效率极低。御寒物品的应急储备也基本没有，尤其是御寒服装，缺少库存；电力、能源物资捉襟见肘，部分交警指挥中心停水、断电，连临时照明工具也未准备，指挥调度、下达指令、草拟紧急文件只能摸黑进行。

2. 电煤、燃油等重要物资的储存量严重不足

除北京外，绝大多数地区没有建立电煤储备机制。据资料显示，我国电煤储存量为 12 天，有些电厂的存煤量远远低于安全警戒线，紧缺的储备一旦遇到冰雪封路、运输受阻，就会造成短时间内电力告急，甚至停产。据统计，这次冰灾由于电煤紧张，全国 13 个省市都面临缺电，大批电厂“弹尽粮绝”，停产的总发电量超过 4 千万千瓦。[①] 江苏工业企业因电煤不足导致 79 家大企业被限电，16 家企业提前放假。黔东南凯里的黎平、从江、榕江、镇远、施秉、黄平 6 个县一度出现燃油耗尽，成品油告急现象，而同期美国的电煤储量为 40 天。许多地方在除去输电塔上的覆冰时仍是用木棒、扳手等工具敲击，有的地方甚至派武警用冲锋枪扫射输电线。铁路也没有预备足够的柴油机车，运行控制系统缺乏后备供电系统，结果一停电就运行不了。

3. 重要物资信息不充分

因物资资源信息不充分，造成灾害来临时，有关部门无法有效紧急调用，如在南方某省的一次应对会商会议上，对省内备用的草袋缺乏有效信息，导致现有储备用于抗洪抢险的草袋未能及时调用，影响了道路疏通工作。

## （五）技术储备不够

1. 监测预报水平不够高

我国气象部门对极端性天气与气候条件的监测预报水平不够高，预报深度与指导性也不够，缺乏严密科学的灾害评估技术，对灾害性天气的持续性和强度以及影响程度分析不够专业、具体，灾害预警系统的准确性和时效性不足。在发生 4 次低温雨雪冰冻灾害性天气之前，气象部门都做出了较为准确的预报，但气象预报不等于灾害预报，也不等于灾害预警。受气象科学技术发展水平制约，以及缺乏电力、交通等专业气象监测的历史数据和相关信息，对这种极端灾害性天气可能造成的经济

---

① 解云建：《从抗冰救灾看我国政府公共危机管理》，《管理观察》2008 年第 8 期。

社会影响预评估和相应的预警不充分、不到位。特别是气象部门与国家电网的合作机制存在漏洞。气象部门与电力系统的合作主要集中在电力调度和正常生产决策方面，而专门针对某一段输电线路沿线的气象资料比较少，尤其是历史观测记录则少之又少，难以满足输电线路设计对气象参数的精准要求。

2. 预警信息实用性和指导性不够

如此大面积的天气变异，气象部门除了应及时发布警告信息外，还应提出切实可行的防御措施和行动指南，以便广大民众考虑谨慎出行，或储备食物、水、燃料、照明等物品，政府和社会也能够尽早掌握救灾工作的主动权。如2005年12月，美国东北部经历了一场暴风雪，12月3日，气象部门就发出“灾难天气”的警告，还向市民公布了御寒指南。相比之下，我国的预警信息迟缓且缺乏指导性防御措施，导致公民既不能及时了解情况，也缺乏相应的应对之策。此外，我国缺乏冰雪灾害监测预警、处置、指挥等技术手段，缺乏一整套相应的技术规范要求。许多地方政府的气象部门缺乏相应的技术设备，如移动式气象监测车和多普雷达设备，难以及时提供现时的气象信息，也极大制约了灾害预警能力。“交通部门缺乏对交通影响的具体分析与专业性评估，特别是对可能灾害程度的评估，使得重大公路气象预警的提醒作用多于警示意义”。[①]

3. 除雪除冰的技术措施与经验缺乏

我国南方省市缺乏除雪除冰的技术措施和经验，不少现代化的救灾装备与一线救灾人员的应用脱节，尤其缺乏专门的技术人才。如在抢通京珠高速公路粤北段过程中，有关人员对从各地紧急调集的各种除雪除冰设备的正确调度使用、作业程序安排显得有些不知所措，当地会操作大型专用设备的人员也较为缺乏。[②] 又如部分电网企业在电网铁塔覆冰之后，在除冰过程中错误地采取了先从铁塔底部开始除冰的措施，结果造成塔架重心上移，最终加速了倒塌。

---

① 解云建：《从抗冰救灾看我国政府公共危机管理》，《管理观察》2008年第8期。

② 解云建：《从抗冰救灾看我国政府公共危机管理》，《管理观察》2008年第8期。

## （六）机构建设不实

### 1. 设置规格不一

目前虽然各地逐渐建立起政府应急管理机构，但存在一些不统一、不规范的地方，如有些省份，政府应急管理机构没有建立在值班室基础上，有的机构则设置不齐全，偏重于应急处置的某一方面工作，有的应急管理机构在设置上存在行政层级过低、编制过少的问题。上述现象，严重制约了政府应急管理机构有效履行应急值守、信息汇总职能，更不用说充分发挥综合协调、运转枢纽的功能了，使得某些地方的政府应急管理机构在行政规格和功能履行上出现明显的尴尬局面。

### 2. 资源分配偏少

机构职权政府应急管理机构的设置规格与应急管理机构承担职能之间存在一定的不匹配现象。政府应急管理机构与各部门专项应对机构相比，在机构建设、应对资源建设方面显得相形见绌，间接导致政府应急管理机构与专项应急指挥机构之间的关系与其各自职责不相符合。具体而言，由于国家层面的应急管理工作启动较晚，长期以来主要以部门专项应对为主，应急管理方面的建设投入也向部门专项应对机构倾斜，导致的结局就是，各有关部门专项应急管理工作的制度规章建设、设施设备和应对能力较好，相比之下，各级政府应急管理机构建设相对落后，出现一种明显的不平衡状态。这种不平衡状态表现在突发事件的具体处置过程中，往往引起政府管理机构和部门专项应急管理指挥机构之间关系的不明确，影响应对工作的有效开展。

### 3. 偏重临时机构

目前，我国在重大灾难发生后，一般采取常规的专门机构与高规格的临时性机构并行指挥的机制，以临时性指挥机构为主。这些高规格指挥机构在灾难发生后能够较为高效地组织调动各方资源投入救灾，但这种临时组建协调机构也存在一些较为明显的缺陷。一是临时性协调机构的组建通常滞后，难以第一时间组织起有效的应对措施；二是临时性指挥机构难以解决应急资源布局存在的分割、分散局面，不利于形成整体资源效应和应对合力，不利于克服资源分割和分散导致的重复建设和浪费。如在应急救援中，由于缺乏统一协调的应急机构，一些地方应急救援资源分配存在不合理状况，一些得到上级政府部门大力支持的工作部门资源充足，一些受灾地区的企业由于上级集团公司的支援，其值班室甚至将发电机用来取暖，而当地却面临着停电的境地。

#### 4. 基层建设薄弱

基层政府最先感受到灾害的威胁，也是最有条件在第一时间作出反应的管理主体，但基层政府因为没有储备基本的应急资源和不具备相对充足的先期处置权限，其处置能力无法令其在高层政府统一领导之前采取恰当的先期处置行动。此次低温雨雪冰冻灾害的应对，在很多方面就是集中暴露了基层政府难以处理好反应速度和处置能力、统一领导和先期处置之间的关系，导致基层政府作为的权力受限，贻误了应对灾害的最佳时机。

### （七）应急预案不齐

#### 1. 缺乏复合性灾害综合应急预案

2003 年“非典”之后，我国开始加速突发公共事件应急机制建设，各级政府制定了有关自然灾害、事故灾难、公共卫生事件和社会安全事件的应急预案。2007 年 11 月 1 日，《中华人民共和国突发事件应对法》正式实施，明确了我国要建立统一领导、综合协调、分类管理、分级负责、属地管理为主的应急管理体制。面对此次猝不及防的低温雨雪冰冻灾害，在积极应对的同时，应急预案还是暴露出一些“软肋”。政府的应急预案体系由总体预案、专项预案和部门预案构成。其中，总体预案是适用于全部突发事件的一般性规定，其特点是规范和指导意义大于操作意义，不强调操作性；专项预案和部门预案则适用于单一类型的突发事件，其专项预案着重考虑各部门在应对某一类突发事件中的协作关系，而对于多类并发的突发事件的协作关系则一般不予规定和考虑。而此次低温雨雪冰冻灾害恰恰是由气象灾害引发的综合性灾害，包括电力中断、物价不稳、人流受阻、农林受损、基础设施毁坏等多方面，这些方面环环相扣，有的还存在联动效应，造成了恶性循环。因此，既有的预案体系并无应对此类事件的综合方案，各专项预案对并发、连锁灾害的应对方法也缺乏考虑。同时，地方政府缺乏应对此类复合性灾害的应急预案。

2. 部分应急预案效果不佳

部分预案在此次灾害中未能及时启动，或因预案操作性不强的原因，启动后果欠佳。有的内容不够具体，原则性要求多，可操作性不够强，导致预案启动后很多地方仍然不知所措，一些地区、部门的应急预案事后被证明为一纸空文。例如，江西省在2008年1月26日首次启动应对灾害性天气应急预案时，已经错过了大范围冻雨来临前采取预防措施的最佳时机。而一些预案虽被及时启动，但实际上却无法付诸操作，导致预案无法落实。例如，在第一波和第二波雨雪天气期间，南方一些地市级政府的交通管理部门启动了预案，但局限于部门应对，措施也仅仅属于历年在雨雪天气时节采取的加班和轮流执勤等范畴。又如，南方某些火车站在人流开始积聚的最初几天，地方政府纷纷启动应急预案，但是除了维护治安以外，并未采取其他必要的疏散和救助措施。

3. 常规应急演练不到位

大多数预案在制定后从未经过演练，这样必定会导致预案脱离实际，大大削弱了其可操作性。各级党委、政府目前尚未建立成熟完善的应对自然灾害训练演习机制，缺乏对国民进行有针对性的教育、演练和培训，使抗雪救灾的成效打了不少折扣。而西方国家政府对公共危机管理十分重视，危机管理知识被列为公务人员的必修课程，经常开展针对自然灾害所采取的紧急应对的法律程序、手段等知识的培训以及定期进行模拟演习[①]。在一些发达国家，小学阶段就开设专门的课程教育孩子如何应对大雪、暴雨等各种自然灾害。因此，民众在应对恶劣天气的过程中就不再单纯处于等待救援的被动状态，而会主动进行自救和相互救助，从而为降低受灾程度，减缓灾情，减轻人员财产损失创造重要条件。

---

① 解云建:《从抗冰救灾看我国政府公共危机管理》,《管理观察》2008年第8期。

## （八）协调机制不顺

### 1. 多头指挥、职责不清

在此次抗灾的实际处理过程中，政府应急管理机构与应急工作部门之间的关系模糊，初期应对多以部门为主，缺乏高效统一的指挥机构，缺乏协调性和整体性。部门之间、地区之间在紧急状态下的联动配合与沟通机制缺陷非常明显，影响应对工作的成效。特别是在抗灾初期，由于相关单位的抗灾职能没有划分清楚，许多事项管理条块分割严重。如交通运营部门加大发车密度，负责物资储备的部门紧急调运物资也会增大车流，但交通安全部门却因安全职责需要限制车辆数量和流速，甚至关闭部分路段，造成人为的灾难。在抢通京珠高速湖南段的过程中，围绕疏通方案，军队与地方一度各行其是。地方采取双向同时疏通的方法，军队采取单向疏通的方法，导致出现不和谐音符，影响了应急措施的高效实施，贻误了不少时间。虽然各地普遍建立了多部门临时性协商协调和指挥调度机构，但由于缺乏制度规范和硬性约束，组织仍较松散，工作协调成本高，影响了快速反应时效。在危机时刻对抗冰中的一些重大事项由谁负责、对谁负责等问题也含糊不清，即便中央政府下令，各级政府与各个部门之间也可能难以有效协调。各管各的，缺少沟通，凸显出“在应对这种综合性的跨区域的复合危机时，我们还缺乏一个综合的应急协调指挥中心，各级政府、各级政府的相关职能部门之间缺少信息联动机制。”[①] 高速公路缺乏统一指挥，各路段各自为政，号令混乱，收费站又不能提供正确的路况信息，致使大批车辆陷入进退两难的困境。[②]

### 2. 沟通不畅，各自为政

各横向部门省际间也出现了相互制约、事权不清、各自为政、缺乏协调的局面，各地政府部门采取的应对措施互不通气，不同地区、行业互不配合、“自扫门前雪”，甚至彼此牵制，形成了比较普遍的部门管理壁垒

① 刘彪：《我国公共危机管理面临的挑战与对策——对2008年雪灾的反思》，《合肥学院学报》（社会科学版）2009年第2期。

② 刘重：《雪灾后对交通服务与管理的反思》，《交通企业管理》2008年第4期。

和区域壁垒，难挡灾情进一步加重。以交通方面为例，此次雪灾初期，由于相邻省份灾害处置道路开放时间不一致，在大范围雪灾发生后，同是受灾地区、处在一个交通运输体系中的不同地方政府，对于高速公路开与关的问题上，做法竟然是不统一的，有些省份开，有些省份关，造成车辆在省际收费站大量积压，导致严重的“肠梗阻”。[①] 此次低温雨雪冰冻灾害期间，京珠高速粤北段因为冰冻严重，当地高速公路安全管理部门从2008 年 1 月 25 日起，双向关闭京珠高速公路粤北段出入口，湖南段南下车辆无法通行，几乎同时，湖南北部岳阳北上进入湖北境内的京珠高速也被关闭，使得湖南境内车辆积压愈发严重。道路封闭引发的司乘人员大量积压，迫使湖南省郴州市政府 1 月 26 日紧急向省政府发出《关于请求省政府协调广东省政府解除对京珠高速公路粤北段交通管制的请示》，同时湖南北部的岳阳市政府也紧急向省政府提出协调湖北省的请示，要求开放道路，但协调效果并不理想。

3. 部门至上，利益本位

政府部门与有关企业多从自身利益出发，各自为政，难以协同抗灾救灾。电业、煤业、铁路、高速公路等国家垄断行业在冰雪灾害袭来时，首先考虑本身的特殊利益。有些部门甚至“利益拼命争，责任拼命推”，一直推到中央发话才行得通。以高速公路为例，交通与交管部门为了减少本身的风险，一有冰雪马上就封路停运，不但造成交通严重堵塞，实际上也加快、加厚冰雪的封冻，结果是进一步加重了灾情。在南出海大通道上的贵州省贵阳市小碧收费站竟然为了蝇头小利，置抗冰救灾于不顾，重新设卡收取过路费，造成严重堵车，形成约 2 千米长车流，严重影响抗灾大局。[②] 一些地方政府出于自身政绩考核的考虑，在灾害发生时有意无意地低估灾情、低调处理，甚至隐瞒不报，“大灾变小灾，小灾变无灾”，等到上级政府或中央政府警觉，往往已事态失控，错过最佳时机，造成较大损失。此外，交通部门和交管部门之间也往往协调不够。

① 解云建：《从抗冰救灾看我国政府公共危机管理》，《管理观察》2008 年第 8 期。
② 叶祝颐：《高速路收费站何以敢制造新的拥堵》，《现代快报》2008 年 2 月 4 日。

### （九）信息渠道不畅

我国的信息化应急指挥平台和基础信息平台功能还不够完备，各部门之间信息交流不够，相互孤立和分散，协调联动性不强。信息的部门分割使信息获得不全面，无法正确认知事件发生的性质，导致危机信息的监测不能有效提供预警，不利于实现“早发现、早处理”的应对原则，延误采取应对措施的最佳时机。如在低温雨雪冰冻灾害早期，高山区的电路监测点较早发现凝冰现象，但没有与气象部门实现信息共享，制约了气象预警的针对性。有关部门事前缺少预警，没有提醒，灾害发生后，又缺乏科学、准确、及时、先进的应急信息采集、处理、发布的规范化工作体系，在雪灾发生的很长一段时间内，未将气象、灾情等重要信息及时有效传达。而一些相关网页上的热线电话和监督电话在关键时刻不能保持畅通，交通信息问讯无门，通车信息发布混乱，甚至在雪灾预警发出后的一段时间，灾情扩大等紧要信息也未通过有效的传播渠道及时、准确地传递给社会各界，导致公众未能及时调整自己的出行计划，使灾害困局雪上加霜。

### （十）参与机制不力

政府对冰雪灾害发生后的公众救助参与机制重视不够，缺乏必要的组织化资源，社会的自我救助体系过于薄弱，救灾抗灾方式仍处在“强政府一弱社会”模式之下，只有自上而下的政府纵线，而缺乏自左向右的民间横线，社会力量尚未被充分动员起来，民间力量不能有效投入抗灾救灾，分散个体的恻隐之心难以变成现实的救助力量。在救灾现场民众有组织地向困在火车站、高速公路、列车上的同胞提供救助的情形不多。广州一位志愿者投书报章：我看到许多热心人带着食物和被子来到火车站，却被一位火车站工作人员冷冷地拒绝“我们不管这些事情，这些东西要送到救助站。由民政部门统一发放”。①

① 曹景行：《冰灾雪暴对中国新政府的警示》，中新网，2008 年 12 月 16 日。

### （十一）制度规范不全

一是缺乏完善的法律法规支撑体系。虽然，我国已出台了一些与处理极端气候灾害事件有关的法律、法规与文件，初步具有了危机管理的法制基础，但从整体上看，法律法规体系尚不健全。我国现有的危机管理规定分散在《国家气象灾害应急预案》《防震减灾法》《传染病防治法》等部门法中，管理分散，缺少统一综合的危机管理条例。二是灾后重建的相关政策有待规范化、系统化和制度化，救灾补助标准未随着经济社会的发展逐步提高，如电塔倒塌和电力抢修过程中，对部分民房、农作物、果木等造成了损毁，而现行补偿标准偏低，协调难度很大。[①] 三是应对巨大自然灾害损失的保险制度尚未成"气候"，利用保险手段分散巨灾风险的能力还十分有限。

## 四　"万一的一万"：冰灾公共危机治理措施

不让天灾添人祸。人类总是在经历灾难的过程中不断地成熟与聪慧，严重冰灾在"冻伤"我们体制的同时也"冻醒"了我们的反思，增强了我们全面加强"防寒机制"建设的紧迫性与针对性。发达国家及联合国对预警应急系统建设的经验表明，任何灾害的应急体系都有赖于基础性常态防灾减灾建设，只有出于长远的防灾减灾能力建设的完善，才能使预警和避险成为可能。在极端性气候事件发生几率加大，破坏性增强的形势下，积极防灾、抗灾、救灾将成为我们的常备性工作，以从根本上提高防灾抗灾能力，谋求经济社会的健康发展和人与自然的和谐相处为出发点；以灾前预警预报、灾中抢险抢救和灾后修复重建为基本内容；以组织体制、运行机制、法制基础、保障系统的建立与完善为根本途径，制定冰雪灾害型公共危机治理措施，形成政府主导、部门协调、军地结合、全社会参与的应急救灾工作格局。

综合自然灾害管理模型见图 7。

---

① 解云建：《从抗冰救灾看我国政府公共危机管理》，《管理观察》2008 年第 8 期。

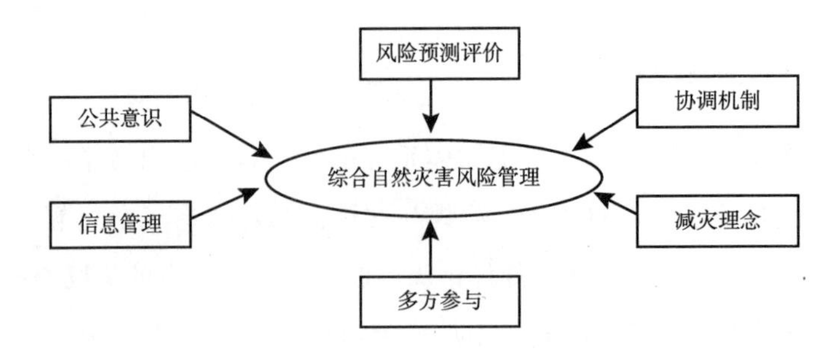


**图 7 综合自然灾害管理模型**

## （一）建立强力、统一的冰雪灾害治理组织体制

### 1. 成立常设性的高规格专门机构

重大冰雪灾害造成的社会风险具有很强的延展性与扩散性，任何一个部门、行业都难以单独预防和应对。为此，要充实加强各级政府应急管理机构，健全常态下应急管理基础工作，落实各部门应急管理职责，推进基层应急管理工作。要打破部门、行业界限，设置一个具有独立地位的、凌驾于各职能部门和机构之上的常设危机管理综合协调部门，以立法的形式授予该部门对其他政府机构与相关企业进行直接协调和统一调度的权力，以增强危机应对的合力。一是统一规划，因地制宜地推进各级政府应急管理机构的建设，在机构的行政规格和人员编制设置上，应与各级政府应急管理机构履行的应急值守、信息汇总、综合协调和运转枢纽职能相适应。二是明确政府应急管理机构的建设方向，以提升政府应急管理机构的综合性、协调性和强化其规划、指导等宏观能力为方向，将各级政府应急管理机构建设为总揽应急管理全局工作的枢纽机构。政府应急管理机构要尊重各专项应急管理系统在硬件和软件建设上的现有成就这一客观现实，无须重复建设。政府应急管理机构应积极整合各专项应急管理系统的各种资源，完善各应急系统的协作联动机制，使分散在各应急系统的资源和能力发挥整体效应。三是在地方各级政府层次上也相应地设立相关部门，并根据不同的实际情况因地制宜地设置具体的组织形式。在非危机时期，这一机构的主要职能是负责危机的预防和预警工作，定期召集有关专家就某一

领域中当年或者更长的时间内可能发生的危机事件进行预警分析，做好各种危机的应急预案准备，评估危机信息和危机风险。① 在危机发生期间，负责领导与协调工作，权威地分配各种资源，在灾害预防和受灾区的重建方面发挥协调有关部门的核心作用。

2. 建立高度统一的专业指挥机构

任何救灾行动，指挥是关键。救灾指挥类似战争指挥，要赢得救灾胜利，就要优化指挥结构，建立协调一致、有序高效的指挥系统，这是有效应对突发公共危机的重要基础。救灾指挥，一定要实行首长负责制而不能实行委员会制度。救灾指挥系统建设，要学习部队的司令部体制，真正能够综合人气形势、人口和经济状况、基础设施状况等各种信息，还要有专家作为科技咨询人员参与决策指挥过程。通过组织整合，构建一体化的综合应急管理体制是联动协调机制的基础。要建立一个危机联动指挥中心，再由它负责资源整合和行动整合，使各种应急管理要素统一指挥，统一行动，相互协作。这个机构应当涵盖有关部门（包括军队），吸收主要专业人员参加，做到人员精干、素质过硬、职责明确、要素齐全，在政府的领导指挥下具有独立的决策权、指挥权和完成任务的能力。要进一步理顺指挥和救援关系，明确职责、权力、任务，建立顺畅高效、统一精干、强大有力的综合性危机管理体系，确保综合性危机管理协调统一、行动步调一致、救援有序有效。要规范政府应急管理机构指挥体系和各部门专项应急管理指挥体系之间的关系，建立和强化国家、省、市、县四级政府应急指挥中心，指挥中心统一指挥其他部门专项应急指挥体系。从历次灾害的救援过程来看，以中国人民解放军总参谋部为主要指挥力量的做法逐步显露出其缺陷与不足。主要是由于救灾过程中一般要调动大量车辆、设备、物资，还要实施若干的工程作业，比起中国人民解放军总参谋部来，中国人民解放军总后勤部更专业，更有效率。

国家重大气象灾害应急处置指挥系统关系见图 8。

---

① 张开平：《我国政府公共危机管理机制的构建途径》，《中共乐山市委党校学报》2009 年第 1 期。

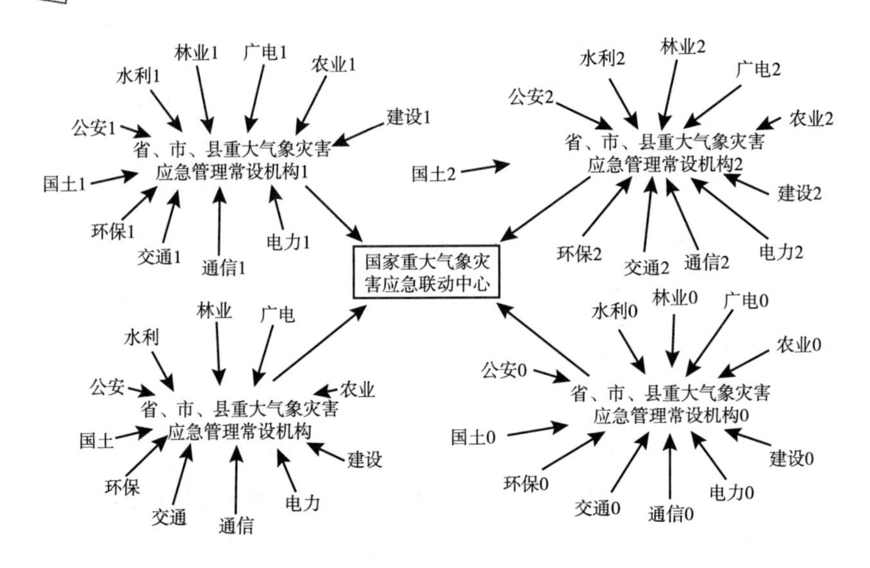


**图 8 国家重大气象灾害应急处置指挥系统关系**

## （二）建立协调、高效的冰雪灾害治理运行机制

### 1. 健全危机预警机制

一是要及时制定冰雪灾害的应急预案，并根据情况的变化，参考经济、政治、社会、环境等综合因素，不断予以修改完善。二是各级政府必须建立起高效的预警信息系统，不断监测社会环境的变化，针对各种可能发生的突发公共事件及早开展风险分析，努力做到早发现、早报告，及时全面掌握信息。三是建立面广、准确、专业的信息采集机制，[①] 在雪灾发生时，及时提供灾害类型、破坏状况、伤亡人数、救援计划、完成任务、发展趋势、救灾力量现状及灾区地形、道路、气候等信息，为政府的危机管理决策提供信息支持。四是建立健全重大气象灾害的跨部门会商制度和信息共享机制。五是建立健全预警信息发布制度，充分利用各类传播方式，准确及时发布相应等级的预警信息。

灾前预警阶段应急决策过程见图 9。

① 袁兴金：《从汶川大地震考察政府危机管理体系建设》，《探索与争鸣》2009 年第 5 期。

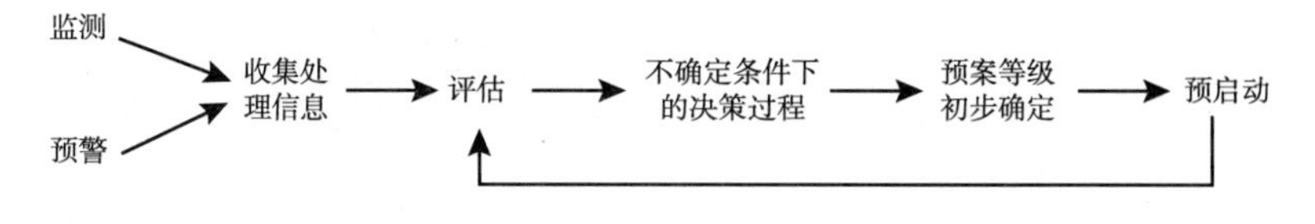


**图 9 灾前预警阶段应急决策过程**

### 2. 优化信息发布机制

信息报告渠道畅通与否和传递信息效率高低，直接影响政府对突发事件的应对处置。及时准确地发布信息，正确引导舆论，有利于应急管理工作的有效开展和社会、人心的稳定。[①] 一是打破交通信息“孤岛”现象，综合、协调、沟通信息资源，实现各级政府和部门在应对危机时的信息共享，通过建立内部信息传递机制、横向部门沟通机制等无等级信息综合联动机制，对民众出行进行明晰而有效的指导，让公众做出理性的选择，实现政府和民众之间的良性互动，使应急工作收到事半功倍之效。二是党委、政府要建立权威、统一、快捷的信息和新闻发布渠道，将各地铁路、公路、民航交通信息全面汇总梳理、分析，通过网站、热线电话、报纸、电视等传播方式及时发布、主动发布、准确发布，把事实告诉群众，把党委、政府的声音传递到群众，增强政府信息公开的时效性与权威性，增强政府公信度，从而保证政府危机应对的及时有效，防止因信息不对称、灾情混杂造成信息失真，造成新的问题。

突发冰雪灾害预警信息发布平台见图 10。

### 3. 完善联动协调机制

大范围的冰冻灾害考验的是多个部门的协同作战能力。只有形成合理有效的统一调度，多方协调的应急机制，才能将灾害损失降到最低。要完善机制，促成部门联动、区域联动的协同应对局面。一是必须建立省际应急联动和快速反应机制。在邻省之间建立常设的协调机构，完善沟通机制，强化联动意识，跨省灾害发生时负责协调省际的抗灾事务。二是政府要恪尽职守，科学应对，高效决策，有效统筹协调跨部门、跨

① 刘彪：《我国公共危机管理面临的挑战与对策——对 2008 年雪灾的反思》，《合肥学院学报》（社会科学版）2009 年第 2 期。

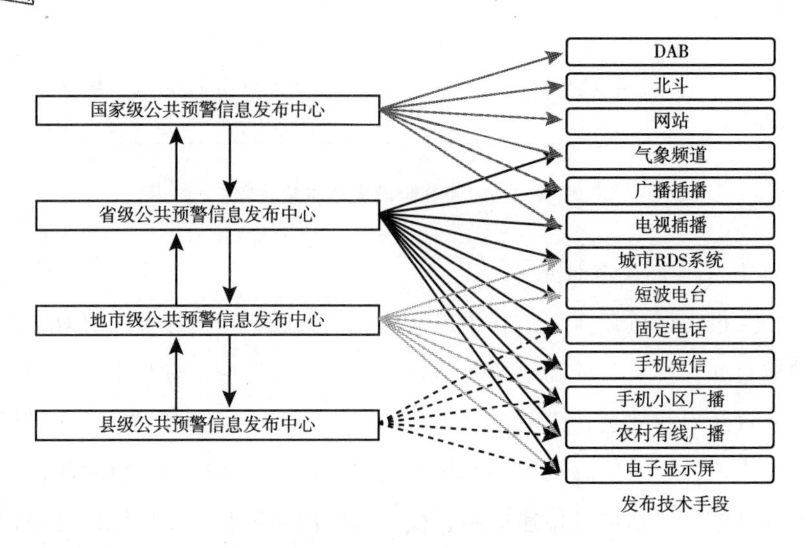


**图 10 突发冰雪灾害预警信息发布平台**

行业、跨区域的力量投入各项工作。三是政府应急管理机构应该切实发挥信息汇总的职能，建立和完善与各相关部门的联络制度，定期召开会议通报情况、交流信息、沟通工作，破除因管理壁垒和区域分割产生的信息阻隔，实现部门信息共享，尽早发现事态的萌芽。四是健全和完善预案，尽量在预案中将部门之间的协作操作化和规范化，整合政府指挥系统和各部门指挥系统的有机衔接，通过具体的规定来融合各部门之间的联合行动，力争做到一旦发生事件，各相关部门能沿用预案立刻采取有效联合行动。五是以演练促协作。政府应急管理机构定期举行综合应急演练，将预案中部门协作在实践中不断进行磨合，进一步加强部门协调，理顺和完善协作机制。六是政府应急管理机构要切实发挥综合协调职能，加强区域间政府协调应对工作。根据行政层级的不同，各级政府应急管理机构应适时组织围绕特定主题进行区域性应急演练，提高区域间协调处置能力和协同作战能力，完善区域间协作中的联动指挥、专业应对行动的具体指挥等方面的问题，提高联合行动的科学性和有效性。

重大气象灾害风险沟通过程见图 11，冰雪灾害应急处置部门联动神经网络图见图 12。

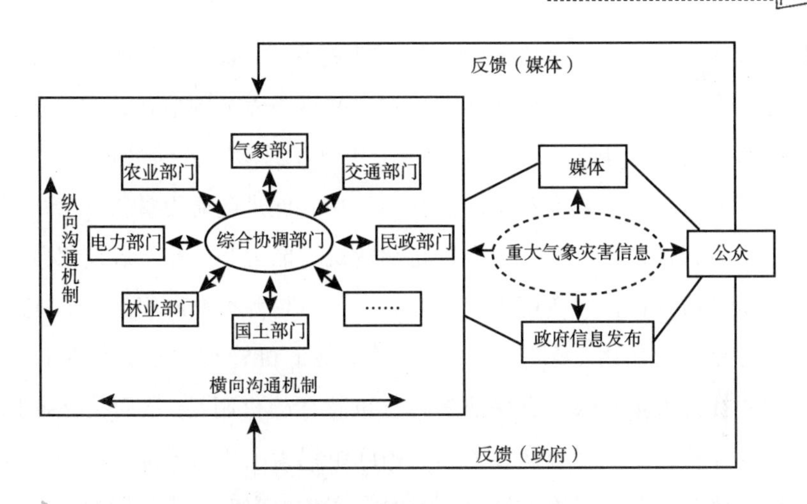


**图 11　重大气象灾害风险沟通过程**

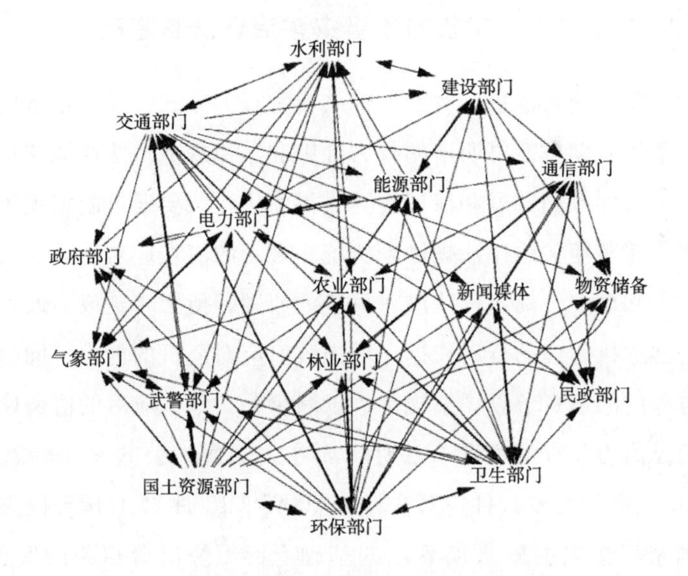


**图 12　冰雪灾害应急处置部门联动神经网络图**

4. 强化社会参与机制

在社会处于危机的紧急状态情况下，单靠政府的力量难以战胜危机，需要政府整合和调动社会资源，促使全社会高度关注、共同参与。社会资源通过协调行动、多方联动，共同应对突发事件，形成应急处置的合力，从而有效处置突发事件。这样既可以在心理上减轻、避免民众的恐慌，又可以形成政府与社会公众协调互动的良性关系。[①] 第一，管理者要转变观念，把公众等社会力量当成伙伴和战友，并给予充分的信任，构筑多元公共危机治理模式，建立一种政府主导、社会广泛参与的动员机制。第二，各种非政府组织可以发挥独特的优势和作用，促进政府力量与社会力量之间的沟通与合作，提升全社会处置化解危机的能力和效率。政府必须完善制度，积极培育扶持非政府组织的发展，并引导各类非政府组织在应急管理中发挥更大的作用。第三，政府要对参与危机管理的社会力量进行整合，建立社会力量有效、有序地参与危机管理的机制，[②] 从而构建起以政府为主导、社会组织和公众为主体、国际组织为主要组成部分的公共危机应对网络体系，群防群治，快速、及时、高效地应对危机的能力。

### （三）建立规范、完备的冰雪灾害治理法制基础

重大灾害性公共危机会改变人们的日常行为方式，扰乱正常的社会秩序，因此危机时期更需要明晰的行为准则和法律规范。法律能够促进冰雪灾害治理工作的顺利开展和保证实际成果的优化。要通过制定灾害危机应对的法律，完善相关法律法规体系，统一规定政府在应对冰雪灾害紧急事件中的权限和职责，确定依法应对危机的原则，使之真正成为政府进行冰雪灾害公共危机管理的行动依据，增强政府应对危机的能力。同时，对相关单位与部门的职责予以详细规定，以减少公共危机应对的协调摩擦，维护政府的公信力、权威性和合法性。要在《突发性公共事件应急条例》、《中华人民共和国突发事件应对法》和 2009 年 12 月 25 日国务院办公厅出台的《国家气象灾害应急预案》的基础上，尽快出台相关的实施细则，增强相关法律的可行性、操作性、指导性。制定各领域的专门应急法律、法规、预案，应该在内容上做出系统而详尽的规定，明确职责，加强危机管理多部门合作，形成一个政府危机管理网络体系，从而保证在危机发生

---

① 湖南省应急办：《快速反应，科学应对——湖南省成功抗击特大冰雪灾害实录》，株洲政府门户网，2009 年 6 月 16 日。

② 刘彪：《我国公共危机管理面临的挑战与对策——对 2008 年雪灾的反思》，《合肥学院学报》（社会科学版）2009 年第 2 期。

时，政府各部门能联合协作，在专门指挥机构指挥下采取高效、有序的应急措施。[①] 同时，建议国家在协调社会资源方面制定专门的法律法规，严格依据法律法规征收、征用社会资源，从而最大限度地降低资源配置的成本，提高抢险救灾效率。要加快建立灾害保险理赔机制，增加保险产品品种，积极开展各种衍生性服务，切实提高保险分散巨灾风险的能力。通过市场的力量，减少自然灾害可能引发的后续性灾难。

## （四）建立完善、有力的冰雪灾害治理保障系统

### 1. 强化政府部门危机意识

危机管理意识是危机管理的起点，各级政府要牢固树立“预防为主、应急与预防并重”的危机理念，要把危机预警作为政府日常管理中的一项重要职能，清醒地认识到我国现阶段危机管理的重要性，树立非传统意义上的危机意识及常态管理下的危机管理意识，与时俱进地更新危机的思维，在复杂多变的现实社会中，对可能发生的各种危机事件事先有充分的估计，制定具有前瞻性的应对方案。对每一个气候事件的出现都要保持高度警觉，加强跟踪，做好准确预报、预测、预警、预防工作。

### 2. 加强公众灾害知识教育

民众的危机素质主要体现在危机的意识、危机的应对能力、危机的心理承受能力等几个方面。[②] 政府要针对公众开展全方位、多渠道的关于应急管理的科普宣传教育工作，把危机管理意识灌输到全社会，向社会民众进行经常性的宣传教育，提高公众的风险意识和自救、互救能力，让广大民众树立起危机意识，提高民众的危机素质，培养防范危机、应对危机的能力，提高社会的成熟度，[③] 形成政府和公众在应急管理各个环节的相互支持、相互配合的良好局面。要将公共危机、灾害知识教育纳入整个国民

① 邝婷婷：《公共危机应急协调联动机制研究——以郴州冰雪灾事件为例》，《法制与社会》2008 年第 7 期。

② 巩玉涛：《我国政府公共危机管理能力提升之路径分析》，《广西警官高等专科学校学报》2009 年第 3 期。

③ 张国清：《公共危机管理和政府责任》，《管理世界》2003 年第 12 期。

教育体系，并结合不同年龄阶段人的认知特点，开设不同的课程。要通过广播、电视、报纸、网络等媒体，经常性地开展公共安全知识的宣传；积极推广简明实用的防灾避灾技术，根据各地易发、频发的突发事件编写有针对性的安全防范应急手册和知识读本；开展灵活多样的安全知识竞赛、各类模拟灾难演练等活动激励公众学习和掌握安全防范技巧，提高民众的抗灾、自救、救他的能力；要把每一次的重大突发事件作为活生生的教材，善于利用发生过的危机案例来教育民众，提高民众的危机应对能力以及心理承受能力。

3. 完善应急物资储备体系

对我国的救灾物资储备系统进行从单一采购和保管救灾帐篷转变为统筹规划救灾物资的开发、生产、采购、保管和调运等的重大转型，[①] 建立较为系统的国家救灾物资储备管理系统。一是要科学制定应急物资目录，优化储备数量和方式，实现社会储备与专业储备相结合，政府储备与商业储备相结合，实物储备与产能、信息储备相结合。二是要完善物资储备库网络建设，要建立健全应急物资生产、储备制度。在全国规划布局建立一批区域性的应急物资储备仓库。要根据省、市、县灾害应急救助责任和管理范围，进行科学选址，合理布局，建立种类齐全、功能完备、综合利用的物资储备基地。支持地方政府建立中小型的具有本地特色的救灾物资储备库。对于乡、村物资储备，也要根据自身灾害风险特点，储备必要的满足本乡、本村需求的自救装备。三是要建立应急物资信息系统与数据库，实现各类应急物资储备信息汇总和需求预测预警，实现救灾物资储备库与其他战略物资储备库之间的联网。[②] 四是要设立应急物资储备专项资金，应急状态下适当简化动用资金的程序。中央和地方均要加大投入，适度增加防灾避险的必备应急用具储备和能源应急储备或合理库存。要增加救灾物资储备的品种，除了传统的帐篷和衣被外，应增加照明设备、净水供水设备、速食品等生活类物资的储备，使救灾物资能够满足受灾群众的基本

① 刘彪：《我国公共危机管理面临的挑战与对策——对 2008 年雪灾的反思》，《合肥学院学报》（社会科学版）2009 年第 2 期。

② 王振耀：《加强巨灾防范体系建设刻不容缓》，《中国减灾》2008 年第 2 期。

生活需求。五是要健全应急物资快速投放机制，确保应急物资及时供应。六是要建立健全应急物资的采购系统。要建立政府、企业、社会各方面相结合的应急物资、资金筹集机制，出台财政补偿政策，鼓励自然人、法人或者其他组织按照有关法律、法规进行捐赠和援助。应通过多种渠道，借助市场力量，通过协议供货等方式，扩大物资储备的数量和品种，多种渠道解决救灾物资储备紧缺的问题。

**4. 增加避灾减灾科技含量**

一是要把防御极端冰雪灾害性天气放在应对气候变化的重要位置，进一步加强对大气环流特征、极端天气气候变化规律的认识和研究，加强对极端性天气与气候条件的监测、预报的科学研究，大力开发严密科学的灾害评估技术，对灾害性天气的持续性和强度以及影响程度进行专业、具体分析，做好气象灾害影响的预评估，增加预报深度，提高预报准确度，强化预报的指导性。二是要科学开展综合性防灾减灾研究，提高应对灾害的主动性、针对性和有效性。完善冰雪灾害监测预警、处置、指挥等技术手段，提高交通部门对交通影响的具体分析与专业性评估水平。三是要建立跨部门、跨地区的气象灾害联合监测，在交通枢纽、重要高速公路等关键地区增加路面温度、积雪厚度等要素的观测以及路面结冰的监测，在南方冰冻天气易发地区增加电线覆冰观测，提高气象灾害综合监测能力。完善基层气象部门的监测设备，在提高中长期气象监测能力的基础上，重点强化实时更新的气象监测能力，为气象灾害的应对提供更精准高效的信息。四是要研究用高科技手段抗击自然灾害对电网的危害问题。如500千伏导线融冰技术、覆冰状态下导线舞动技术等。要对融冰技术使用的时机（绝缘子仅单个覆冰和绝缘子串贯通覆冰）和状态（导线薄覆冰和强冰冻状态）做深入研究，将导线在一般情况下的舞动研究提升到导线在强覆冰情况下舞动的研究，等等，[①] 以提升电网采用高科技预防和抗击各种灾害的能力。五是要重点开发更具针对性的气象产品，将输电线路的建设和气象资料的使用有效结合起来，满足电网安全需求。六是要研究新形势下

---

① 刘亲民：《冰雪灾害的启示》，《中国电力企业管理》2008年第3期。

科技救灾方案和技术要点，为全方位启动各类适用技术创造前提。七是要适当控制我国救灾人员的文化程度，克服现代装备与一线救灾人员应用脱节的弊端。培养一大批懂得各类防灾救灾设备操作的专业技术人员。科技支撑能力需大大提高。灾害管理是一门科学，灾害评估、物资调运流转、灾情传递、人员安置保障、综合调度等需要统筹协调，科学安排。[①] 在交通运输、通信保障、信息管理等方面，急需新技术、集成技术加速向灾害应急领域转化。八是要加强冰雪灾害应急救援专业队伍装备建设，提高保障能力。

**5. 提高相关设施建设标准**

加强重大基础设施建设的冰雪灾害风险评估。重大项目建设和布局要充分考虑冰灾影响的风险因素，健全和完善科学评估机制，防患于未然。按照预防与应急并重、灾害和突发事故兼顾的原则，大力提高重要基础设施防冰抗灾能力。有关部门在规划设计相关基建设施时，应该多一些超越常规和应对突发事态的思考，要重新制定基础设施建设的相关标准，提高抗灾能力。一是电力设施方面，要科学规划，合理设防，提高供电可靠性。电网规划要以就近供电为主，负荷中心应具备特殊情况下“孤网”运行能力；外来电应按多通道、多方向接入并合理控制单一通道送电容量；加强配电网建设，增强事故支援能力和电网运行灵活性，提高供电可靠性。电源规划要大、中、小机组合理匹配，分级接入电网；各地级市都应保留或新建部分支撑电源、公用保安电源，重要用户要自备保安电源。各地要把电力发展规划纳入经济发展规划和国土利用规划，预留变电站和输电通道用地。修订完善电网工程相关设计标准，科学合理提高设防标准，推行差异化设计；研究开发并应用输电线路防覆冰、除冰等技术、装备。完善有序用电，加强电力需求管理。提高电力建设工程质量。适当调整电网的设计建造标准。要确保至少有一条高标准的可靠电力通道与电力主网安全联通。同时要尽量使输电线路铁塔的抗倾覆能力标准由 30 年一遇调整到 50 年一遇。高度重视电源建设多元化，水、火并举，优化布局。

---

① 吴建安：《自然灾害救助应急体系建设》，《中国应急救援》2009 年第 4 期。

二是交通设施方面，要大力加强交通基础设施建设，完善路网结构，提高通行能力。要加快实施《国家高速公路网规划》，打通“断头”路，对车流量大大超过设计标准的路段，拓宽线路或增加复线，完善全国公路运输通道网络。加快推进铁路主要通道客运专线建设，力争早日实现京哈、京广、京沪、陇海、胶济、东南沿海等客运专线全线贯通，实现各大经济区域间客货分线或多线运输。要加强高速公路与一般公路的网络配合，加强重点路段的辅助性路段建设，提高建设道路标准，同时加强指示引导标牌、标志的建设，选择部分国道、省道，作为主要高速公路的应急分流通道并进行必要的改造，确保满足应急分流需要；增加高速公路应急出口，有普通公路相平行的高速公路，要增设应急分流出口。重要的铁路电力牵引区间，要储备必要的内燃机车；主要铁路客运站应适当增加旅客候车面积。三是市政公用设施方面，要加强市政基础设施，特别是城市排水、供水、供气等重要城市基础设施要科学规划设计，要加强对选址、设计、建设和运营全过程的防灾管理，把综合防灾纳入城乡发展的综合决策和统筹规划。四是气象监测设施方面，要加强气象灾害监测预警体系建设，提高气象灾害监测预警能力。加大对市、县气象综合探测基地建设投入，加快新一代天气雷达气象综合探测站的布局和建设，[①] 在一些灾害易发的重点区域要加大探测点的密度，建立灾害观测站点。

**6. 增强基层政府响应能力**

一是县（市、区）一级政府能力建设向预警监测能力方面倾斜，争取在第一时间发现问题发出预警，适当配置应急处置的各种资源。二是地市级政府重点组建专业应急队伍和专门应急物资储备。三是省级政府在物资储备、专家队伍等方面重点强化，随时有效支援县（市、区）的应对工作。这种建设重点在不同层级的安排有利于充分发挥有限应急资源的最大效用，防止浪费和重复建设。四是从干部培养和激励上突出突发事件预防和处置能力。当前基层政府直接面临着各种风险和危害，需要他们第一

① 刘亲民：《冰雪灾害的启示》，《中国电力企业管理》2008 年第 3 期；祝燕德等：《重大气象灾害风险防范》，中国财政经济出版社，2008。

时间采取预防和处置措施。因此，在党政领导班子成员的选拔配备中，在注重德才条件的前提下，还要注重是否具有处置突发事件的能力和良好的心理素质，并积极对各级干部开展这方面的学习培训。五是在大力培养和提高县（市、区）领导危机应对能力的同时，强化县（市、区）在突发事件应对中的责任，增加其第一时间响应的动力和压力。六是加强城乡社区应急能力建设。积极整合社区资源，构建由政府相关部门和社区、学校、企事业单位共同组成应急工作网络，充分调动和发挥职能部门和各基层单位的作用，有效预防和减少各类突发事件，创新基层应急管理工作。健全城乡社区群防群控机制，组织居民积极参与减灾活动和预案演练，指导居民家庭做好应急准备。

# 附录：湖南、贵州、广西三省（区）抗冰救灾录

## （一）湖南省

### 1. 决策部署

灾情发生后，湖南省省委、省政府召开一系列灾情会议，研究部署抗冻救灾工作。2008 年 1 月 20 日，省委办公厅、省政府办公厅就下发了《关于切实做好冰雪灾害防御工作的紧急通知》。1 月 21 日，启动《湖南省突发性气象灾害预警应急预案》Ⅱ级响应。1 月 22 日，省委、省政府派出 12 个工作组抵达全省受灾市州指导防灾救灾工作。1 月 22 日下午，省政府召开专项会议，研究部署保电、通路工作。面对严重灾情，1 月 25 日省委决定省人民代表大会提前一天于 1 月 27 日闭幕；上午省委、省政府召开抗冰冻保畅通安全电视电话会议，成立省抗冰救灾指挥部，分设交通安全、电力供应、通信畅通、煤电油运、市场供应和农村救灾 6 个保障工作小组，各由一位省领导负责，指挥部下设办公室，设立协调组、信息组、综合组，负责处理指挥部日常工作。1 月 27 日下午，省人民代表大会会议刚刚闭幕，省委就召开常委扩大会议，对全省抗冰救灾工作再动员、再部署，明确要求保人民群众生命安全，保电力供应，保交通和通信畅通，保煤气油运供应，保市场供应，保困难群众生活；当晚，新一届省政府紧急召开第一次常务会议，研究贯彻落实国务院煤电油运保障工作电视电话会议和温家宝总理重要讲话精神，进一步部署抗冰救灾工作。省政府决定，从 2008 年 1 月 28 日起，京珠高速沿线的长沙、衡阳、湘潭、岳阳、株洲、郴州 6 市及相关县（市、区）人民政府，对所有滞留在客车上的人员进行疏散，就地集中安置，安排食宿。沿线各市及相关县市区人民政府组织学校、机关、企事业单位积极做好旅客及司乘人员的接收安置工作；对滞留车辆尽量做好旅客及司乘人员的工作，动员其就地疏散分流；对确实不能疏散仍滞留的旅客及司乘人员，继续做好救援救助工作，

及时送足食品、矿泉水和棉衣棉被、毛毯以及药品，确保不冻死一人，不饿死一人。

2. 保交通

由于受第三波强降雪和冰冻天气危害，京珠高速公路湖南郴州境内耒宜段和京珠高速粤北段[①]因地处高山，路面冰冻更加恶化。自2008年1月25日起，京珠高速公路粤北段出入口双向关闭，湖南段南下车辆无法通行。面对京珠高速公路中断、大量滞留人员生命安全面临严重威胁的严峻形势，省委、省政府及时组织实施了“大救援、大分流、大破冰”三大战役。

首先，湖南省省委、省政府于2008年1月25日深夜召开会议，实施紧急会商机制，连续多日在京珠高速公路湖南段开展救援滞留旅客和司乘人员的大行动，组织干部群众送医送药送食品，免费安置。据不完全统计，2008年1月21日~2月5日，全省在京珠高速沿线共设救助站2000多个，发放救助物资1亿多元，组织医疗救援队697批次，救护2.5万多人次，确保了不冻死一人、不饿死一人。

其次，实施京珠高速滞留车辆从衡枣高速分流。2008年1月28日，时任省委书记张春贤赴衡阳现场指挥，果断提出衡枣分流，省委、省政府立即做出决策，从衡枣高速分流京珠高速湖南段的滞留车辆，并与交通部、广西省衔接，对所有绕道车辆在湖南、广西境内实行不罚款、不卸载、不检查、不收费的“四不政策”，打通广西到广东的南下通道。2008年1月28日~2月4日，经衡枣高速分流广西的车辆6.6万台，进入京珠北上车辆5.3万多台，大大减轻了京珠高速的交通压力，为华中、华南、华北和西南物资运输，为全国大局的稳定做出了积极贡献。2月2日，第四轮暴风雪袭击湖南省，衡枣高速分流压力明显加大，省委、省政府又及

---

① 京珠高速公路粤北段北接耒宜段，两段公路正好翻越南岭山脉，形成上坡和下坡交相混杂的路段，海拔较高。其中粤北段坪石至云岩区间，最大纵坡达4%（上坡14千米，下坡12千米），坡陡弯急，被司乘人员称为“死亡地带”，加之地处海拔800米的高寒山区，巨灾期间结冰路段长达30余千米，厚度约8厘米，在低温雨雪冰冻灾害期间，成为阻断南北交通的“恶瘤”。

时决策从醴潭高速分流京珠临长、长潭段南下的车辆，经江西进入广东，并采取各种有效措施，保证107国道的基本畅通。

再次，全力打通京珠高速公路。为尽快落实中央尽早打通京珠高速耒宜段的要求，湖南省要求采取超常规措施，将耒宜段高速公路划分为若干工作段，分别由省直部门、沿线的区县政府包干负责，在先期轻型破冰机械作业效果不良的情形下，调用大型破冰机械（大型履带式推土机、平地机、铲车，以及广州军区调来的2辆装甲工程车、3台坦克等重型装备）全面破冰清障，辅以全线撒盐，责成中石化郴州公司为主负责全线供应燃料，并对破冰清障工作加大纪律检查力度，对失职渎职者就地严肃查处。同时，加大联系和协调驻地部队、武警、消防、预备役工兵团的工作力度，组建强大的破冰清障队伍，经过装备与人员合力攻坚，除冰工作取得良好进展，2月4日下午，滞留在京珠高速湖南耒宜段的最后6000余台车辆全部驶入广东境内，至此南北大动脉京珠高速公路的“恶瘤”终告攻克，京珠高速湖南段全线畅通无阻。

**3. 保电力恢复**

地处南岭与罗霄山脉交错的湖南省郴州市是这次冰雪灾害最严重的地区之一，郴州境内电网的中断不仅给当地生产生活造成严重影响，而且还致使京广铁路运输中断，形成更大范围的灾害。从1月13日开始冰雪灾害使郴州电网一度成为一座“孤网”，电力供应中断，使郴州市11个县市区，500万人口大部分陷入了黑暗，持续时间多数超过8天。1月18日，湖南省电力公司启动了全省第一个应急预案，1.4万多名电力员工义无反顾地奋战于冰天雪地。从1月28日开始，国家电网公司集全公司之力支援湖南的抗冰保电和抢修抢建工作，从山东、河南、山西、甘肃、吉林、江苏、安徽、河北、重庆、青海、新疆11个省（区、市）电力公司调集重兵，在人民解放军、武警部队指战员的配合下，打响了抢修湖南电网和拯救“孤城”郴州的战斗。解放军总参谋部、第二炮兵、广州军区和武警总队的首长亲赴湖南省抗灾一线，指挥除冰救灾。抗冰救灾期间，驻湘部队、武警和民兵预备役人员共出动200多万人次、车辆5000多台次、除冰设备近3000台，除冰近3000千米，运送物资3000多吨，抢修线路800多千米，救助群众数万人。

## （二）贵州省

### 1. 全面预警和部署

贵州省大部分地区自2008年1月12日以来遭受冻雨袭击，伴随而来的是持续长达二十余天的低温雪凝天气，贵州遭遇了特大凝冻灾害。贵州地处云贵高原，公路弯多坡陡，严重的大面积凝冻让全省道路运输几乎陷入瘫痪。

由于长时间的降雪以及低温冰冻的影响，贵州省陷入了大面积停电状态，1月18日23时10分，贵州电网第一条500千伏线路鸭烽线倒塔断线。1月19日，贵州电网公司启动大面积停电事件应急预案。1月20日12时05分，500千伏福青线跳闸。18时29分，500千伏贵福线故障，至此，贵州北部电网和东部电网与主网解列。1月24日、1月29日，贵州省先后进入大面积停电Ⅱ级、Ⅰ级应急状态。

1月22日，时任贵州省省长林树森对灾害期间抗灾救灾各项工作进行部署，要求查清前期受灾地区各类物资消耗、储备情况，摸清底数，抓住白天及天气可能短暂转好等有利时机，千方百计抢运事关民生的粮食及速食、饮用水等各类食品，衣物和棉被等御寒物品，电煤、燃油、燃气等重要生产生活物资，并做好请求空军紧急运送救灾物资的准备，把保证民生问题作为抗灾救灾工作的重中之重。

1月26日，时任贵州省委书记石宗源在省十一届人大一次会议闭幕会上，传达了胡锦涛总书记、温家宝总理对贵州省抗灾救灾的重要指示精神，对全省抗灾救灾工作提出了明确要求。

### 2. 保证高速公路安全低速运行

1月12日以来，贵州省滞留在各条公路上的司乘人员一度多达10余万人。1月22日，贵州省公安厅召开全省公安系统切实加强恶劣天气下交通和治安保卫工作紧急电视电话会议，向全省发出紧急通知，启动凝冻灾害交通预案，要求各地州市县公安机关各警种采取多种方法，到辖区高等级公路凝冻地段消除冰冻，让滞留在路上的车辆安全地运行起来，为疏散公路滞留旅客和运送物资创造了有利条件。

1月23日，车站和沿途滞留的乘客绝大部分得到疏散，仍然滞留在路上的司乘人员，食品、饮用水和药品等都得到了及时供应。按照时任贵州省省长林树森要求“高速公路低速行驶”的重要指示，实行限时、限量、限速、保通即“三限一通”的交通管制措施，采取警车开道、重车压冰、撒盐化冰、撒沙防滑、低速行驶等措施，基本保证了在凝冻最重期间能在高速公路上低速安全运行。

3. 各级政府和各部门各司其职

建立确保人民群众生活的每日应急处置会商协调机制，综合处理应急事件和调配紧缺物资，确保群众生活困难问题当日发现当日解决、重要情况随时发现随时解决。省政府每天将各市（州、地）、县（市、区）上报的粮食、食用油、方便食品、液化气、药品、蜡烛等重要民生物资紧缺情况进行收集整理，并组织省有关部门会商核实，及时调度协调处理。

省财政厅、民政厅下拨了1209万元救灾资金，截至2008年1月26日，全省共安排救灾应急资金2774.7万元和大量生活物资，同时注意加强抗灾过程中的应急管理组织领导。

各级卫生部门派出医疗、防疫、卫生监督队伍，设置救助站、医疗服务中心，千方百计保证抢险一线的电力、交通、交警部门干部职工、解放军和武警官兵及其他单位抢险救灾人员的身体健康和生命安全，为因灾受困的旅客、司乘人员提供医疗卫生服务，救助救治一线抢险人员、灾区伤病群众和受困伤病患者。

各级政府和建设部门加强对城镇受损基础设施修复工作的指导。由于雪凝冰冻对基础设施破坏严重，建设部门应对任务繁重，1月23日，贵州省建设厅下发《关于进一步切实做好当前雪凝天气应对防范工作的紧急通知》（黔建城通〔2008〕38号），要求各市（州、地）建设行政主管部门切实加强领导和部署，工作责任落实到人，认真落实防范措施，全力做好灾害处理与保障工作，认真做好应急值班制度。1月25日，贵州省建设厅成立应急管理工作领导小组，正式成立了由厅党组书记、厅长为组长，其他党组成员为副组长，厅机关相关处室、附属事业单位负责人为成员的应急管理工作领导小组，积极开展应对雪凝灾害的相关工作。在雪凝灾害天气进一步加剧后，1月29日，以“特急件”下发《贵州省建设厅关于实行24小时应急值班制度的紧急通知》（黔建办通〔2008〕52号），在原值班安排的基础上，实行24小时留守应急值班制度和领导带班制度。要求各市（州、地）建设行政主管部门每日向省建设厅报送两次信息，信息的内容包括各地城市供水、供气、公交、风景名胜区、建筑施工工地、房屋和其他城市基础设施的受灾情况和采取的救灾措施，以及救灾工作中存在的主要问题。1月30日，又下发《贵州省建设厅关于做好全省建设系统应对大范围雨雪冰冻灾害的紧急通知》（黔建办通〔2008〕54号），要求各市（州、地）建设行政主管部门切实加强组织领导，全力做好供水、供气的服务和保障工作，确保城市公交运行畅通，积极防范雪凝压塌房屋事故，进一步加强城市照明节电工作。加强监督建设和应急值班工作，积极协助做好煤电油运保障工作。

**4. 应对成效**

通过各方积极应对，在交通方面，截至2月3日，道路交通因天气持续凝冻，道路因凝冻不能通行状况或堵塞情况有所好转。其中，铜仁、黔东南地区，大部分道路维持封闭状态，少部分道路开始恢复通行；遵义、毕节、黔南有部分道路恢复通行；安顺、贵阳、六盘水、黔西南道路交通受影响程度相对较小，只有少部分道路封闭。除贵新二级路有拥堵缓行现象外，所有高速公路通行正常；湘黔线、黔桂线列车缓行状况已明显好转，其他线路正常；贵阳机场出入港正常。

在电力恢复方面，截至2月4日，贵州电网已抢修并恢复运行的线路2405条，占受灾线路的49%。受灾地区中，29个县（市、区）完全恢复供电，14个县（市、区）部分恢复供电，省内大部分城镇供电正常。因灾不能通过主网供电的仍有7个县，部分停电的有14个县，主要分布在受灾最严重的东部地区。直至3月5日，贵州电网恢复正常方式运行，500千伏“日”字形骨干网架恢复运行。3月5日晚，应急指挥部指挥长、副省长孙国强宣布：解除全省大面积停电事件Ⅰ级、Ⅱ级应急状态。南方电网公司及贵州电网也结束了应急状态。

## （三）广西壮族自治区

### 1. 气象预警

2008 年 1 月 11 日，早在冰雪灾害来到之前，广西壮族自治区气象局就发布了强冷空气将影响广西的预报信息，并发布寒潮天气预报，之后广西各级气象站加强检测，密切监视天气的变化，努力做好各项服务工作，向社会发布预警信息。1 月 27 日 8 时，中国气象局宣布达气象灾害预警Ⅱ级应急响应令，宣布广西区气象局进入Ⅱ级气象应急响应状态。随后在 1 月 31 日广西启动抗灾救灾Ⅰ级响应。

1 月 12 日以后，广西经历了近 15 年来最寒冷的天气过程，部分市县出现了居民住房倒塌、供电线路被压断、道路路面因结冰致使过境车辆严重滞留、农作物受冻害等严重灾情。

1 月 21 日，广西公安消防总队转发了部局《关于迅速贯彻落实中央和公安部领导批示精神积极做好雨雪灾害抢险救援工作的紧急通知》，全面部署雨雪灾害抢险救援工作。

### 2. 决策部署

2008 年 1 月 27 日广西壮族自治区召开做好灾害性雨雪冰冻天气应对工作紧急会议，强调坚决做好灾害性雨雪冰冻天气应对工作，做到不漏一村、不漏一屯、不漏一人，确保人民群众生命财产安全和社会秩序稳定，确保把灾害损失降到最低程度。同日，在国务院召开全国煤电油运保障工作电视电话会议后，自治区开始部署和落实减灾抗灾工作，要求在目前火电储煤储量形势比较严峻的情况下，各部门各市要认真配合，做好煤炭的供应以及相关工作；要确保火电厂的安全运行，确保电网的安全；加强用电量的调度。在交通运输方面，抓紧制定一个整体方案，并做好信息发布、交通疏导工作，区分交通运输的轻重问题。

### 3. 部门应对

1 月 28 日，广西壮族自治区卫生厅紧急召开了全区灾害性天气卫生应急工作视讯会议。为应对全区灾害性天气，卫生部门已做好卫生应急工作。自治区卫生厅派出 4 个医疗组到灾区指导防病治病工作，确保灾中灾后无重大疫情，受灾群众有病可医，杜绝出现灾中因病得不到医治而导致死亡的情况发生。自治区卫生厅派出 4 个医疗队，分别前往桂林全州县、河池南丹县和贺州市，指导当地开展防病治病工作。同日，自治区食品药品监督管理局发出《关于做好灾害性雨雪冰冻天气食品药品安全工作的紧急通知》，要求切实做好食品安全保障的综合协调和维护药品市场秩序、确保药品安全的相关工作。

受持续强冷空气南下影响，农作物受灾损失严重。自治区农业厅于 1 月 29 日启动农业重大灾害应急四级预案，进一步部署农业防寒防冻工作。

2 月 2 日，自治区教育厅紧急下发了《关于做好雨雪冰冻天气中小学安全及查灾工作的紧急通知》，要求各地教育行政主管部门要做好雨雪冰冻期间师生人身和财产安全工作，加强师生雨雪天气期间的安全教育，重申严禁寒假期间组织上课或集体补课，对因冰雪封路造成交通中断或停水停电的学校、因出差被困未能按时归来的师生，各地教育行政部门要与他们保持联系，及时了解他们的情况，随时采取救助措施。

4. 应对成效

2 月 6 日，广西召开抗灾救灾工作新闻发布会，宣布截至 2 月 6 日中午 12 时，广西道路交通实现基本畅通，所有县城和绝大部分乡镇已恢复供电，广西抗击雨雪冰冻灾害取得阶段性成果。

2 月 10 日晚 9 时 31 分，广西主电网向广西受灾最重的资源县恢复试供电成功。这标志着广西 17 个大范围停电的重灾县已全部恢复供电，并提前 11 天完成胡锦涛总书记提出的元宵节确保资源县城用上大网供电的要求。

2 月 12 日，广西壮族自治区人民政府办公厅、卫生厅、国土资源厅等部门，制定下发了《广西壮族自治区人民政府办公厅关于切实做好雨雪冰冻次生灾害防范应对工作的通知》，要求做好公共卫生事件、地质灾害、房屋和基础设施安全事件等雨雪冰冻次生灾害防范应对工作。

# 我国乡村应对雪灾风险的社会支持模式

## ——2008年中国南方冰冻雪灾调查

李培林　刁鹏飞*

我国目前正处于工业化和城市化加速进行的时期，这种社会结构转变的人口规模之大、速度之快和程度之深，在世界现代化历史上是空前的，而中国用了30多年的时间，大约走完了发达国家上百年走过的路程。同时在发展中出现了城乡和区域发展很不平衡的情况，不同的发展阶段同时并存，即工业化初期的资本积累阶段、工业化中期的产业升级阶段和工业化后期的结构转型阶段并存。因此，我国也同时面临着不同发展阶段带来的问题和风险。

一是传统农业社会产生的风险。在传统的农业社会中，社会风险一是来自日常生活，如年老、疾病、残疾、死亡等；二是来自天灾，如旱涝、风暴、火灾、虫害等带来的灾荒、饥馑、人身和财产损失等。在传统农业社会中，预防和规避社会风险的主要办法是依赖家庭、家族、邻里和社区的互助，这种互助的责任、权利和义务，通常是由社会礼仪秩序、乡规民约、家庭伦理等非正式制度约束的。

* 李培林，中国社会科学院社会学研究所研究员；刁鹏飞，中国社会科学院社会学研究所助理研究员。

二是在工业和市场经济条件下产生的社会风险。如失业、贫富差距、相对贫困、工伤、交通事故等，这些社会风险难以靠传统办法来规避。现代工业社会为预防和规避“现代社会风险”所发明的一项最基本的制度，就是社会保障制度。

三是在全球化、信息化和高新技术社会产生的新型社会风险，如金融危机、股市崩盘、生物变异、环境污染、核泄漏、食品安全、城市混乱等各种突发性社会风险。新型社会风险具有“不确定性”、“不可预见性”和“迅速扩散性”等特点。

这些特点决定了中国在发展中要同时面对不同性质发展问题和社会风险，既要预防和抵御各种自然灾害等传统社会风险，又要加快建设覆盖全民的社会保障体系，形成工业化条件下规避现代社会风险的安全网，同时还要建立国家公共安全的应急体系，预防和控制现代社会的新型社会风险。

包括风暴、干旱、洪水、地震、冰雹、火山喷发等的自然灾害，本属于传统社会风险。但是，2008 年年初发生在我国南方多省的低温冰冻雨雪灾害，以其涉及面广、危害巨大，具有突发性、不可预期性，造成的危害难以预防等特点，使我们对现代社会的自然灾害有了全新的认识。如何在我国工业化和城市化加速进行的过程中应对和预防突发性自然灾害，是本调查报告关注的主题。

2008 年初南方多省的冰冻雪灾发生后，大多数调查研究报告的关注点，是弄清灾害造成损害的程度，以便为灾害救济和灾后重建提供建议和对策。相当多的调查报告都是在汇总损失数据、估算重建费用等。然而，对冰冻雪灾后受灾民众日常生活的调查，即不同受灾民众，特别是农村不同经济能力的受灾民众，其日常生活受到了什么影响，他们需要什么样的帮助才能恢复日常生活，这方面的研究却不多见。

我们把后一种研究取向称为“自下而上”的研究理路。这种研究理路把研究者关注的焦点问题，从如何改善政府机构的应急服务，转移到如何改善灾民的生存处境上。

在本研究中，我们选取受灾最为严重的省份——湖南和贵州进行调查，从湖南郴州、贵州贵阳和铜仁选取了4个村，于2008～2009年先后进行了5次实地调查，通过走访村镇、村民个案访谈、座谈会等方法，考察个人与家庭在经受自然灾害过程中的危机处理策略，并对50位村民进行了深入访谈，形成了二十万字的第一手访谈资料。在这些调查的基础上，形成了本研究报告。

## 一　罕见冰冻雪灾的后果

2008年1月10日～2月2日，我国南方地区先后出现四次大范围低温、雨雪冰冻过程，南方发生此种情况极为罕见，多数地区为五十年一遇，部分地区为百年一遇。灾害袭击了21个省区市，其中湘、赣、黔、鄂、皖、桂、浙七省最为严重。加上时值春运高峰，发生地域又处于交通、电力、煤炭和其他物资运输的重要通道和人口稠密区，给人民群众生命财产和工农业生产造成重大损失，正常生产生活秩序受到极大影响。

湖南、湖北、贵州、广西、江西、安徽6省（区）受灾最为严重，尤其是湖南、贵州等省部分地区雨雪、低温、冰冻天气持续达半个月以上，为近50年来所未见。

中国是北方干旱而南方多水的国家。在这场大灾之前，湖南、江西、广西、广东、贵州等省份局部地区出现了几十年未遇干旱，并持续了两个多月。之后，一股冷空气团在极地生成，从贝加尔湖方向南下，另一股冷空气团从冰岛经地中海向东而来，它们与西南暖湿气流在中国的黄淮、江淮、江南北部一带相遇，造成持续半个多月的降雪。中央气象台首席预报员认为，“造成近期大范围强雨雪天气的直接原因是大气环流异常”，而且赤道中东太平洋正在发生的“拉尼娜”现象加剧了这样的情况。南方大范围的降雪，完全出乎人们预料，使救济工作措手不及。

根据民政部统计，截至2008年2月12日，持续月余的雪灾共波及我国21个省市，因灾直接经济损失达1111亿元。由于雪灾导致受灾地区电力传输、交通运输、能源供应、工农业生产、通信设等出现不同程度的中断，造成了煤电油运紧张、春运客流受阻、农副产品价格上涨、工业生产投资消费活动停滞，对经济运行的影响十分明显。

南方多省冰冻雪灾造成的直接后果是：

（1）电力设施严重损毁。13 个省市电力系统运行受到影响，170 个市县停电。截至 2008 年 2 月 11 日，110 千伏及以上线路倒塔 8709 基，全国范围内断线 2.7 万余条，变电站停运 1497 座。其中，贵州、江西 500 千伏电网一度基本瘫痪，电网解列运行，西电东送通道中断。湖南电网 500 千伏和 220 千伏变电站有 1/3 停运。

（2）交通运输一度严重受阻。由于倒塔断电，京广、沪昆两大铁路主要干线部分区段运输受阻。最严重时，京广、沪昆线滞留客车 387 列，主要客运站滞留旅客 180 万人。全国累计有 23 万千米公路因结冰多次封闭，出现严重拥堵，滞留车辆 70 万辆，受困滞留人员 216 万人次，造成 110 万个公路客运班线停开，影响 3400 余万人次正常出行，直接损毁公路 8.2 万千米。雨雪天气共造成 3840 个航班取消，9550 个航班延误，长江中下游 14 个机场一度关闭。

（3）电煤供应一度告急。由于电力中断、交通受阻，加上一些煤矿提前放假和检修等因素，煤炭供应量急剧下降。2008 年 1 月 26 日直供电厂煤炭库存下降到 1649 万吨，仅相当于 7 天用量，不到正常水平一半。最困难时期，存煤不足 3 天用量的电厂 86 座，因缺煤停机达 4200 万千瓦，19 个省市拉闸限电。

（4）农业生产遭受重大损失。据农业部统计，农作物受灾面积 1.78 亿亩，成灾 8764 万亩，绝收 2536 万亩。其中，油菜受灾 4891 万亩，占全国秋冬种油菜面积 48.4%，预测油菜籽将减产 170 万吨。蔬菜受灾面积 4208 万亩，占全国秋冬种蔬菜面积 35.2%。死亡牲畜 606 万头，家禽 6275 万只。农业设施损毁严重。

（5）灾区工业企业大面积停产。受停电及交通运输受阻等影响，江西、湖南、贵州和云南四省共有 1794 处煤矿停产，造成瓦斯积聚，600 多处矿井被淹。湖南 83% 规模以上工业企业、江西 90% 工业企业一度停产，有的至今尚未恢复。贵州化肥减产 30 万吨，中铝公司在贵州的企业全部停产，月减少工业产值 10 亿元。

(6) 灾区群众生活受到严重影响。长期低温冻害和大面积停电，造成部分城市水厂停止运行，供水管网冻裂，群众缺水困难。垃圾和污水得不到及时处理，严重污染环境。固定通信倒杆断坏22万根，受损线路2.6万千米，基础信息网络和重要信息系统受到严重影响。移动通信基站有8.3万个一度中断服务。证券交易网点有174个正常营业受到影响。部分商业流通设施受到严重破坏，多个城市限制或停供生产生活用气。据民政部统计，截至2008年2月12日，低温、雨雪冰冻灾害已造成107人死亡，8人失踪，紧急转移安置151.2万人，倒塌房屋35.4万间，损坏房屋140.8万间。

生产生活赖以顺利进行的给排水、电力、煤气、交通、通信等设施，在雪灾期间均受到不同程度的损害，从而极大地影响了人们的生产生活。

## 二 村民应对冰冻雪灾的自助行动

湖南、贵州的冰冻雪灾不仅对城市市民的生活产生极大的影响，而且对广大农村地区的村民生活造成严重困难。但是，由于新闻媒体的报道绝大多数聚焦在城市生活，广大普通村民应对冰冻雪灾的实际过程成为我们了解冰冻雪灾后果的一个盲点。

我们的调查从普通村民的日常生活入手，深入了解普通村民在冰冻雪灾发生后面临的生活困难，特别是了解村民在冰冻雪灾之后的社会支持网络。这种社会支持网络既包括政府的救济、村集体的互助行动、村组能人的作用，也包括村民的自助行动。

冰冻雪灾损害涉及村民生产生活的各个方面，村民的自助行动在应对生产生活困难方面发挥了主要作用。

### 1. 村民应对种植业损害和食品困难的自助行动

雪灾发生时正值腊月，村民水田里没有粮食作物，主要的损失集中在旱地里的蔬菜上。特别对那些城市周边的农村，春节前后的蔬菜种植是一笔重要的收入来源。

家里除了种水田之外，还在旱地里种菜，比如卷心菜。下雪的时候，菜全部冻死了。菜都烂在地里，没办法。菜还是有得吃，吃干菜。(访谈 AAY)。

现在不种水田，种了两亩旱地，主要是种蔬菜，不同季节种的东西不同。插了一点红薯，现在是丝瓜、豆角。冬天种的红苔菜，能卖得起价格。今年主要因为雪灾，都冻死在地里，年前没能去郴州卖菜。(访谈 ABY)

损失好大。白菜、萝卜都冻了，有的抢出来，有的就冻死在地里。萝卜冻了就不好吃，本来是脆的，冻了之后就软了，不能吃。当时菜价涨了几倍，肯定好卖。当时我们也没有菜，地里的菜都不能卖了，损失至少要两三千块钱。(访谈 AJX)

我在我的干水的水田里种了八九分地的冬菜，水田总共 7 亩多。雪灾后全部冻死了，损失大概有 1000 多块钱。(访谈 BBY)

雪灾发生后，蔬菜的价格上涨，但种菜的村民却并未从中获益，绝大部分菜都冻坏了，烂在地里。实际上村民自己很长一段时间也没有蔬菜吃。

蔬菜损失严重，差不多都冻坏了。对于我来说，蔬菜自给还是没有问题的。因为耐寒的菜还是没冻死的，不能耐寒的菜被冻死了。没菜吃的时候，主要是在雪灾之后，开春的时候没菜吃。(访谈 AHY)

村民们有的也采取了一些护菜方法，来减少种植蔬菜的损失。

我们这里下大雪了，就我家用那个塑料薄膜把那些萝卜白菜全部都盖起来了。我们看到下大雪，就赶快用那个薄膜盖到菜的上面，那雪压下来就压下来，只要里面的菜不受冻就好了。这样吃菜是保证了。后来断了电，（煮饭的方法）就是五花八门了，有烧柴的、烧煤的、烧煤气的，没有办法，不管它多贵也要烧，为了生活。（访谈

BEY）

在吃菜方面，地里的蔬菜挖不出来，只好吃坛子菜。没有电，只好点柴油照明。当时我的脚不是很方便，儿子女儿不让我出去。也去赶集，走了很远的路，十多里路。过春节的时候，是靠我平时卖菜积攒下来的现金。（访谈 ABX）

虽然在受灾农村每家每户都种植大米或储备余粮，但当地农村的生活习惯是储备谷子而不是大米。平时是吃多少打多少，据村民讲，谷子比大米容易保存，新打的米也更好吃。因此，雪灾发生之前，村民家中打好的米是有限的。当电力中断之后，打米机无法工作，一周左右就出现了大米紧张的情况。

碾米主要是缺电的时候有问题。我们这里别人搞了个柴油机碾米，碾一担米费用比较贵。没有办法，当时市场上的米很贵。当时是农历十二月二十五开始停电的，来电是在清明前来的。（访谈 AHY）

由于没有电，在吃饭问题上，没有打米机碾米。那段时间我家里还是有米下锅，但是有些家庭到后来就没有米了。（访谈 BEY）

**2. 村民应对房屋毁损的自助行动**

在我们实地走访的村庄，存在少量的倒房户（全倒或主屋倒塌）。附属房屋（猪栏牛棚等）的倒塌数量则多一些，但没有造成人员伤亡。

我家兄弟三人，家里条件不太好，一直住在祖屋里。这么大雪，压倒了祖屋，已经没法住了。（访谈 AKY）

我这个房子的厕所被压垮了，当时我正在里面，幸好我听到了声音，及时跑出来，要不就砸到我了。我房子顶上的梁断了，棚塌了，当时有点漏水，但不是很厉害，我也一直在里面生活（75 岁的独居老人）。（访谈 BGX）

从访谈来看，倒塌的房屋主要是那些老的村屋，有不少是木结构的尖顶房屋。屋顶的积雪无法及时清除，再加上结构老化，受到此次冰雪侵蚀，最终只能拆掉。那些居住在平顶水泥房子中的村民们，也采用了加固房屋和及时清理积雪的自救措施。

在雪灾里，屋顶被雪压低下沉。房子有点漏水。当时我还用木头在二楼把房子支撑起来了，怕房子倒掉。支了以后还是有点下沉。到第三场雪的时候，看到形势很严峻，才采取措施。(访谈 AHY)

基本上每户居民都提到，要清理房顶的积雪。但是村集体的房屋就没有这么幸运。十多年前建起的村礼堂，由于积雪的重压屋顶已经损坏。直到雪灾后一年还未修复。村小学的设施遭到一定的损坏。人们虽然大多能及时解决自有住房的问题，但集体的房产缺乏有效的保护。

下雪的时候，刚好放寒假。主要是开学的时候，还没有电，一些仪器用不了。雪灾过后，学校的教学楼出现了一个问题：就是墙壁的瓷板在脱落。渗水现象不是很严重。操场上樟树的树枝被雪压垮了。我们自己就把那些垮掉的树枝锯掉了。存在的主要问题是校舍的修复问题，瓷板的掉落使学校的校容受到影响。（访谈 AHY，小学教师）

**3. 村民应对电路、电话和道路中断的自助行动**

据村民讲，从2008年腊月雪灾后没多久电网垮塌停电，一直到清明节国家电网才恢复供电。这给生活造成了极大的不便。包括前面提到的打米机，还有电饭煲、电视、电话，这些平日里给人们生活带来便利的设备，一旦停电，就都成了摆设。

我自己家里弄了台柴油机，柴油机发电才打了米。街上没有米卖。面临的最大困难是没有电，没有电就没有一切，没有电视

（看）。（访谈 BAY）

没有电视看，没有电煮饭，也没有电烤火，反正电没有了就给我们带来很大的损失。（访谈 BDY）

即使是最靠近国道的村庄，在雪灾期间的出行都变得极为不便。很多村民需要走十几里地去镇上购买年货。而那些家中有人在外工作学习的村民，就平添了很多担心。

吃饭不成问题，只不过是要走很远去打米。落雪的时候，不怎么出去。车不通的时候，要买东西的时候，走路过去买东西。去我们镇上要十里多路。（访谈 AAY）

在冰雪灾害中，最大的困难是交通阻塞。在这里（国道）堵了几个月，后来交警来排，来疏通交通。我们门口倒没有多大的影响，（年龄）老的根本不敢出去，不敢上路，好滑，这么厚的雪。（访谈 BBY）

交通堵塞了，（儿子在外）回不成（家），租车过不来，摩托车也过不来。那个加油站也垮了，又没有油加。他们过不来，我们只能用电话（手机）联系。手机的电耗完了，有人去良田镇，就让别人带到良田镇充电，用自带发电机发的电。充完电后，又让别人带回来。那时候手机我家基本上是通了的。（访谈 BEY）

访谈中一位南下广东的村民，绘声绘色地讲起他怎样使用了五种交通工具，花费了半个多月的时间，才能在除夕前赶回村里过年。而在平时这段旅程只需要十个小时的车程。

#### 4. 村民应对物资缺乏及涨价的自助行动

普通村民在访谈中谈到的生活物资的缺乏，最多的就是煤的问题。煤在冬季是烤火和烧菜的主要燃料。雪灾期间停电导致煤厂不能生产，外部供应不上，煤价成倍的增长。大部分被访者都对雪灾期间煤价的上涨印象深刻，雪灾期间煤的价格涨到原来的五六倍之多。

主要问题就是雪灾造成了物价上涨，由于交通堵塞。车都过不来，货都进不来，你又要买。(到现在物价也比雪灾之前)贵！(访谈BEY)

好在临近春节，有些村民家中，已经购买了过节用的煤块，所以缺煤少煤的家庭数量并不是太多。另外，由于雪灾压断的树木枝杈多，村民就捡回这些枝杈作燃料用。

在物资供应上确实有些困难。(在煤等能源的供应上)我家条件还稍微好一点，我们家旁边有个煤气站，就是价格贵一点，但毕竟还是能够灌到煤气。在取暖上，由于下雨和冰冻，路边上的树断了好多树枝，都掉在地上了，我们把这些树枝捡回来，用来烧着烤火。煤炭由于没电，不能生产（煤块）。(访谈BCY)

煮饭一般没有问题，煮饭一般是烧煤，买煤开始还没有问题，后面就比较困难。我在雪灾之前买了几百（个）煤（球），后来也烧柴了。开始的时候煤是卖到5角多一个（12孔的煤球），后来还在涨。(访谈AHY)

对于缺电、缺煤、缺菜等雪灾引发的生活问题。村民的解决方案大多是个体化的，每户家庭都在寻找适合自己的替代方法。但大多数家庭都以降低生活质量和需要来适应灾害造成的物资短缺状况。

食用水的供应也显示出村民当中的自家解决问题的方式。整个行政村并没有一套统一的供水系统。基本上是每户或相邻的几户村民（往往是自家兄弟）从就近山上引来泉水作为日用水。提起这一点，不少村民是很自豪的，他们乐于夸赞自己饮水的清洁环保。不靠山的村民可以食用井水。总之食用水的供应在雪灾期间没有受到太大影响。

水是自供的自来水，引自山泉，有一定的温度，冻不上，所以供水没什么问题。(访谈BCY)

房屋的保护也主要是各家各户自己的事，没有村民提到需要他人帮助清扫房顶和屋前的积雪。即使是相邻居住的几个兄弟之间，也保持着“各扫自家门前雪”的界限。

5. 村民应对林地损失的自助行动

尽管林地损失很大，据村主任 DHX 讲，雪灾对其他生活设施的影响都容易解决，就是对林业的损失难以恢复。可以说，村干部和村民能够认识到雪灾对林业的长期危害，但是救林护林的措施却难以实现。这中间涉及山林维护与直接利益主体不同。林业主管部门严令禁止砍伐林木，很多村民平时不能从自己集体的林地获利，遇到了灾害，也不会关心这些林地。

我们组有几百亩山地，落雪时把树都压断了，也没有补偿。(访谈 ALY)

山上的油茶树都倒掉了（断了），每年我们都用来榨油自己吃，有多的就卖点，今年可能就没有了。(访谈 BDY)

虽然个别的村组干部能够带头去整理林地，但是雪灾后的次生灾害——山火，不是少数村干部能够解决的。而且，山火的发生往往会跨越行政村的界限。访谈中一位村干部提及，雪灾当年 4 月、5 月期间的几次山火，都是从外村烧过来的。一烧一片山都是火，村民根本无法扑灭。

那个山林的损坏，我们组有三四百亩山地。你看到那个全部是我们的。我去打火（灭火）的，那个竹子尖一弹弹到我的脚上，血流了好久。没办法，只有你个组长去，那个山火势大，不太容易打。好大的风，你站到这里打，一会的就哗，变了南风那就危险咧！他站到那中间，突然间一个（火）圈包到他，他人就到火中间，头发都烧了好多。一般人，像昨天那个陈组长讲的，现在老百姓最实在，我现在跟你打火是给你林管站打，烧了就烧了，没关系。(访谈 AOY)

还有组长谈及“退耕还林”的灾害补偿问题。山林毁损怎样补偿，也关乎普通民众对保护山林的态度。

> 雪灾期间林地被损害了，说是上报了补偿，但是还没有补。我们组上总共有四五百亩林地吧。有一部分人，总共有十几亩地是退耕还林吧。按照政策来说啊，是一年一亩田300斤谷。大概补了三年，补完这个刚刚到小树开始长的时候，遇到了雪灾。(访谈ANY)

## 三 村民应对冰冻雪灾的互助行动

通过上述的分析，可以看到，村民面对的灾害有其相似性，大多集中在生产的损失、生活物资的缺乏等几个方面。但村民对灾害的认识是个体化的，都是从自身的眼光来看待这些困难，并自谋办法来解决。与此同时，村民们面对雪灾，也展开了许多互助行动，包括亲属互助、邻里互助等。

下面的例子显示，亲属之间的帮助是相互的。如果急需的物品，可以通过互借来解决。

> 我老公上去看过我公公，帮他铲雪。我的这个小儿子下雪的时候，发高烧，去地区医院看过，也去良田（镇）看过了，打了好几天针。开始在本地没看好，只好去良田。是我老公抱着去的。后来又去了郴州（市）。邻居之间没有什么互相帮助。各人铲各人的雪。我老公和我大儿子一起去铲的。我大儿子那个时候刚好在家里，放假了。(访谈AAY)
>
> 我是借了别人家的煤，我六爷家（六叔叔）家的煤，借了200多个煤（球）。就把火的问题解决了。水没停。煤是借的，得还的。(访谈AAY)
>
> 打米成问题，烧煤成问题，买煤都买不到，煤气也没有，现在一

般也不预备柴，烧柴都好少。我是烧煤的，但是我买了500个煤（球）。没煤没柴的，只好向别人借。我侄子他们就从我这里借了八九十个煤（球）。（访谈BBY）

在雪灾中，我儿子帮我打了一担米回来，花了10元钱。（访谈ABX）

雪灾后邻里之间的帮助主要表现在生活必须用品的互借上。

我家下雪之前买了煤（球），买了500个。有两户隔壁邻居向我借煤。一个老太婆，还有刚才那个借了100个。她母亲借了50个。我买的煤刚好够烧。（访谈BEY）

我们在调查中发现，访谈对象报告的邻里互助行为并不多见。是不是雪灾过程无急可救？村民经济条件的改善，已经使绝大部分村民具备了自我应急救急的能力。实际上雪灾前后，村民之间相互交流抗灾经验和提供物质及劳力上的帮助的机会是很多的，但为什么村民之间的直接互助很少？难道“各扫自家门前雪”是现在乡村生活的模式？中国有句俗话叫“救急不救贫”，体现的是一种理性的计算，救急是救一时之急，是可以做的。雪灾造成的困难大多可以归入救急的一类，那同村人之间的“守望互助”为何不多见呢？先看下面一位老村支书的话。

现在村民之间的关系差多了，人的心也差多了。以前你家有困难，不喊就去。现在你家有困难，你出薪，你家的低薪，外面打工高薪，他出去打工赚钱，有困难不会帮。哪里有钱，他们就会往那里跑。讲起借钱，以前起房子借过钱，原来父母借过钱，原来借钱容易。比如，我母亲在（20世纪）80年代去世的时候，那时家里是相当困难。有人主动过来帮忙，还主动给你钱。现在借钱只有向信用社贷款。不过现在也没有其他的那个（需要借钱的地方）。（访谈BAY）

从这位早年的村干部的话中，能够听到他对往昔村民之间的守望互助精神的追忆。但这是不是就表明市场化过程中，村民对经济利益的追求打破了旧有的民风民俗？或者乡土生活中的血缘、地缘关系仍然维系，只是物质上的往来被阻隔或仅仅集中在小家庭和密切关系内部？一方面村民的生产生活的很多方面仍然维系着自给自足的方式，大部分事务都持续地围绕着小家庭进行。各家独栋楼房，有自己的供水、排水系统，自己烧煤取暖做饭，其乡村生活方式在很多方面类似于城市，村民的生活本身是相互独立的。村民平日的交往局限在小范围内，大多数都是本家的兄弟。这种相对自足独立的生活方式，使村民习惯于个体化的解决方案。另一方面，我们必须看到，雪灾对村民生活的普遍和相似的负面影响，使各家的储备物资可能仅仅能够维持自保，没有富余去帮助其他人。

> 那段时间我家里还是有米下锅，但是有些家庭到后来就没有米了。遇到这种情况，就是亲戚、邻居互相帮忙照顾一下，借一点。但是煤就借不了，大家的存量都很少。因为这种事情从来没有发生过，大家也没怎么做准备。（访谈 BCY）

实际上，即便乡村中的乡土社会交往关系依然持续，但互助的行动也可能因为物资的匮乏而受到限制。

## 四　村组能人在应对雪灾中的作用

在应对冰冻雪灾方面，除了村民的自助和互助行动外，由村组能人带领的集体行动也对解决较为集中的困难发挥了重要作用，尽管这种案例并不是非常普遍。下面的例子是一位村庄组长带领全组村民解决积雪、供电和打米三项困难。

> 我们这个组呢，就是我组织，喊起我父亲，喊起一些村民，把路上的雪铲掉，便于出入。下雪造成那些（电）线全部垮下来了，为

了保护集体的财产，我们把那些线捡回来，便于管理，要不然现在小偷多，都会偷掉，是为了减少国家损失。我们又带领群众恢复电站，有线的出线，有树的出树。就架一根线过来，保证村民（用电），我和那个段组长一起，与那个管电的电工协商（实际上是村小水电站的承包人），（用他）好多钱一天，也不能亏待他，他也不能占我的。因为什么呢，那个时候下雪，有钱连蜡烛也买不到。我们能够搞起来，就把它搞起来，好大的雪呀，我们头发结了冰，腊月初八，我们这里下好大的雪，我们都想办法搞起来。（访谈 AOY，组长）

由于这位组长的非凡组织协调能力，他们组的村民都通过这种单独架线的途径，得到小水电站 50 多天不稳定但却是持续的电力供应，基本上没有受到断电的影响。值得一提的是，这位组长的父亲，是前任村支书，在村中有一定的声望和影响力。当然村组能人在带头的过程中，需要自身拥有比一般村民较多的资源和劳力，才有可能提供给众人需要的帮助。

雪灾期间没有电，不能打米。我搞一台打米机，就帮人家。镇里是有一台打米机的，因为下雪，雪这么厚，你也拿不来。我那个小打米机，一个微型打米机，每天都是一吃完饭马上去（给人家打米），方便大家。我开始打米还要亏本，六块钱一百斤，加那么一点柴油就是一百多块。后来是八块钱一百斤。我收费不高，有些地方打都是打十多块钱一百斤，因为油价太高了。我这样子，是为了方便大家。（访谈 AOY，组长）

另外一个相似的例子，是在一位前任村支书的号召下，清扫积雪和恢复组内供电线路。

我作过十多年书记。我组织村民去铲雪，你不铲开以后，通不得交通。村民大部分都愿意，因为冰雪阻碍了交通。雪灾之后，村里面组织各组的社员，把电线杆树起来了。（访谈 BAY，前任村支书）

这两个例子中的核心人物，都有村组干部的背景，他们拥有较一般村民更为广泛的影响力。可以跨越小家庭和兄弟关系，通过集体行动来解决共同面对的问题。而且更为重要的是，他们都利用了来自外部的资源，即村水电站的电力供应。对这两位村组能人来说，他们需要提供的只是他们的影响力和劳力。

对那些距离水电站较远的村组，就很难形成这种集体化的困难解决方式。村组能人作用的发挥局限在近亲属内部。比如被访者 ANY 是一位组长，他也想使用自己的货车发电，解决电力供应问题。但货车带不动家庭照明用电。后来他利用自己掌握的技术拼装了一台柴油发动机，[①] 提供的微弱电力可以供自己的家庭、其父母家和姐家等几家人的照明用电需要。

这些村组能人带动，形成的超越村民互助水平的集体化问题解决途径，依然受到灾害过程中物资匮乏的限制。需要核心人物拥有较多的资源，或者能够引入外部资源，并运用自己在组内的声望和影响力，才能达成范围稍大的集体行动。

## 五　国家和地方政府的救助

到目前为止，我们谈到的都是受灾村民以发挥自身的潜能为主，同时动用个人最贴近的社会网络，运用各类资源，通过多样化途径，解决生产生活困难。实际上，远在郴州的村庄，即使在大雪封路电力、通信中断的情况下，也并不是一个孤立封闭的小型共同体，村民通过基层政权组织和村民自治组织，与村外发生物品和劳力的流动。其中国家正式的救助系统是外部资源流入村庄的主要途径。

郴州的雪灾因为其所处南北交通干道的特殊位置，得到举国上下关注。温家宝总理亲自赶往郴州视察，督促疏导南北交通及恢复春节期间郴州城的电力供应。国家调拨了大量的救灾物资发往郴州。各级政府组织各

---

① 当时的柴油机不仅价格贵，而且“根本不是说你拿钱买得到的”（后来跟镇干部聊天时提及）。

地企业捐助，部队官兵开展援助郴州行动。全国各地援助的电线杆、发电机、蜡烛、冬衣等物资，随着公路铁路交通的恢复，一批一批地运往郴州。民政部门根据各处的需求，将救灾物资发放到各镇、各村。

村两委组织居于政府和村民之间，起到上报灾情，接受并分配来自政府的救助物资的作用。救灾物资分给村民个人的有受灾补贴款、倒房重建补贴以及被服、大米、蜡烛等物品。

这个民政部门还是有些补贴的。比如说，倒了房子，根据省里面的精神，还是有一些补贴的，这是为了保障老百姓的生命安全，财产保险。倒了房子，村里上报，民政部门核实，按照上级的有关规定拨款，自己重建家园。还有一些个别的损失，民政部门也补了一些，我们村里补了三十七户。就是说受雪灾影响的，每一户都是两百块钱补助。区里面补到镇里面，镇里面再补到村里面。倒房子的五户，每户补了一万块钱。（座谈会，村主任）

村干部对救灾物资在村内的分配拥有决定权。镇政府、区民政部门不参与救灾物资在村内的发放过程。村民家庭的受灾损失情况主要是由村干部上报。除非是少量倒房户的核查，民政部门并不干涉村干部在村内发放救灾物资。因此村干部拥有物资的分配权力，但同时也受到村民对其公平分配的质疑。

不少村民感觉来自地方政府的帮助很少，即使分到一些蜡烛等救灾物资，心里感觉也是杯水车薪。就拿蜡烛来讲，由于持续数十天没有电，一家几根蜡烛并不能有效解决长期的生活照明问题。蜡烛的价格高，短时间内可应付急用，但较长的时间段村民是用不起蜡烛的。实际上前文提到小水电站和柴油机解决了部分村民家中的照明问题，还有村民自己制作了油灯。真正依靠蜡烛照明的在农村并不多。

在冰雪灾害时，政府也发了些钱，是给困难户的。还发了些饼干、衣服。只有一点点。也记不清是给了哪些人家了。我也不知道区

里的政府和上面的政府来过人没有。(访谈 AAY)

村里面发了 4 支蜡烛。发了一包饼干，只有老人有。听城市里的女儿说，城里都补助了 100 元，农村里却没有。(访谈 ABX)

政府以及其他的组织也没有来关心过。自己解决自己的问题。(访谈 AFY)

下雪时，村委会也没有什么帮助，自己去铲雪。从来没有看过这么大的雪。但是没办法看电视，手机也没有信号，所以也无法了解外面的信息。镇政府等组织也没来慰问过。(访谈 AGY)

此次冰灾中，受灾的家庭是普遍的，但救灾款物的数目有限，如何将到达村里的救助物资合理分配到每家每户，是村两委不容易解决的问题。其中，倒房户的补贴额度较高，村民极为关注。此次冰灾期间的倒房户的数量并不多，但房屋受损户却不少。[①] 倒房户补贴名额的分配由村两委根据房屋的实际受损程度确定。多年未能起新房，仍然住在几十年前祖屋中的家庭得到了补助。但访谈中有村民对倒房补贴的分配存有疑问，认为受到补贴的家庭并不比自己家更困难。一位住在村头一组的村民是这样理解的，村干部换届后，组上没有村干部，分配上肯定要吃亏。这种疑问的背后，是村内分配救灾物资缺乏必要的公开和透明。虽然村民对救灾物资的具体分配情况有所了解，但并不足够。这给传言提供了空间。如下面一位村民讲：

灾后发了救济物资就是四支蜡烛，每人两斤半米。那些特困户，像倒了房子的那些，叫做重灾户，得了一些什么衣服啊，还有……具体有些什么我们也不太清楚，只是听说，要他们（重灾户）到村里去选。自己去选，要哪种就选哪种，按他自己的需要。反正是那些重灾户，他们需要才拿的，还是用得上。(访谈 BEY)

---

① 实际上，冰灾引发的倒房除了冰雪重压倒塌的房屋外，还有一部分受冰冻侵蚀房屋是数个月之后才倒塌的。后一类倒房主要指那些早年建起的土砖房。

在座谈会上村干部为此还强调了村内救灾物资发放的标准，是根据实际受灾和困难程度的大小。不存在虚报和徇私的情况。但是要在几百户至上千户村民之间实现分配的公平是困难的。村主任讲：

还是实事求是。哪些是困难户，哪些是老弱病残，是实事求是，因为这个报上去，村里面都清楚，村里都认识，你报假的，比如你没病，说有病，这就说不过去。这个搞不得假的（座谈会 ZA 上村主任的讲话）。

解决困难的方案之一是责任向村民小组分散。村干部将部分小的救灾物品交给组内分配，组与组之间的各户分配数量不同，更促发村民之间的相互比较。村两委不具体分配给每一户，由村里分给组里，由组长来决定。通过分散到各组分配，村干部把米、蜡烛等救灾物品的公平分配交到各个组长手里。组长领回这些物品后，在组内往往是采用按人数均分的标准，对那些不能均分的少量衣物，就只能依靠抓阄。

还有其他什么衣服、裤子、棉被、大米、蜡烛，这些就是按组里的人口比例分掉了，那个数量不多。我们组（九组）里，三个人一个蜡烛。我组上 118 个人口，总共就是三床棉被，还有衣裳裤子。就是这样说，反正别人捐到我们村里面，只有这么多，我们组里只有两三套。（座谈会 ZA 上村主任语）

数量有限，等于是一个组才 190 支蜡烛，我们组里还没有 190 支，反正这么多蜡烛，就是大家一起分。组里把这个困难户报上来，再到村里面领了被子衣服，再返回去发给每户。（座谈会 ZA 上村秘书语）

就是每个人一根蜡烛，有的还没有，没有这么多。一个人才两斤多米，两斤七两。来了棉衣、棉被，棉被只有两床，衣服六件。就是抓阄，谁抓到了谁就得到。运气好就有，不好就没有了。（访谈 BFX）

但是这些为避免村民对分配公平产生质疑的措施，并未有效疏解村民的不满。

没有村里的人来看过我，也没有其他的组织来看过我，总之，没有得到什么帮助。外人没有来看过，什么政府组织都没有，甚至对于我们老人家好像也没有什么特别的补贴。像我那个房子塌了，至今也没听说有什么补贴。村里面是发了几根蜡烛，每人好像是有两斤多米。发了两支蜡烛给我。其他的好像就没有了。听说还有衣服被子，但是没有发到我手里。（访谈 BGX）

同时发放灾害救助的标准不一致，很容易引发村民之间的攀比。这种攀比通过村庄内部和村庄之间的亲属关系传递出去，往往带来村民对发放救助物资的公平与否的关注，以及对基层干部的操守的批评。

灾害时，政府发了四根蜡烛、三斤米。有的人发了快餐面。还发了几件衣服，只有老人家有，还要抽签。有些地方连蜡烛也没有。（访谈 BBY）

村里发了米，蜡烛，还有衣服，每人 4 斤米，我们家发了 20 多斤米，4 根蜡烛，衣服只有几件，大家就抓阄来分。因为我们家猪房倒了，我们向上面反映了，政府给我们发了一件旧衣服，一件八宝粥作为补偿。没有现金补偿，听别人说上面有救灾补偿，但是我们没有。（访谈 BDY）

没听说有补偿。我们听见上面有好多补偿下来，下面就没见到几多。每家只有 2 根蜡烛，听说还有很多蜡烛，给下面的人捞到自己兜里面，去卖了，自己拿到钱。（访谈 AJX）

听说人家看到镇里面还有很多牛奶等这些东西，但是就是没有发下来。不知道到哪里去了。其他的什么补助也就不知道了，也没有听说其他人领取过。（访谈 BAY）

## 六　村民对基层政府救灾抗灾的评价

虽然村里发放的救灾物资都是从基层政府分到各村的，但当村民被问及是否得到什么组织机构的帮助时，很少会说是基层政府的补助，大多数村民讲的是村里面发了什么东西。虽然基层政府在雪灾期间做了大量的工作，但似乎基层政府的救灾工作并未得到村民的认可。

一部分原因是村民对基层干部的信任程度不高，即便是根据各处受灾程度不同，救灾物资的数量有差异，村民的解释却是归因于基层干部的贪腐。这种不信任不是雪灾期间的产物，而是村民平日生活的经历和村民相互影响的结果。各项资金经过层层下发，在基层财政困难时，可能被拆东补西，导致政府不能及时兑现对村民的承诺。一位倒房重建户这样讲：

> 困难啊，就是政府补下来这一万元，等于只是来了三千元，还有七千元到镇里，还没有发下来。早就讲付给你，还没发，还在镇里，说不定搞在其他的地方啦。（访谈 AK）

倒房户从镇政府领取部分补助款自建新居，雪灾后当年 6 月份按时搬入新居，但一直没有领到剩余的补助款。还有一位村民参加村里组织的为国道铲雪，但一直没有得到干部许诺的补贴。

> 是干部让我们去的。不知道有没有钱，反正现在还没有钱。当时说是有钱，现在还没来钱。有的说是没有钱了。反正不太清楚。（访谈）

这种情况并非是特例，另外的访谈中有领到铲雪补贴的农民讲：

> 政府只是组织大家铲路上的雪。我去了两天。当时是讲了给钱，但到三个月后才拿到钱。（访谈 ALY）

除了这种危机条件下的拨款，有些长期的补贴也有不明原因被取消的情况。一位老支书的儿子提及，他父亲在村里做村支书十多年，直到20世纪80年代末才退下来，一直以来享受老干部补贴，但不知道为什么这两年就是没有了。去镇上问，也得不到回答。上述一类救助款、补贴款，虽然额度不大，未及时发放对村民的生存也不会有太大影响，但却会损害村民对基层政府的信任。临到基层政府与村民要共同面对危机时，村民的支持往往会大打折扣。

另一部分原因是，基层政府工作方式单一，在雪灾期间缺乏有效的全民动员能力。镇政府在救灾款物的发放上，要通过各村派人派车来镇上领取；对受灾户的初步核查也是通过村两委干部上报；需要劳动力也是通过村干部带领村民。基层政府与村民之间只有单一的互动渠道，村民很难直接了解镇政府所做的工作。在对镇干部的访谈中，我们了解到雪灾期间，镇政府基本上是全天候工作，男性干部大多宵衣旰食，有的在国道上疏导交通，有的各处筹备柴油机、食品、饮用水等物资，有的负责治安。但村民对基层干部的工作并不满意，认为他们没有及时处理道路上的积雪，也没有有效地疏导交通。

雪灾我认为并不蛮大，原先，我说是人为的。如果不是人为也就不存在。所以来说，大家都有干部组织搞，这个雪灾（损失）到不了这么程度，有干部站出来，组织大家，就不会有这些。（访谈AMY）

那些天见到一些交警，我亲自上那个前面坡顶那里啊，（公路上）排着四道，本来是两路车，它自己排成了四路，堵成了四路。交警要他们退，因为前面堵死了，哪个司机都走不了。那个交警还把他的牌子（车牌）没收了。其实不怪司机，这个呢应该我们本地人（交警和协管员）有责任，不怪外地的司机。过大年了，谁不想抢先回去。（访谈BEY）

与对地方政府的评价正相反，村民把好评给了中央政府。一些关于中央领导的神奇传说在民间流传，不少村民都提及，总理一来郴州，交通就通畅了。这种情况与全国大规模抽样调查的结果是完全一致的，即民众对各级政府的评价是从中央到地方层层递减的。

## 七 灾害信息的传播途径

雪灾发生后，农村中的卫星电视和村庄内固有的面对面交往是信息传递的两种主要途径。当时雪灾期间，停电及广电系统的瘫痪使很多城市居民看不到电视，因此城市的居民更多的是通过政府发放的收音机来获取灾情信息。此外，社区派发的报纸和电信部门的手机公益短信也是城市居民接收信息的重要渠道。农村的情况与城市不同，村民没有得到政府发放的收音机。但是部分村民家中依靠村小水电站和柴油机发电，白天的电力可以带动电视。不少农村地区还未覆盖广电网，各家用卫星接收装置看电视。因此，雪灾期间部分村民可以不受国家电网和广电网停用的影响，收看到电视台对郴州雪灾的报道。很多村民在访谈中提到全国各地对郴州雪灾的支持，积极评价党中央和国家的救灾措施。与此同时，村民明明看到有好多东西捐来郴州，自己这里却没有分到什么救灾物资。通过电视认知的巨大外部支持与自己实际得到支持之间的反差，可能是村民对地方政府分配救灾物资抱有负面评价多的一个原因。

在农村，邻居之间及亲属之间面对面的信息传递是丰富的。而且，雪灾期间煤价上涨，村民白天多了一些聚在一起取暖的时间。

> （当时）保温上有些困难，也只能是晚上多盖点被子了，白天就互相走动一下，几个人聚在一起，烤点（煤）火。白天几个人坐在一起，讲点味道（侃大山，聊天），日子好过一些（访谈 BCY）。

不少村民在被问及怎样获得雪灾的信息时，都提到从旁人那里听说，或者从亲友那里听到。

> 我的二儿子在雪灾之前开车去广州，因为雪灾，回不来了。广州军区、广东省委沿路设点，弄什么稀饭、包子馒头了，不要钱。还有糕点，可以买来吃。每辆车发床被子。这里就没有这些。（访谈BAY）
>
> 听我女儿说温总理来了。开始我们这个路是堵的，听说他来了路就疏通了，开始没有疏通，一开始村干部、镇干部也没有管，也管不了嘛，来了之后路就疏通了，干部也负责了。（访谈BEY）

通过村民之间面对面的交谈，某些信息得以传递。需要关注的是，面对面的信息传递，是有一定的选择性的。

> 知道是温总理来了。温总理不来，国道上的车很难通起。郴州的贪官是比较多的，就是在雪灾之中也没有多少人管起。（访谈BAY）

从调查的情况来看，参与传递者对信息的筛选标准，会受到自己以往的生活经历、价值观念和生活态度等因素的影响。

## 八 村民、市民与途中人

雨雪冰冻灾害导致的断电、断水、断路在各地是相似的，对人们的影响也是普遍的。但灾害对村民、市民以及高速路上的途中人，带来的危机和风险却很不相同；三者应对危机化解风险的方式和能力也有显著差异。

村民面对雨雪冰冻灾害是有风险意识的，村民个体间的灾情交流是普遍的。但灾情的传递并未引发村民的恐慌情绪。原因之一是，雪灾造成的断路、断电、断水，及其对物资供应的影响，都发生在腊月中旬之后，大多数村民家中已经备好过年的用品，比如米、油、坛子菜等必须的食品，以及煤等用品，雪灾发生后，可以维持一段时间。原因之二如前文所说，农村居民生活相对自足，没有煤，可以有断落的树枝作为燃料。除了所谓

“手中有粮心中不慌”之外，原因之三是村民大多“生于斯、长于斯”，父子、兄弟往往同住一村，家庭亲属住在身边是一种重要的支持来源，而且村民遇到实在无法解决的困难和纠纷时，还可以找村委会。这些社会支持来源能够缓解村民的无助感。

但是在城市，长时间的持续停电、断水、商店关门对城市居民的影响要超过对农村居民的影响。城市居民与其亲属之间较少比邻而居，市民更为依赖市场化的食品和日用品供应，生活中更离不开供水、供电、供气系统，长时间的停电、断水、市场上的生活必需品短缺，容易造成市民心中身处“孤岛”的恐慌心理，引发抢购潮。[①] 访谈中居住在城区的干部不无批评地讲道，政府在雪灾中必须站出来，做主心骨。这次雪灾断电、断水、超市关闭最初几天，看不到政府的“安民告示”，市民只能上街堵路。

高速路上的途中人，在雨雪冰冻灾害中面对的风险是极高的，但他们的风险意识并不高。在很多报道和我们的访谈中，都提及有不少途中人，特别是南下广东过年的带小孩的老年人，他们往往买好车票，身上仅有很少的钱，只等下车后在广东的子女来接站。结果高速路封闭，无处可去，没有人知道南下的通道何时能打通，身上的钱又不够维持生存。饥饿、寒冷以及伴随而来的疾病，成为途中人必须面对的风险。而且这些途中人，远离自己的家人、亲友等的社会支持，周围都是“路人”。高速公路的服务站远远无法满足绵延数十千米的车辆和司乘人员的需要。对途中人来说，政府在危机中的救助就成为不可或缺的应急救助。一位多次上高速路发放食品的民政干部在访谈中提到：

> 最初设流动救助站的两天，根本看不到效果，一车面包和矿泉水一会就发光了。有的人领完一次再来领。（访谈 CAX）

① 在对城市居民的顺访中（访谈 DAX），有被访者提及雪灾期间大多数超市停电停业，曾引起“断粮”的恐慌，发生过一家超市被哄抢的事件。后来由于全市最大的超市通过自发电维持营业，消除了“断粮”的恐慌。

由于不知道何时能恢复通车，途中人受恐慌心理驱使，会尽可能地多拿食品。

后来，要求我们每隔两千米设一个固定救助站，对那些年老体弱的乘客，我们直接把食物、水和药品送上车。(访谈 CAX)

然而由于郴州当时断路，政府可能调集的食品相对于高速路上每天的需求来说仍然不足。[①] 当地的市民和村民看到或者听说高速路上的情况，他们以多种形式为陌生的“路人”提供生活必需品。不少市民捐献出自家的食品、衣被，他们讲，全国人民都在帮助郴州，我们也应当帮助他们(座谈会 HB)。

也有个体经营者到高速路上卖饭，[②] 到后来就改为免费送饭（访谈 CBX)。这中间显示出爱心的传递。很多村民在访谈中对途中人的处境甚为同情。

（堵车被困住的人）很可怜，没饭吃，又冷又饿。我们就是卖泡面、热水啊。我不能出门，只能在家里烧开水。当时也没有人来到我家门前讨要什么东西。我孙子出去卖面。(访谈 BGX)。

从我内心上来讲，就是马路的司机蛮惨，他们过得是饥寒交迫，因为车子走不动，卖的东西又太贵，买一包方便面都要 10 元，身上带的钱不多就没得吃，我们这里有好心还是煮得饭。看到那些开车的真的很可怜，（我）自己也没什么粮食（注：被访者已经 8 年多没种田)，要不然我们也会送一点饭，我们自己也是买粮食，那一次买都买不到。(访谈 AMY)。

---

① 政府同时还需要保障救援部队的食物、水供应。

② 一位民政干部讲，幸好有个体老板到高速路上卖水、卖盒饭，否则真不知道会出现什么情况。因为当时食品、饮用水不容易搞到，就是搞到了，也没有那么多车、那么多人手往高速路上送。

在访谈中，我们还听到一位七十多岁的农村老太太的感人事迹，这位段老太太当时烧好开水往高速上送，回家时有路上的小孩跟来说饿，老太太做了饭给他，接着一车的小孩都跟来了，这位段老太太无偿做了两顿饭，烧了自家楼板给小孩们烤火。后来民政部门专门补偿她800元作为鼓励。（访谈CAX）

通过比较，总体来看当地村民和市民在此次灾害过程中，面对的风险要远低于高速路上的途中人。其中村民又拥有较多的社会支持，相对于市民来讲，村民是更为“好过”的。但村民之中，根据其拥有的资源，其应对危机的能力存在进一步的分化。

## 九　村民在应对危机中的分化与风险叠加

面对灾害危机，不同类型的村民，表现出不同的生存机会和生存质量。应当说村民之间的差别，如果在平日的生活上难以区分，如果外在的消费水平上难以区分，那么在面对灾害危机时，差别可就显现出来。

那些拥有较多经济资源村民，更有办法应对灾害危机导致的困难，能从不同的渠道去寻求资源，维持自己灾前的生活水平。被访者ALY是小组长，他在雪灾期间花高价到郴州市购买到一台3千瓦发电机。

> 我一般都是自己发电。临时买的柴油发电机，是找朋友买的，就是贵啊，大概花了三千多块钱。什么都需要电，手机也要充电啊，要不然联系不上啊。（访谈ALY）

那些拥有较多组织资源和技术资源的组里“能人”，不仅能使自己安度危机，而且能给周围的人提供帮助。那些拥有较多劳动力的家庭，在灾害中更有能力从村内村外取得必要的物资（比如灌煤气、拾柴火、到镇上购买必需品）。

那些年迈、体弱、有疾病的村民，在面对雪灾带来的生活困难时，都需要来自家庭、亲属的帮助。比如前面提到独居家中的老年人，通过其儿子帮忙去外面打米，有孙子帮助拾柴火。在农村，由于亲属之间距离近，面对灾害风险时的即时帮助还是容易获得的。此外，政府通过村组织对五保户、困难户的救助也为他们应对危机提供了重要帮助。

缺少亲友帮助的这类家庭，往往被动地调整自己的生活，降低生活质量。甚至自怨自艾，封闭自己，失去了恢复生活的能力。下面被访者的一段话，作为一个极端的例子，可以反映出工伤、失业、冰雪灾害对一个家庭的“雪上加霜”般的风险叠加效应，缺少邻里和兄弟之间的互助，这类家庭的处境令人担忧。

> 我丈夫1997年出了意外，受伤了，被车子压坏了，现在还不能干活。因为是自己做生意时受伤的，所以也没拿到什么补偿。在雪灾之前，我一直在上班。从下雪开始到现在，由于我所在的河粉厂厂房倒了，我就没去了。我丈夫的兄弟都在外面打工，无法照顾我们。只有我娘家的人来看了。雪灾的时候，没有米，没有电，家里是烧柴。也没有人来帮忙，只好自己去买高价米。过年的时候，我和厂里借了三百元钱。现在只能走一步算一步。我不大喜欢走动，和邻居交往比较少。我家穷，别人会看不起。在农村里生活很难，邻居之间有些事，不好说，经常吵架。家里有钱，别人才看得起（访谈AGY）。

不仅如此，我们的调查显示，危机的积累和风险的叠加，容易发生在同一类家庭之中，给这一类家庭的自我恢复造成极大的困难。经受疾病、贫困等风险困扰的家庭，更可能面对失业、工伤等风险的威胁。由于他们缺乏应对资源，因此难以应对各类危机。

尽管在农村，每家每户并不缺少生活中的亲戚来往，但各家的社会交往所能联系到的社会资源有很大差别。那些具有较多经济资源和社会资源的家庭，他们的交往对象中，有更多的村外的非亲属关系和更多样的职业来源。在风险来临时，他们可以运用社会网络，获取稀缺资源，求得困难的解决方法。这一类村民能根据自身的条件，可以带领或协助其他家庭共同面对新的危机，或者在危机中获得新的收益，至少他们可以独善其身。

这一类村民，或者有村外工作经历，或者是（曾经是）村干部，或者拥有特殊的社会关系，对他们来说，应对危机的社会支持是平时社会关系网的延续。

中间的大多数普通村民家庭，他们的社会交往集中在亲属和邻里之间，他们的社会网络所能联系到的资源与其本人差别不太大。在危机到来时，他们的社会网络可以提供给他们安全感和归属感，但未必能帮助他们解决困难。有时候他们需要与前一类优势家庭联系，得到优势家庭的帮助。平时上述两类家庭均不需要来自政府的救助。在风险来临时，政府救助和保障可以帮助这一类普通村民渡过难关，尽管他们可以不依赖政府的救助。

少量特殊家庭，缺少劳动力，缺乏经济资源，年老、疾病、贫困、缺少生活来源等各类风险的叠加，他们应对危机的能力最为薄弱。在任何突发事件中，他们都是首当其冲的受害者。他们需要依附其他家庭，或者依靠政府的救助，才能勉强维持生存。

## 十　调研小结和相关启示

2008 年年初我国发生的罕见冰冻雪灾，既有一般自然灾害的传统社会风险的特点，也有突发性、难以预期性、迅速扩散性等现代社会风险的特点。这场灾害对我国应对突发性社会风险的系统是一次重大的考验。

从我们对这次冰冻雪灾对我国最基层农村社会居民的日常生活影响的调查来看，有以下几点启示：

第一，国家和地方政府的应急救济发挥了作用。尽管村民对发放的救济物品较少以及发放救济物品的分配方式还存在一些意见，但从蜡烛、棉被、衣物、食品、钱款等救济物品能够直接到达村民手中这一点来看，国家和地方政府的应急救济对于村民克服雪灾带来的日常生活困难还是发挥了重要作用。在我们调查的村庄中，没有发生因为雪灾而导致人员伤亡的情况。

第二，村集体和村组能人发挥了特殊作用。村集体在救灾物品的发放上发挥了重要作用，成为国家和地方政府的支持能够贯彻到乡村的基本渠道。特别是一些村组能人带领村民进行的克服雪灾带来的生活困难的集体行动，对于实现一些集体救灾目标是至关重要的。在形成村庄救灾集体行动方面，有没有村组能人的带领是大不一样的。从调查的情况看，现在基层乡村自治组织的力量比较薄弱，能够动员和支配的资源也相当有限。遇到灾后林地保护这样的问题，多数村庄都一筹莫展，无法组织力量及时清理树枝积雪，使林业的损失难以恢复，而压断的树枝由于未能及时清理，又发生了雪灾后的次生灾害——山林火灾。

第三，村民的救灾互助依然是乡土社会的基础社会支持。由于农业和非农产业收入的巨大差异，农村青壮年外出打工的情况比较普遍，而农村目前的生活方式也发生了很大变化，乡土社会传统的建立在血缘地缘基础上的亲属、邻里、乡亲社会互助网络也变得非常脆弱。但是，在这种突发的重大灾情面前，基于亲属、邻里关系的乡村互助网络还是发挥了基础的作用，这特别表现在灾后稀缺日常生活物资互借互助上。如何在新的市场救济和社会发展条件下加强和完善乡村社会互助支持网络，是一个需要认真思考的新课题。

第四，提高村民的自助能力是克服灾害影响的基本保障。我国农村的社会生活网络正在发生巨大变化，村民生活的个体化趋势十分明显。在这种情况下，提高村民克服灾害影响自助能力成为一项非常急迫的任务。从全局考虑，要千方百计提高农民的收入水平，增加农民的自救能力；要进一步普遍提高农民的受教育水平，增加农民救灾的知识和相关信息获得的能力；要加快推进覆盖全体农民的社会保障体系，增加农民应对生活风险的制度化支持力量；要加强农村的基础设施建设和公共服务供给，改善农民应对灾害的基础条件。

第五，灾害风险的分配在不同社会群体中是不均衡的。面对同样的雪灾，不同的社会群体所遇到的风险也有很大差异。首先，风险在贫富之间的分配是不一样的，富裕一些的人群有更多的财力和社会关系资源来克服风险；其次，风险在城乡居民之间的分配是不一样的，虽然市民在生活水平和财力上高于村民，但由于相对于农民自给自足的生活和亲属邻里的社区，市民更处于一个陌生人的社区，生活更依赖于外部供给系统，因而面临的生活风险更高，也更容易产生心理恐慌；最后，风险在家中人和途中人之间的分配也是不一样的，一般来说，途中人在风险面前更需要帮助，需要有特殊的应急救济系统帮助其摆脱困境。

总之，根据这次对我国乡村应对雪灾风险行为的调查，我们有三点基本的认识可以作为完善我国应急系统的建议：一是要从各个层面来构筑我国农村的应急系统，这包括提高村民的自助自救能力，构建村民的互助互救网络，加强村集体的社区服务能力，规范基层政府的应急救济行动方式，特别是需要建立一支执行应急救助任务的专业队伍，很多国家和地区都是依托消防队建立应急救助专业系统，这种做法值得借鉴；二是要针对不同的社会群体建立不同的应急救助方案，面对同样的突发性灾害风险，不同的社会群体有不同的救助需求，所以，应急救助方案不应当是同样的方案针对所有的人，而是根据不同的需求设计专门化的方案，以便增加应急救济方案的可操作性和实用性；三是要充分认识到当前社会风险特点的复杂性，这场雪灾既有传统自然风险的特点，也有风险分配与收入和社会资源完善相联系的特点，还有与现代信息传播和恐慌心理传递相联系的特点，因此应当有克服传统风险、现代风险和新型风险的统筹考虑和规划。

# 雨雪冰冻灾害与民族地区危机应对机制研究

## ——对贵州黔东南和广西桂林的个案调查

方素梅　梁景之　陈建樾*

贵州省黔东南苗族侗族自治州和广西壮族自治区桂林市是苗、侗、壮、瑶、回等少数民族聚居的地方。2008 年年初发生的雨雪冰冻天气，使两地遭受了几十年乃至百年不遇的严重自然灾害，地方经济社会发展和人民生活受到极大影响。在中共中央和国务院的领导下，灾区干部群众团结一致，共同奋斗，取得了抗灾救灾的重大胜利。在抗灾救灾过程中，上述地区各级地方政府应对自然灾害的能力得到了检验和考验。同时，也暴露出应急管理和危机应对方面仍然存在许多问题。这些问题在全国地方应急管理体系建设中具有一定的共性和普遍性，应当引起政府和学术界的共同关注。

2009 年 1 ~2 月，中国社会科学院重大国情调研项目《雨雪冰冻灾害与危机应对研究》分课题组赴黔东南苗族侗族自治州及下辖丹寨、黄平、雷山三县和广西壮族自治区桂林市及下辖龙胜、资源、兴安、灵川四县进行调查。在当地政府和有关部门的大力支持与配合下，课题组进行了一系

* 方素梅，中国社会科学院民族学与人类学研究所研究员；梁景之，中国社会科学院民族学与人类学研究所研究员；陈建樾，中国社会科学院民族学与人类学研究所研究员。

列的调研活动，包括与黔东南州、桂林市及上述各县政府应急管理办公室以及民政、交通、电力、通信、气象、公安、新闻、卫生、民族事务等部门领导或有关人员进行座谈，并收集有关资料；到丹寨县南皋乡、黄平县重安镇、雷山县西江村、龙胜县龙脊乡、资源县中峰乡、兴安县华江瑶族乡的一些村寨进行访谈，访谈对象主要为苗、侗、壮、瑶等民族的乡（镇）、村干部与群众。① 通过调查和分析，我们对上述地区抗击2008年雨雪冰冻灾害及危机应对的过程、经验和问题有了比较客观的了解和认识，并在此基础上对加强民族地区应急管理体系建设进行了思考。

## 一　两地雨雪冰冻灾害概况及其影响

### （一）两地自然地理及经济社会概貌

黔东南苗族侗族自治州位于贵州省东南部，东邻湖南省，南接广西壮族自治区，西与黔南布依族苗族自治州接壤，北与遵义、铜仁两市毗邻。自治州成立于1956年7月23日，州府所在地设于凯里，全州总面积3.03万平方千米，现辖1市15县、1个经济开发区、206个乡镇。境内居住着苗、侗、汉、布依、土家、水、瑶、壮、畲等33个民族，2008年全州总人口446.91万，少数民族人口占总人口的82%，是全国少数民族人口最多的自治州。

黔东南州地处云贵高原东南边缘的苗岭山脉向湘桂丘陵盆地过渡地

① 报告中所列材料和数据，除已注释的以外，全部来自课题组实地调查中所获得的各类文件、报告、总结、汇报、统计资料、概况等以及所进行的访谈资料。课题组在调查过程中，得到了贵州省人民政府办公厅、民政厅，广西壮族自治区人民政府办公厅、民族事务委员会，黔东南苗族侗族自治州及桂林市人民政府应急管理办公室及有关部门，丹寨、黄平、雷山、龙胜、资源、兴安、灵川等县党委和人民政府，以及调查目标乡（镇）、村干部和群众的热情接待和大力支持，对于这一切我们表示衷心的感谢！我们还要特别感谢贵州省黔东南州党委宣传部周勇先生、州人民政府应急管理办公室廖理先生，广西壮族自治区人民政府民族事务委员会龙毅先生、桂林市人民政府应急管理办公室谢利权先生，在他们的热情帮助下，课题组的实地调研十分顺利，达到了预期的目的，为本报告的完成奠定了基础。

段，境内山地纵横，峰峦连绵，沟壑密布，总体地势是北、西、南三面高而东部低。州内大部分地区海拔500~1000米，最高点为雷公山主峰黄羊山，海拔2178.8米，最低点为黎平县地坪乡水口河出省处，海拔仅137米。全州地貌类型以低中山为主，平原、丘陵很少。

黔东南属中亚热带季风湿润气候区，由于受地形地貌和大气环流的综合影响，这里既有高原山区的特点，又具有季风气候的特点，气候总体特点是四季分明，雨量充沛，冬无严寒，夏无酷暑，热量丰富，湿度较大，雨热同季。全州年平均气温为14℃~18℃，最热月平均气温为23.5℃~27.5℃，最高温达38℃；最冷月平均气温为3.5℃~8.0℃，最低气温-6℃。无霜期270~330天。① 受地质地貌和季风气候影响，当地灾害种类较多，主要有火灾、洪涝、干旱、冰雹、大雾、雷击、低温冷冻、滑坡、泥石流和生物灾害等。其中，火灾、洪涝和雷击等较为常见。特别是当地盛产林木，入冬以后草木枯黄，传统建筑又多为木结构房屋，极易发生火灾。山区冬春季节也常有霜冻或雪凝灾害发生，但一般都是下米雪即霰子或棉花雪，几天就化，形成不了冰冻。近60年来，贵州省曾经发生过四次严重的低温冷冻灾害，其中两次黔东南州也受灾严重。第一次发生于1982年2月8日~14日，贵州省多个区市普降大雪，发生较大范围的降温、降雪和凝冻过程，其中即包括黔东南州。第二次是发生于2008年1月13日~2月14日的大范围低温雨雪冰冻，这次灾害为贵州历史所罕见，也是黔东南州有气象记录以来最为严重的特大自然灾害。②

黔东南苗族侗族自治州地处长江、珠江上游的重要生态屏障，是我国南方重点林区之一，也是贵州省的主要用材林基地，全省10个林业重点县中有8个在黔东南。全州森林覆盖率达53.68%，主要林种以马尾松、杉树为主，也有竹类和常绿阔叶灌木混交树种。到2005年，全州有森林植物（未含地衣植物）302科1038属3259种，其中，属于中国特有属的树种有24种，属国家重点保护的珍稀树种有37种，如伯乐杉、红豆杉、

① 参见张雪梅主编《黔东南州情教程》，电子科技大学出版社，2008，第2~3页。

② 参见贵州省民政厅《改革开放年贵州民政工作》，内部印刷，2008年12月，第5、12页。

南方红豆杉、木共桐、鹅掌楸、钟萼木等。产天麻、杜仲、灵芝菌、金银花、茯苓、党参、血三七、当归、五倍子等珍贵药材，有大鲵、云豹、苏门羚、穿山甲等珍稀动物。地下矿藏丰富，已发现和评价的矿产有43种，主要有煤、重晶石、黄金等，其中重晶石储量1.04亿吨，占全国储量的60%左右。水能储藏量332万千瓦，可开发量244万千瓦；全州农村小水电站装机容量达12.24万千瓦，国家电网覆盖全州，已形成水火并济的发输电力网络。①

黔东南州自然风光秀丽，民族风情浓郁独特，旅游资源丰富，是自然风光和人文景观兼备的贵州省东线旅游的主要景区，是世界乡土文化保护基金会确认的全球十八个"生态文化保护圈"之一。自治州内有3个国家级、8个省级自然风景名胜区和2个国际级、4个国家级、36个省级重点文物保护单位。全年州内有大小民族节日396个，规模2万人以上的39个，其中以"凯里国际芦笙节"和"黎平鼓楼艺术节"最为著名。全州交通便利，320、321国道公路和湘黔铁路、黔桂铁路从境内通过。高速公路凯里至省城贵阳2小时到达，黔东南州与旅游热点桂林地区山水相连，公路直通。黎平支线机场连通贵阳和桂林。各县区乡道路等级也在不断提高。

然而，由于自然条件和历史因素的影响，长期以来黔东南经济基础薄弱，财政支大于收，是国家重点扶持的贫困地区。实施西部大开发以来，黔东南加快了经济社会发展的步伐。2004年，州委、州政府确定了"生态立州、农业稳州、工业强州、旅游活州、科技兴州"（2006年增加"城镇带州"）自治州经济社会发展思路。全州各族人民围绕这一"六州"发展战略思想，努力奋斗，在工业、农业、旅游业以及交通、能源、通信等基础设施建设方面都取得了显著成效，黔东南迎来了一个新的重要发展时期。

桂林市位于广西壮族自治区东北部，东部和北部与湖南接壤，西靠柳

① 参见《黔东南苗族侗族自治州概况》《黔东南苗族侗族自治州概况》修订本编写组《黔东南苗族侗族自治州概况》，民族出版社，2008，第3~9页。

州，南邻来宾和梧州，东南与贺州毗邻，是沟通大西南与南部沿海的重要走廊。全市现辖5城区、12县（含2个自治县），145个乡镇（街道、民族乡），行政区域总面积2.78万平方千米。境内居住着汉、壮、苗、瑶、回、侗等37个民族，2008年末全市总人口500万，其中少数民族人口68万，占总人口的14%。

桂林市地处南岭山系西南部的湘、桂交界地带，地形总体上呈北高南低的趋势，即北、东、西三面环山，地势较高；中部及南部、东北部为岩溶山地与平原、河谷地区，地势较低平。地貌类型多样，可分为中山、低山、丘陵、岩溶石山和河谷平原五大类，中山、低山总面积占全市总面积的50%左右。境内有猫儿山、越城岭、都庞岭、大南山、天平山、架桥岭和大瑶山等山系，主要山体海拔标高均在1000～1500米，其中位于兴安县与资源县交界处的猫儿岭主峰海拔标高2141.5米，为南岭及广西的最高峰，有华南第一高峰之称。①

桂林地处华南，属中亚热带湿润季风气候。境内气候温和，雨量充沛，无霜期长，光照充足，热量丰富，夏长冬短，四季分明且雨热基本同季，气候条件十分优越。年平均气温为16.5℃～20.0℃，比广西最南部的钦州年平均气温低5℃～6℃。② 年极端最低气温为－3.5℃～0.4℃，年极端最高气温为36.1℃～37.3℃。年平均无霜期309天，年平均降雨量1949.5毫米。重要天气事件以暴雨、雷雨大风、雷击、干旱、寒露风和霜冻为主，每年都会造成一定的灾害。特别是近年来极端天气时间增多，灾害造成的直接经济损失越来越大，已经成为制约当地经济社会又好又快发展的一个重要因素。

桂林自然资源十分丰富。动物种类多达1593种，隶属60目295科，包括云豹、黄腹角雉、穿山甲、果子狸、娃娃鱼、鳗鲡等珍贵品种。植物种类有199科，564属，1415种，其中高等植物1000多种，包括银杉、南方红豆杉、银杏等名贵树种。矿产品种主要有煤、铁、锰、铅、锌、

① 参见桂林市地方志编纂委员会编《桂林年鉴》2007年卷，方志出版社，2007，第72～73页。

② 参见谢之雄主编《广西壮族自治区经济地理》，新华出版社，1988，第9页。

锡、钨等40多种，其中已探明有一定储量的有34种。在广西位于全国前列的36种矿产中，桂林占17种，其中大理石、花岗石、石灰石、滑石分布广，储量大，品质优，易开采，前景广阔。境内河流密布，有漓江、湘江、洛青江、浔江、资江五条江，另有集雨面积在100平方千米以上的支流65条，全市多年平均总水量为403.81亿立方米，河流落差大，水利资源丰富。水能理论蕴藏量约270万千瓦，可开发量为107万千瓦，开发潜力巨大，已建成包括亚洲第一座超千米高水头电站——全州天湖水电站在内的一批水电站。

近年来，桂林的交通、电力、通信等基础设施建设有了很大的发展。四通八达的公路直通广西各地和临近省份，国道322、323线穿境而过，其中322线已改造成高等级公路。拥有环城高速公路、桂柳高速公路、桂梧高速公路、桂黄一级公路、桂阳二级公路等一批公路网络，实现了100%乡镇通车。铁路北接京广线，南接黔桂、枝柳动脉，湘桂铁路纵贯湘桂走廊，在建的贵广高速铁路（时速300千米）在广西境内设有桂林、阳朔、恭城三个客运站，火车可直达国内主要城市。航空方面有占地4.06平方千米的桂林两江国际机场，目前拥有国际国内航线52条，可通航45个国内城市及港、澳、台，以及日本福冈、韩国首尔、泰国曼谷、马来西亚吉隆坡。还有水路运输，有湘江和漓江两条运输线。沿漓江经梧州与珠江，可直达广州、中国香港和中国澳门。

桂林是广西粮食、水果、土特产的主要生产区之一，主要农作物和经济作物有水稻、罗汉果、柑橘、柚子、柿子、白果、马蹄、竹笋、苎麻等。近年来，桂林市十分注重调整农业生产结构，积极开展科技兴农，加快农业综合开发，促进了农业向基地化、系列化、集约化发展，建立了一批白果、板栗、沙田柚等经济作物和瘦肉型生猪，高附加值水产品、竹林、蔬菜等基地，使农业经济得到了稳步增长。桂林是广西重要的林区，为桂北林区的一部分。现有森林面积121.56万公顷，森林储蓄量3774.42万立方米，每年可提供木材40余万立方米、毛竹1600多万根，是广西杉、松、毛竹、油茶、油桐、漆、棕榈的主要产区。

桂林是一座基础较好的新兴工业城市，全市已形成以电子、橡胶、机床、医药、客车、工艺美术、轻工食品为支柱，产品产业结构较为合理的现代化工业体系，主要产品有微波通信、雷达、音响、电视机、中成药、轮胎、豪华客车、合成洗涤剂、味精、啤酒、服装、水泥等，其中桂林三金药业集团公司生产的西瓜霜系列产品、桂林南方橡胶集团公司生产的火炬牌轮胎、桂林电线电缆国际集团公司生产的穿山牌电线电缆系列、桂林大宇客车有限公司生产的大型豪华客车等畅销国内外。

桂林是广西东北部地区商业集散中心，商业机构众多，商业交易活跃，全市现有各类商业批发、零售中心450余家，商业和饮食服务网点2.5万多个，形成国营、集体、民营、外资、个体等多种经济成分和多种形式并存的商业流通格局，第三产业增加值在国民经济所占比重在广西处于领先地位。

桂林是世界著名的风景旅游城市和历史文化名城，“桂林山水甲天下”的美誉早已名扬海内外。近年来，随着桂林旅游业的进一步发展，已经逐步形成一个以桂林市为中心，包含周围12个县的风景区。这里有浩瀚苍翠的原始森林、雄奇险峻的峰峦幽谷、激流奔腾的溪泉瀑布、天下奇绝的高山梯田，等等。大桂林的自然风光、民族风情、历史文化，每年都深深地吸引着无数中外游客纷至沓来，流连忘返。

### （二）两地雨雪冰冻灾害概况

在2008年年初发生的雨雪冰冻特大自然灾害中，少数民族聚居的广西，成为受灾最为严重的地区之一。其中，广西桂林市情况尤为严重。

自2008年1月12日起，贵州省各地自东北向西南先后受到强冷空气影响，气温急剧下降，省内绝大部分地区均出现不同程度的冰冻，13日夜间开始全省大范围有冰冻出现，省内大部分地区有冻雨，部分地区有雨加雪。这种降水相态一直持续到1月23日，其间，省内东部地区有降雪出现，积雪深度为1~4厘米。1月24日开始，雨加雪范围向省内中部地区扩散，1月26日~28日除省内西南部为冻雨外，其他地区均为雨加雪天气。1月29日~2月1日，全省降雪明显，省内北部和东部有降雪，最大积雪深度达到11厘米。到2月5日，贵州省中东部地区电线积冰直径普遍达30～60毫米。2月2日以后，省内东部地区冰冻开始减弱，冰冻范围逐渐减少，随着气温的回升，冰冻大范围消融。据有关部门统计和总结，贵州省这次大范围持续雪凝灾害具有降温幅度大、受灾范围广、持续时间长、灾害强度大、损失严重等特点。①

黔东南苗族侗族自治州不仅是贵州全省雨雪来得最早的地区，也是贵州省冰雪灾害持续时间最长的地区。据该州气象部门监测，受强冷空气影响，2008年1月13日以来全州16个县市均出现了冻雨和低温雪凝天气，其持续时间之长、影响范围之广、凝冻程度之重均为历史罕见。截至1月26日，全州平均气温－1.6℃，日平均气温除榕江、从江在1℃～2℃外，其余地方均在－0.5℃～－3.0℃以下，成为该州有气象记录50多年来最冷时段。1月27日为该州气温最低，其中丹寨－7.℃，麻江－6.9℃，雷山－6.4℃，黄平－6.3℃，三穗－5.9℃。至2月2日，除了榕江、从江的凝冻天气分别持续7天和8天以外，其余14个县市凝冻天气持续达21～24天之久。全州16个县市均出现道路结冰和地面积雪，道路积冰厚度平均为10毫米，最大厚处在30毫米以上；地面积雪持续时间最长24天，积雪最深达11厘米。全州16个县市均出现电线积冰且时间在21天以上，最长达24天。电线积冰最大直径普遍在30毫米以上，最高达57毫米，许多地方电线积冰最大直径已突破历史极大值。州府凯里市区所有街巷道路景物在1月25日以后全部凝冻，整个城市成了一座“冰城”。山区村寨更是银装素裹，冰雪月余未化。在寒潮低温、冰雪、暴雪等多种气象灾害相互作用及相互影响下，形成了50年乃至80年一遇的雨雪冰冻灾害天气。②

而广西同期也经历了自1951年有气象记录以来持续时间最长、平均气温最低、灾害强度最大的低温雨雪冰冻灾害天气过程。从1月12日开始，桂林、柳州、河池等桂北、桂西北地区相继出现低温冷冻天气，1月

① 参见贵州省民政厅《改革开放30年贵州民政工作》，内部印刷，2008年12月，第28页。

② 参见黔东南州气象局《低温雨雪冰冻灾害应急处置评估报告》（2008年2月14日）及新华网（www.gz.xinhuanet.com）、黔东南信息港（www.qdn.cn）等相关报道。

21日发展成灾，1月29日灾情迅速扩散蔓延，2月5日以后形势开始好转。截至2月3日，全区平均气温已连续21天低于8℃，是1951年以来持续时间最长的寒冷阴雨天气过程；平均气温比常年同期低5℃，为历史同期最低；冻雨范围广，为50年以来最大冻雨过程。罕见的冰雪灾害致使广西100多个县（市、区）受灾，其中桂北地区有28个县市出现冰冻，16个县市出现冻雨，是全区受灾最严重的地区。[①]

地处桂北的桂林全市12县5城区都发生了不同程度的雨雪冰冻灾害，其中资源、全州、灌阳、兴安、龙胜、临桂、永福、灵川八县受灾最为严重，受灾人口达60多万人。这些地区是少数民族聚居区，包括1个民族自治县（龙胜各族自治县）、1个享受民族自治县待遇县（资源）以及11个民族乡（占全市15个民族乡的70%）。截至2月1日，这些民族地区受灾人口达44.83万人，占全市受灾人数的74%，各类直接经济损失达5.4亿元。[②] 如资源县自1月13日开始，全县境内气温急剧下降，当天高山地区最低气温降至-6℃，县城最低气温降至-2℃。从当晚开始，全县连续34天出现雨加雪及冰冻天气，全县气温维持在-4℃～0℃，高山地区则出现了雪凇、雾凇、雨凇等现象，其中海拔800米以上山区气温连续30多天保持在-3℃～-7℃。1月18日，冰冻线降至县城区域，全县1961平方千米完全被冰雪所覆盖，城乡所有道路全部结冰。[③] 龙胜各族自治县从1月13日开始连续40多天受南下冷空气的影响，县境大部分地区出现阴冷雨雪冰冻天气，遭遇了1957年有气象记录以来罕见的雨雪冰冻灾害。全县有10个乡镇119个村1296个村民小组12多万人次不同程度地遭受了雨雪冰冻灾害。[④]

---

① 广西抗击冰冻灾害工作协调小组办公室编《广西抗击冰冻灾害应急指挥实战录》内部印刷，2008年6月，第6、22页。

② 桂林市民族事务委员会：《广西桂林市发生冰雪灾害民族地区受灾严重》，2008年2月2日。

③ 资源县人民政府：《关于全县遭遇雨雪冰冻灾害及积极开展抗冻救灾恢复重建工作的情况汇报》，2008年3月2日。

④ 龙胜县人民政府办公室：《龙胜县2008年抗冰救灾及灾后重建恢复生产情况汇报》，2008年4月15日。

2008年年初发生的低温雨雪冰冻极端天气席卷我国南方大部分地区且强度大、持续时间长，造成经济损失之大、受灾人数之多，都堪称新中国成立以来最大的自然灾害。在这场历史罕见的低温雨雪冰冻灾害中，贵州黔东南和广西桂林所遭遇的灾情危机是比较突出的，同时，也反映出所有受灾地区共同经历的一些特点。首先，灾情的发生具有不确定性和突发性。此次灾害的发生是多种因素综合作用的结果，不过持续的低温和雨雪是成灾的首要因素。我国南方大部分地区属于亚热带气候，根据历史经验和气象条件，加上全球气候变暖的趋势，遭受寒冷气候侵袭的可能性非常微小。因此，当暴雪降临在长江流域以南，南方多个地区降雪量创历史纪录以后，社会各界包括政府职能部门都大大出乎意料。其次，灾情的发展具有紧急性和严重性。当人们还没有从雪景中回味过来的时候，自然景观迅速转化为严重的灾害。随着低温雨雪天气的延续和降雪强度及范围的不断加大，受灾地区的交通、电力、通信等陆续中断乃至陷入瘫痪状态，能源、物资供应全面告急，甚至部分地区通信也开始中断，受灾人数也不断增加。由自然灾害所引发的危机扩散到社会诸多领域，导致交通受阻、财产受损、人员受灾等社会问题，不但对灾区的经济社会发展和人民生活造成了极大的干扰和破坏，也对国内其他地区产生了影响，加重了中央政府领导抗灾救灾的职责和任务。

### （三）雨雪冰冻灾害造成的损失和影响

2008年年初发生的雨雪冰冻灾害给贵州黔东南和广西桂北地区经济社会发展造成了严重影响，电力、交通、供水、农业、林业、建筑和民生经受着严峻考验。

第一，覆冰导致一些电线杆塔和导、地线不堪重负而塔倒线断，电网遭受前所未有的摧毁。在黔东南，截至1月23日，其辖区内受灾输电线路共377条，导致三穗、天柱、锦屏、黎平、从江、榕江、雷山、丹寨八县全面停电；其他市县除县城有电外，农村电网基本全部停电，受灾用户达68.86万户。[①] 在广西，桂林电网解列，桂林全市共有100多条输电线路

① 《黔东南州民政局抗击雪凝灾害工作总结》，2008年2月29日。

断线，其中全州、灌阳、兴安、资源四县仅依靠地方小水电站自备发电机提供电源支撑。资源县110千伏、35千伏输电线路完全瘫痪，10千伏输电线路基本瘫痪。各类输电线路共有11基铁塔、近1万根电杆、58个配电变台倒塌，断线8000多处，受损线路超过1500千米。①

第二，两地境内大部分路段出现严重道路结冰现象，造成境内高速公路和国道、省道、县道等公路一度中断。黔东南州气象台在1月14日、15日、19日连续发布道路结冰预警信号，这在黔东南州属于首次。至1月22日，全州15个县（市）之间的公路交通完全中断。州境区间滞留客货车辆最多时达3266辆，滞留司乘人员达1.5万人。桂北有200多条公路中断，其中9条国省干线和60多条县际道路路面及路基严重受损。自1月20日起，由广西通往湖南的国道G075线高速公路因湖南封闭道路，致使国道322线全州县境内交通严重受阻，滞留车辆1万多辆，并迅速演变成抗冰救灾斗争的战略瓶颈。② 处于高寒山区的资源县，平均海拔800多米，地势险要，绝大部分公路在崇山峻岭之中，此次罕见的雨雪冰冻天气导致全县交通运输大范围受阻，交通全线瘫痪。1月18～28日，资源县通往省外、市区、邻县、乡镇的4条主要道路中断，5条县道、26条乡道及27条村道被冰雪覆盖，不能通车。全县道路出现严重的路面和路基受损、公路塌方、交通标志标牌损坏、路树折断、桥梁受损等状况。③

第三，广播电视及通信设施遭到严重破坏，发射塔倒塌，杆线倾倒，光缆、电缆和器材冻坏等，造成部分城域网和村村通广播电视信号停播、通信中断等灾情。中国移动黔东南分公司的1380个基站中有1079个处于瘫痪状态，退服率高达80%。其中：光纤损坏1012千米，电杆损坏12000根，直接损失4670万元；电力方面损坏电缆508千米，电杆7000余根，直接损失3048万元；无线设备方面，天线损坏360米，馈线67000

---

① 资源县人民政府：《关于全县遭遇雨雪冰冻灾害及积极开展抗冻救灾恢复重建工作的情况汇报》，2008年3月2日。

② 广西抗击冰冻灾害工作协调小组办公室：《广西抗击冰冻灾害应急指挥实战录》，2008年6月，第7、333页。

③ 资源县人民政府：《关于全县遭遇雨雪冰冻灾害及积极开展抗冻救灾恢复重建工作的情况汇报》，2008年3月2日。

米，直接损失144万元，话务损失1000多万元，损失合计8862万元。需要重建资金9842万元。[①] 桂林市的全州和资源县从1月28日起无线发射台站已停播，部分农村有线电视网及全州、资源县城有线电视网络停播。资源县全县101个通信基站中，停电79个，倒站62个，通过柴油发电36个，4万多客户受到影响，稍偏远的农村基本不通信号。因气候恶劣，许多抢修好的线路再次损坏。中国移动资源分公司在传输线路、杆塔、活动机房、电源设备等方面共损失212.5万元；中国电信资源分公司因灾造成倒杆断杆959根，损坏电缆61.6千米，损坏用户线84千米。[②]

第四，农业、林业、工业等损失严重。黔东南州受灾农作物面积近22万公顷，农作物绝收面积近7万公顷，油菜等蔬菜受冻影响最大；林业损失占当地灾害损失的60%以上，苗木、竹林和新造林受灾严重，灾情后续影响严重；因灾死亡大牲畜20167头；工业企业自1月13日第一场大雪灾开始后不久就完全停工，基本处于瘫痪状态。[③] 桂林市受灾面积占全区的78%，经济损失占全区的64%。其中林业损失最为惨重。全市林木受灾1017.3万亩（其中毛竹139.5万亩、桉树18万亩、松杉521.5万亩、其他树种338.3万亩），经济损失37.1亿元；经济林受灾77.1万亩，损失6.4亿元；苗木受灾2277.5亩；花卉受灾5655亩，经济损失达44.6万元。经估算，林业的损失将会占到全区灾害损失的60%～70%。[④] 资源县农、林、牧、渔业损失巨大。全县农作物和中药材受灾面积达62.7万亩，其中：柑橘类水果冻坏、冻死叶片80%以上，落叶果树因冰雪压坏、压断枝条和开裂、倒伏情况严重，红提避雨棚多被压垮、棚膜被损坏；马铃薯等粮食作物全部冻死，冬种油菜、绿肥普遍受灾；蔬菜亦受灾严重，蘑菇菌种全部被冻死，蔬菜大棚被压塌1800多个；中药材受灾

---

① 黔东南移动分公司编《2008风雪中的铁塔》，内部印刷，2008，第2页。

② 资源县人民政府：《关于全县遭遇雨雪冰冻灾害及积极开展抗冻救灾恢复重建工作的情况汇报》，2008年3月2日。

③ 参见廖理《黔东南州抗击低温雨雪冰冻灾害应急处置工作回顾与反思》，黔东南州人民政府网（www.qdn.gov.cn），2008年4月16日。

④ 国家林业局赴广西工作组郝燕湘、欧国平：《雨雪冰冻灾害广西林业受灾情况调研报告》，国家林业局政府网（www.forestry.gov.cn），2008年2月19日。

面积超过15亩。牧渔业也受到严重损害，全县因灾倒塌栏舍8.3万平方米，死亡生猪18636头、牛16651头、羊10194只、马139匹、家禽17.35万羽，成鱼和鱼苗699吨，4355公顷人工草地被损。而林业的损失更为惨重，灾害给全县的林业造成了毁灭性的打击。全县180多万亩森林面积不同程度地遭到了冰雪危害，林木倒伏、折断、断梢等情况非常严重，相当数量的林木遭到了毁灭性破坏。经初步估算，全县森林覆盖率因此下降15个百分点以上，林业生态将倒退20年。全县因灾造成的直接和间接经济损失超过19亿元，直接经济损失达4.978亿元，其中农业（种植业）直接经济损失1.15亿元，林业直接经济损失1.798亿元，牧渔业直接经济损失0.48亿元，工业直接经济损失0.32亿元，水利直接经济损失0.12亿元，等等。①

第五，人民生活受到极大影响，特别是少数民族聚居的地区，灾情最重时交通几乎全部中断，缺水、缺电、缺米情况严重。冰冻灾害造成黔东南州16个县自来水供应不同程度的中断，其中几个县全面停水。在这些被灾害困住的城市，日常用品急遽提价，粮食、蔬菜、燃料等物品价格比平常高出许多。部分县天然气供应紧张，丹寨、台江等几县因公路不畅已脱销，居民以煤、木柴、木炭、电取代。农村受损电力设施的修复更为困难，至2008年2月中旬全州70%以上的乡镇还没有通电。尽管粮食储备充足，但大多是稻谷，停电无法加工，导致口粮供应发生困难。据相关统计，冰冻灾害造成黔东南全州381万余人不同程度受灾，因灾死亡12人，因灾伤病32478人，紧急转移安置10.78万人，34.67万人饮水困难；因灾倒塌房屋11190间，损坏房屋27448间。② 截至2008年1月27日下午4时，桂林全市冰冻雪灾受灾人口已经达到161.47万人，80.46万人因灾出行受阻，23.91万人饮水困难；因灾倒塌居民住房293户682间，损坏房屋3710间；因灾需口粮救助25.6万多人、救济粮食7125.5吨、衣被救济19.15万多人、衣服23.18万多件、

---

① 资源县人民政府：《关于全县遭遇雨雪冰冻灾害及积极开展抗冻救灾恢复重建工作的情况汇报》，2008年3月2日。

② 《黔东南州民政局抗击雪凝灾害工作总结》，2008年2月29日。

棉被4.5万多床。[①] 资源县自1月18日开始出现物资供应紧张趋势，因为道路交通中断，石油、蜡烛、大米、食盐等物资供应非常紧张，液化气出现脱销现象，一些乡镇加油站的汽油、柴油库存量已经枯竭。同时，因电力中断，碾米机无法工作，导致全县绝大部分农户缺少大米，部分山区农民冒险步行到县城、乡镇购买大米，有的则利用两块木板碾去稻壳。全县自来水供水系统完全瘫痪。据不完全统计，资源县受灾人口达13.6万人，占全县总人口16.8万人的80.9%；因灾倒塌居民住房1152户，4638间，损坏房屋、仓库等1.13万间；因灾需口粮救助3.265万多人、救济粮食1812吨，衣被救济1.82万人、衣被2.24万件，需紧急转移安置人口0.76万人。[②]

第六，地质灾害和次生灾害较为严重。由于长时间遭受冰冻、冻雨和积雪灾害的影响，2008年1月初~2月下旬，灌阳、恭城、全州、资源、龙胜、乐业、钟山、南丹、隆林等10多个县发生地质灾害216起，比2007年同期增加202起。其中，1月12日出现雨雪冰冻灾害以来，发生的地质灾害就达到212起。因地质灾害而受灾人数为2195人，造成2人死亡，10人受伤，直接经济损失350多万元，间接经济损失2700多万元。[③] 2009年2月中旬我们在龙胜各族自治县调查时，也现场查看了和平乡黄洛上组数户居住在山腰的瑶族群众搬迁到山底平地的情况，据桂林市政府应急管理办公室负责人介绍，这是因为2008年雨雪冰冻灾害之后土质软化，遇到降雨即造成坡体下滑，存在极大的安全隐患。

除了上述六个方面以外，还有市政基础设施受损、旅游业及景区遭受破坏等，直接及间接经济损失难以估量。此外，由于正值春节临近，因交通瘫痪、电力中断、信息不畅、物资短缺等造成的一系列连锁反应，给人们带来的心理影响也是不可忽视的。

---

① 桂林市科学技术局：《桂林市遭受罕见雨雪冰冻灾害袭击》，广西科技信息网（www.gxsti.net.cn），2008年2月3日。

② 资源县人民政府：《关于全县遭遇雨雪冰冻灾害及积极开展抗冻救灾恢复重建工作的情况汇报》，2008年3月2日。

③ 韩沛、李欣松：《遭受冰冻灾害，广西发生地质灾害216起》，《南宁晚报》2008年3月2日。

2008年1月贵州省黔东南和广西桂北地区遭受的雨雪冰冻灾害非常具有典型性。在这两个多民族聚居的地区，少数民族人口绝大多数居住在山区村寨，主要从事农林业生产，抵御自然灾害的能力非常薄弱。尤其是雨雪冰冻天气造成整个南方地区的交通阻隔，在外打工的青壮年难以回到家乡，留在乡村的老幼人群连日常生活都非常困难，更不用提抗灾救灾了。特别令人担心的是，这些刚刚经历了雨雪冰冻灾害的地区，从2008年5月下旬以来的一个月时间里又和中国的其他南方地区一样，遭受了连续四轮特大暴雨的袭击，造成了新的洪涝灾害。截至6月16日，强降雨已使广西87个县680多万民众受灾，因灾死亡25人，各地紧急转移近84万人，直接经济损失超过37亿元人民币，其中广西北部的桂林、柳州等地灾情严重。[①] 时隔一年多，从2009年冬开始广西、贵州、云南又逢特大旱灾，直至2010年3月底旱情仍未缓解。显而易见，特大自然灾害频发对当地少数民族经济社会发展的影响是相当严重的，造成的社会危机也是不容忽视的。特别是那些当时没有显现的社会深层的影响和危机，更应该引起足够的重视。

## 二　两地雨雪冰冻灾情危机应对状况

2008年年初的特大雨雪冰冻灾害发生后，中共中央、国务院高度重视，多次作出重要指示和批示，及时对抗灾救灾进行部署。1月27日，国务院紧急召开全国煤电油运保障工作电视电话会议，部署和落实各项保障工作，之后成立了煤电油运和抢险抗灾应急指挥中心，统一调度指挥全国救灾抢险和煤电油运工作并及时通报发布动态信息。1月29日，中共中央政治局专门召开会议研究灾情，全面部署做好保障群众生产生活工作。2月3日，中央政治局常委会召开会议，进一步部署雨雪冰冻灾害抗灾救灾工作，强调要千方百计“保电力、保交通、保民

① 刘万强：《广西暴雨致680万人受灾25人死亡》，中国新闻网（www.chinanews.com），2008年6月16日。

生”。胡锦涛、温家宝等中共中央和国家领导人数次亲临灾区一线，考察指导抗灾救灾工作。

在中共中央和国务院的领导下，国家发改委、铁道部、交通部、民政部、国家旅游局、农业部、国家气象局、中央组织部等公共部门纷纷启动相应的应急预案和机制，制定多项制度和措施，千方百计应对这场重大的雨雪冰冻灾害危机。社会各界大力弘扬“一方有难，八方支援”的优良传统，踊跃向灾区捐款捐物，有关地区还向灾区派出抢险队伍、免费提供救灾物资支持灾区重建工作。受灾地区政府和各部门更是紧急行动起来，组织和领导广大干部及人民群众，全力以赴抗击雨雪冰冻灾害和应对灾情危机。

## （一）贵州黔东南灾情危机应对状况

贵州的特大雨雪冰冻灾害，受到中共中央和国务院的极大关注。胡锦涛总书记、温家宝总理多次对贵州省抗灾救灾工作作出重要指示。2008年1月30日~2月1日，习近平专程赶赴贵州视察灾情，代表党中央、国务院慰问受灾群众，指导抗灾救灾工作；2月2日，曾培炎副总理又亲赴贵州，了解灾情和抗灾救灾情况。中央领导的关怀和指导，对贵州省的抗灾救灾工作起到了极大的鼓舞作用。贵州省政府于1月20日启动应急机制。贵州省委、省政府连续召开紧急会议，明确提出“抗雪凝、保民生”的口号，安排部署全省抗灾救灾工作。

2008年1月13日黔东南全州出现冻雨和低温雪凝天气以后，黔东南州政府及时作出了应急反应，并于1月15日正式启动全州的应急机制，比贵州省启动全省的应急机制早5天。在此期间，正值贵州省人民代表大会和政治协商会议召开，黔东南州委、州政府的许多领导都需要到贵阳参加会议。会议期间，黔东南州委书记和州长分别两次回到凯里组织救灾工作，“他们都是在晚上回来凯里开会，白天到贵阳开会”。1月19日，黔东南州道路交通结冰已经非常严重，主要干道全部封闭，州气象局从此日起到2月13日每天发布全州道路结冰红色预警信号。同时，州气象局及时制定了《低温雨雪冰冻灾害气象应急预案》，全州气象部门进入冰雪灾害Ⅰ级响应机制。1月21日，州气象局召开紧急会议，专门研究冰冻灾害应急处置工作，并决定向州委、州政府建议启动气象灾害Ⅱ级响应机制，得到了州委、州政府的采纳。1月22日上午，州委、州政府组织召开了全州冰冻灾害应急电视电话会议，州气象灾害应急指挥部成员单位及各县市（区）主要领导、分管领导参加了会议。会议分别通报了供电、交通损失情况，并对电力、交通及公共安全等应急处置作了安排部署。会上，宣布启动《黔东南州气象灾害应急预案》，要求各单位从即时起进入冰冻灾害Ⅱ级响应状态，并明确了各成员单位、各县市的职责和任务，要求各级部门狠抓落实，务求实效。

第一，预案启动后，各级部门积极响应，形成了政府主导、部门协调配合、社会共同参与的应对雨雪冰冻灾害的格局。为了加强对抗灾救灾工作的领导，各级党委、政府及时成立了党委、人大、政府、政协及有关部门参与的抗灾救灾工作领导小组和以政府为主的应急处置工作指挥部，构建了州、县、乡、村的抗灾救灾组织领导网络。州、县（市、区）组织的靠前指挥领导小组和各专项抗灾救灾工作组分别由党委、政府主要领导和四大班子领导担任负责人，深入抗灾救灾第一线协调指挥抗灾救灾。州委、州政府组成的5个靠前指挥领导小组和13个专项工作组在深入一线指挥抗灾救灾工作的同时，坚持每天召开一次由党委、政府、人大、政协四大班子领导和州直各有关部门负责人参加的灾害应急处置调度会，研究和解决抗灾救灾工作中遇到的重大问题。尤其是灾情最为严重的时候，四大班子领导亲临灾区指挥抗灾救灾工作，慰问灾民和滞留人员，对稳定民心、坚定全民信心起到了重要作用。各县（市、区）采取四大班子领导包片、部门帮助乡镇、乡镇领导包村、驻村干部蹲点督促等方式开展抗灾救灾工作，实现了抗灾救灾工作横到边、纵到底。第二，及时启动了各级各类应急预案，并按照预案的预先设计和安排有序开展工作。灾害期间，气象、供电部门及时向公众发布气象和大面积停电红色预警，宣传、应急办、交通、供电部门及时通过新闻媒体、移动通信向公众发布防灾减灾、出行安全信息和短信，让公众及时掌握灾情和实施有效防灾措施。随即，各级气象、民政、经贸、供电、交通、建设、交警、石油和铁路、公路运输、卫生医疗企业分别紧急启动了相关应急预案，尤其是州人民政府除了启动《黔东南州气象灾害应急预案》以外，又相继启动《黔东南州自然灾害救助应急预案》和《黔东南州大面积停电事故应急预案》，对于及时有效组织各种力量抗灾救灾发挥了重要作用。在启动预案的同时，根据抗灾救灾实际，对原有预案不断进行完善、提升，如采取每日四大班子召开应急处置调度会等。第三，加强应急值守和信息报告。灾害期间，州、县（市、区）、乡镇（街道）、各重点部门和单位，始终坚持24小时专人值班，实行每日两报和“零报告”制度，确保各级各部门及时掌握灾情动态。第四，广泛开展宣传动员，形成万众一心抗大灾的社会氛围。州、县（市、区）和各乡镇要求全体党员干部和职工站在抗灾救灾第一位，坚守岗位，搞好本职工作。[①] 同时，各县（市、区）、乡镇（街道）、村和社区采取开短会、广播喊话和张贴发放宣传标语、宣传单等方式，发动群众互帮互助，共同抗击自然灾害。[②]

根据中共中央、国务院提出的“保电力、保交通、保民生”的总体要求和贵州省委、省政府提出的“抗雪凝、保民生”的指导方针，黔东南州委、州政府围绕供电、交通、物资供应、通信和城市供水、民政救济、医疗应急救助、社会稳定、金融平稳等关涉民生的问题，具体提出了“八个确保”的要求，组织开展全州的抗灾救灾工作。[③]

一保电通。主要采取了以下应急措施：①州、县（市、区）抗冰保电工作领导小组等应急机构果断实施了中断工业用电，减少用电负荷，确保城镇居民照明用电。②组织10余万人（次）对损毁电力设施实施应急抢修，不惜一切代价保障自治州首府凯里市供电、保障各县城供电。在凯里发电厂脱离国家主网的紧急情况下，采取有力措施保障凯里发电厂机组

---

① 据我们的了解，全州只有1名干部（凯里市经济开发区负责人）在抗灾救灾期间无法取得联系，因而受到行政处分。

② 本段内容参见廖理《黔东南州抗击低温雨雪冰冻灾害应急处置工作回顾与反思》，黔东南州政府网站，2008年4月16日。

③ 以下相关内容参见廖理《黔东南州抗击低温雨雪冰冻灾害应急处置工作回顾与反思》，黔东南州政府网站，2008年4月16日。

正常运转，并克服重重困难向兄弟自治州黔南州首府都匀市供电。③组织地方小水电企业积极发电，向停电灾区输送电力，解决群众生活用电困难。④紧急调运和购买柴油发电机430余台，投入发电，恢复部分停电县、乡供电。截至2008年2月6（除夕）日20时，全州17个县（市、区）城区、205个乡镇所在地全部恢复供电。在“抗冰保电”的过程中，尤其让黔东南人民难以忘怀的是湖南、广西、成都军区以及省内兄弟地区、单位和友人给予的无私帮助和支持。

二保路通。一是成立了全州交通运输保畅应急指挥部，统筹协调安排运力、道路防滑除冰和运输安全工作。二是切实做好外出务工人员和学生护送返乡工作，确保民工、学生安全顺利返乡过年。州及各县（市、区）组织交通、公路、交警部门在沿线公路铺沙撒盐，组织民政、卫生等部门为滞留人员和返乡民工学生免费提供食品、药品、衣物等救援物资。全州共出动车辆1.7万驾（次），出动路面防滑施工人员4.47万人（次），铺撒防滑沙5.9万吨、防滑盐4000多吨，安全护送民工、学生26.32万人。在铁路因停电造成客运列车和大量旅客滞留的时候，全力组织各部门和沿线县市紧急救援和安抚滞留人员，维护铁路治安秩序，并为滞留旅客及时送去大量食品、饮用水等物资。截至2008年2月8日，全州境内高速公路已全线开通，国、省干道恢复通行，89条县道、81条乡道已基本通行，全州公路客运班线已基本开通，恢复正常营运，已无滞留旅客。

三保物资供应。一是成立了保障物资供应领导小组，负责协调安排全州急需紧缺物资的货源组织和调运工作。二是全力加强对粮食、肉类、食用油、蔬菜、燃煤、液化气和燃油的组织调运。截至2008年2月9日，全州共组织调运大米1400吨、肉类1450吨、食用油500吨、蔬菜1200吨、燃煤10324吨、液化气380吨、燃油（汽、柴、煤油）5005吨。各县（市、区）生活生产必需物资货源基本能够满足供给。三是启动了市场物价临时行政干预措施，严厉打击哄抬物价等不法行为，维护市场价格稳定，同时对农村困难户、城镇低保户实行政府低价和限量销售大米和肉类等生活必需品，全州市场价格基本正常，未发生异常波动现象。

四保通信和城市供水。成立了州、县（市、区）受损通信设施抢修工作和城市供水工作协调领导小组，全力组织抢修受损通信设施和供水管网，保障通信联络和城镇居民生活供水。灾害期间，全州共投入抢修通信设施人员9344人（次），资金7700万元，投入城镇供水管网抢修人员3700人（次），资金150万元。

五保民政救济。全州大力做好救助救济工作，对困难群众实施紧急救助救济。据不完全统计，全州民政系统共发放救灾资金9974.2万元，投入物资折款9690万元，紧急转移人口10.32万人，救助31.22万人。保证了大灾之年困难群众的生活和弱势群体有衣穿、有饭吃、有病得到医治，凝冻期间未发生一起因灾得不到救助而死亡事件。

六保医疗应急救助。在整个应对灾害期间，全州卫生部门确保紧急药品保障到位，确保在任何情况下有氧气和血液可输，有药可用。

七保社会稳定。由于全州普遍受灾，特别是除凯里城区和部分县城勉强维持供电外，全州95%的乡镇和100%的农村停电，给社会管理和治安维护带来了前所未有的困难和压力。为此采取了应对措施：①加强值班备勤力量，加大巡逻防范力度，强化对社会面的控制，密切掌握面上动态，严防发生各类利用灾情进行破坏、哄抢、偷盗等违法犯罪活动或因自然灾害引发的治安事件。②各级公安交警部门把抓安全、保通行、服务好作为重要任务来抓，切实加强对危险、重点路段和拥堵路段的指挥疏导工作，防止长时间、长距离的拥堵。对于运输鲜活农产品、煤炭、燃油等物资的受阻车辆，尽快疏导放行。③制定《关于凌冻期间出现以凯里地区为重点的全面断电突发紧急事件应急工作预案》。由于采取了上述措施，在抗灾救灾期间，全州社会稳定，人民群众生产生活秩序井然，涌现了被国家公安部追授为二级英模的欧光权和优秀共产党员吴声海、郑美鹏、李茂明，红军师战士尹德健、张世勇、李乾波等为代表的一批英雄人物和许多可歌可泣的感人事迹。

八保金融平稳。在大面积停电状况下，全州金融业实现了自配电源，保障了汇兑正常。对一些因停电造成群众汇兑困难的乡镇，地方政府和金融部门想方设法派出专门人员上门服务，确保了群众及时汇兑。

雨雪冰冻灾害期间，广大农村地区由于灾情严重和基础设施条件落后，抗灾救灾工作遇到了较大的困难，体现了基层应急处置的特色。仅以黄平县重安镇为例。该镇位于黄平县南部，距离县城21千米，离州府凯里30千米。全镇总面积109平方千米，共辖30个村（居委会），总人口4万多人，少数民族人口占总人口的72%，是少数民族聚居的古镇。该镇从2008年1月13日开始遭受低温冰雪灾害，持续了25天。全镇全面停电；自来水管破裂2万多米，全镇人口及4000多头大牲畜饮水困难；交通中断19天；物资紧缺，无燃料（煤、炭、气等），无蜡烛、电筒；取暖困难。农作物受灾1.2万亩，特别是油菜受灾达6000多亩，直接经济损失达240万元。由于停电，群众取款困难，无法购买物资，造成生活极为困难。

灾害发生后，重安镇人民政府启动了《重安镇重特大自然灾害应急预案》，全力投入救灾和救济工作。镇党委、政府干部分头入村，把受灾情况统计汇总后上报县政府。干部分工协调，组织抗灾救灾。有的协调电力部门尽快恢复电力供应；有的协调金融部门尽快恢复正常营业；有的跋山涉水将救灾款物发放到受灾民众手中，对困难群众进行救助和慰问。在一些交通条件较差的村寨，动员村里两委及时了解村民的困难，及时向县委县政府汇报，做到每天一报，包括领导的在岗情况。为解决村民无电碾米的困境，镇政府将柴油发电机送到农村，每4个村发放一台。由于工作比较到位，在冰雪灾害期间，该镇无灾民饿死、冻死现象，没有一起人员伤亡事故，灾民生活平稳，群众于春节前可取款购买生活物资；至2008年1月31日，城镇恢复供电和主管网供水。到2月中，全镇大多数村庄恢复供电，人民生产生活基本恢复正常。

由于重安镇地处黄平南大门，是县城通往凯里的必由之路，因此，交通安全成为重安镇抗灾救灾的重点工作之一。为此，镇政府成立了重安镇道路交通安全工作临时领导小组，由镇长任组长。他们采取了几项措施，一是加大宣传力度，通过广播、标语、宣传单等广泛进行加强交通安全的宣传；二是加强巡逻，实行24小时值班制度；三是设卡封路，加强道路交通安全的监管。同时，他们还与公路部门配合，保畅通，为全县运送燃油和救灾物资努力。镇上当时设有一个接待站，为过路人员提供必要的救助，都是无条件、免费的救助，持续了10多天。①

## （二）广西桂林灾情危机应对状况

广西遭受严重雨雪冰冻灾害以后，中共中央和国务院领导都亲自打来电话，对自治区抗灾救灾工作作出重要指示。在抗灾救灾最为关键的时刻，胡锦涛总书记深入广西桂北的资源等地，看望慰问广大干部群众，指导抗灾救灾工作。

面对几十年一遇的特大自然灾害，广西壮族自治区党委、政府分别于2008年1月23日、25日、31日启动救灾Ⅳ级、Ⅲ级、Ⅰ级响应，交通、公安、交警、气象、农业、电力等有关部门也纷纷启动相关预案，落实24小时值班和领导带班制度，随时关注天气变化情况，密切跟踪灾害发生过程，按日报告制度上报信息。有关部门加强监测预警，做好气象等有关信息发布，通过多种手段向社会公众发布道路结冰黄色、红色预警信号，扩大群众知情范围。受灾的市、县（市、区）都立即启动了本级响应的应急预案。为了切实加强组织领导工作，1月26日成立由自治区党委书记、政府主席为组长的抗击冰冻灾害工作领导小组，统一协调指挥。自治区党委、政府领导分别率领工作组深入一线指挥抗灾救灾，各有关部门也派出几十个工作组分赴桂北和桂西北等重灾县市。1月31日，自治区成立抗灾救灾一级响应机制指挥中心，同时启动抗灾救灾Ⅰ级响应机制。由自治区的一个副主席主持指挥中心工作，指挥中心办公室根据雨雪冰冻灾害特点设应急值班、材料、物资保障三个小组：由自治区人民政府总值班室牵头，负责上传下达、信息收集工作；由自治区人民政府办公厅第四秘书处、应急管理办公室应急管理处牵头，负责应急材料工作；由自治区人民政府办公厅第二秘书处、应急办应急处置处牵头，负责应急物资保障和生活保障工作。Ⅰ级响应机制启动后，自治区党委书记、自治区主

① 2009年1月14日对重安镇有关领导的访谈；参见《与冰魔斗争的一只雄鹰——黄平县重安镇人民政府抗冰雪灾先进材料》。

席立即带队深入灾情最严重的地方指挥抗灾救灾。自治区党委、政府、人大、政协及广西军区、武警总队等领导也带队分赴各灾区指导抗灾救灾。

灾情发生后，全区各级迅速启动应急响应机制，组建应急指挥中心，制定应急预案和措施。由于发生这样持续性的雨雪冰冻灾害在新中国成立以后的广西还是第一次，许多地方都没有处置经验。因此，广西壮族自治区党委、政府提出了抗灾救灾工作要坚持“以民生为要、以民生为重、以民生为先”的总原则。广西区党委多次召开常委会和全区动员会，对全区抗灾救灾工作进行部署，强化各级部门的领导职责，全面落实各项工作措施，做到人员到位、责任到位、措施到位、物资到位。自治区人民政府及时下发通知，要求各级政府高度重视，切实负起责任，按照属地管理的原则，把做好这次雨雪冰冻灾害应对工作作为当前最紧迫的工作抓紧抓实。特别要求灾情严重的桂北、桂西北地区各市、县、乡主要领导必须亲自指挥，动员全体干部行动起来，到受灾群众中去，调动一切力量投入抗灾救灾，以确保受灾群众“四有”（即有饭吃、有防寒衣被、有病能及时医治、有避风寒的稳固住所）为目标，做到救灾救助“四不”（即不漏一村、不漏一屯、不漏一户、不漏一人），切实保障人民群众生命财产安全和社会秩序稳定，绝不能因工作不到位而因灾饿死一人、冻死一人。灾情不解除，各级领导不得离岗。①

面对突发的特大自然灾害，桂林市委、市政府迅速开展应急处置工作。桂林市及时启动了桂林市人民政府突发公共事件总体应急预案，各部门也及时启动各专项应急预案。1 月 18 日启动了“桂林市自然灾害救助应急预案”Ⅲ级响应机制，各县区、各部门也全面启动各项应急预案；1 月 23 日，将灾害响应机制提升为Ⅱ级，突发公共事件信息报告制度实行一天一报；根据灾情的发展，1 月 28 日全市进入抗灾救灾紧急状态。2 月 21 日，桂林市终止抗灾救灾紧急状态，由应急抢险抗灾转入全面恢复重建阶段。全市启动应急预案的部门包括民政局、市公安局、市政公用事业

---

① 广西抗击冰冻灾害工作协调小组办公室编《广西抗击冰冻灾害应急指挥实战录》，内部印刷，2008 年 6 月，第 18 页。

管理局、市发改委、桂林供电局（以上均为一级）、市农业局、市旅游局、市交通局、市卫生局等。

为领导全市人民抗击雨雪冰冻灾害，桂林市成立了由市委、市政府领导任正副组长的抗灾稳定工作领导小组，负责组织全市抗灾和社会稳定工作。领导小组下设综合协调、道路交通、石油供应、医疗救助、交通管制、社会稳定、生活物品供应、通信保障、灾民救助、供电保障、市政设施维护管理、宣传报道 12 个工作组，具体负责抗灾救灾各项工作。领导小组办公室由 20 多个部门和县区抽调的 50 多名人员组成，具体负责协调全市应急抢险救灾工作。办公室人员实行 24 小时值班，及时将灾情和需要协调解决的事宜上传下达，以确保全市抗灾救灾各项工作运转有序。各县区、各有关部门也成立了专门的灾情信息报告值班机构，设置专职信息报告人员并实行全天 24 小时值班制。及时启动突发公共事件信息报告机制，实行灾情动态和恢复重建零报告制度，克服通信、交通中断等困难，确保各种灾情信息一天一报，重大事件和紧急情况随时上报。同时，由市领导带队，派出 6 个工作组、督察组深入一线指导应急抗险救灾。

按照广西壮族自治区党委、政府的总体要求以及桂林灾情的主要特点，桂林市应急处置工作紧紧抓住重点，取得了实效。第一，千方百计保供电。成立了市领导任组长的桂林市电力协调委员会，派出工作组到受灾严重的桂北四县督办指导供电抢险工作。在桂林电网与广西电网解列，面临全城停电的危急时刻，启动了广西首个电网孤网运行方案，利用唯一能给市区输电的永福电厂保市区部分供电，全市组织了 88 家单位和企业参加调节用电负荷机组运行，紧急调运 10 万多吨煤保障永福电厂发电，还制定了城市大面积停电等各种应急预案。迅速落实资金购买 1000 多台柴油发电机发放到受灾县乡及市直有关部门。协调广州军区陆航部队出动直升机巡查路线、运送抢修器材和物资，组织了 1 万多人进行日夜抢修。在自治区政府领导的亲自指挥下，经过全市干部群众的共同努力，终于打了一场漂亮的“桂林供电保卫战”。2008 年 2 月 6 日除夕夜，除资源县外桂林电网恢复供电；2 月 10 日，桂林电网与广西主电网相连的 3 条线路全部修复，全市所有县城基本恢复居民生活用电。

第二，责任落实保交通。按照中央政府和自治区政府的指示精神，桂林市切实把保交通畅通作为保障抗灾救灾工作顺利进行、保障群众基本生活的重要基础。灾情发生后，桂林市启动了公路应急预案，公路、交通、公安、交警等部门实行24小时值班，有关部门共投入780万元救灾基金，研究制定了多套应急抢修保畅通的方案。同时，牢固树立全国“一盘棋”的思想，派出大量人力、物力，做好分流京珠高速等公路转道桂林的车辆、因灾滞留人员和司乘人员的安置工作。经过20多天的日夜奋战，终于使20多万台过境车辆、30万人次滞留人员顺利分流，为打通湖南到广西、广东的通道，缓解交通拥堵状况做出了贡献。

第三，包村盯人保民生。按照自治区的要求，桂林市根据属地管理的原则，分片包干，开展排查和救援工作，全市共有17150名干部进驻1万多个乡镇、村、屯，保证每个自然屯至少有1名干部驻村包屯。特别是对断水、断电、断通信以及高寒边远山区的村屯重点排查，动态掌握受灾地区信息。同时加大力度对受灾群众实施救援，重点加强对高寒边远山区村屯的救灾工作，适时将一些灾区群众转移到较大村屯或条件较好的地方临时安置；对五保户及老幼病残孕等人群实行特别照顾，对确有需要转移的五保户、困难户等弱势群体立即转移；对道路不通的重灾点实施救灾物资空投，保证群众安全度过灾期。为防止出现意外情况，2月3日再次对灾情进行了拉网式排查，对排查出的情况及时采取应对措施。抗灾救灾期间，市政府协调驻军出动飞机23架次转移群众4500人次，空投衣被、食品等物资20多吨。全市安排救济粮食0.53万吨，口粮救济人口36.15万人次，发放衣被35.48万件（套），衣被救济人口28.45万多人次。市、县卫生系统派出医疗救治、卫生防疫和卫生监督队伍262支、医务人员2170人次支援灾区，累计救治伤病员130570人次，发放药品价值约28.85万元。[①]

---

① 以上相关材料参见桂林市人民政府《桂林市完善突发公共事件应急预案情况汇报》，2008年8月7日。

第四，加强预防处置突发事件，尽力维护社会稳定。桂林市公安局要求各单位密切关注社会动态，利用各种渠道对雨雪冰冻灾害引发的突发事件或可能影响社会稳定和治安秩序的动态及信息进行监控、收集，并作出预警性分析研判，强化对不稳定因素特别是受灾严重地区不稳定因素的排查和调处；要求各县局充分发挥乡镇派出所情况熟、地形熟的优势，派出专人对所有村寨特别是道路、通信、供电中断的村寨进行拉网式排查。根据要求，各地各单位掌握了大量的情报信息，这些情报信息不仅为党委政府决策提供了帮助，而且公安部门也据此进一步健全完善雨雪恶劣天气条件下的道路分流预案，得以迅速有效地组织好交通疏导；并及时洞察到冰雪霜冻封路造成大批返乡人员滞留可能对社会治安稳定造成的影响，制定出专门的防控措施。同时，通过对大量第一手灾情信息的研判，公安部门设想到停水断电对人民群众生产生活、生命财产安全和社会安定构成的严重威胁，制定了《雨雪冰冻灾害市区断电期间维护社会稳定应急工作预案》，在全市限电、停电当天，桂林市公安局负责人陪同市领导在公安局指挥中心坐镇指挥。灾害期间，要求各单位特别是受灾严重辖区的公安机关加强巡逻防范，强化社会面的管控，尽可能把警力摆在街面上，提高见警率，尤其是加强灾情严重，道路、通信、供电、供水中断地方的巡逻守护和主要民生设施抢修现场的守护，最大限度地增强人民群众在非常时期的安全感，增强打击现行犯罪的力度，确保社会治安大局稳定。另外，还加强各个看押场所的安全工作，加强对人犯的人性化管理，防止因情绪不稳出现冻伤、冻死、暴狱、逃跑。抗灾救灾期间，桂林灾区治安大局稳定，没有发生重大刑事案件、治安案件和交通事故。[①]

### （三）经验总结

“天道无情人有情”，在中共中央、国务院和地方政府的领导下，广大灾区干部群众众志成城，团结一致，经过一个多月的奋战，有效地应对

① 桂林市公安局：《桂林市公安局关于2008年初抗冻救灾工作情况汇报及建议》，2008年8月6日。

了雨雪冰冻灾情危机，最大限度地降低和减少了灾害造成的各种损失和社会影响，基本实现了各级政府制定的抗击雨雪冰冻灾害的方针和目标。这次特大灾害是新中国成立以来贵州黔东南和广西桂林遇到的最为严重的突发事件，发生时正值《中华人民共和国突发事件应对法》颁布实施不到两个月。从现代公共管理学角度看，这场灾害既是对两地应对重大突发事件机制的一次全面检验，也是一次考验。通过对贵州黔东南和广西桂林两地雨雪冰冻灾情危机应对过程及状况进行考察，我们认为可以总结出一些有益的经验。

第一，党和政府主导的应急指挥体系，是应对重大灾情危机的强力保证。

中华人民共和国成立以来，走出了一条具有中国特色的应急管理道路，其中一条主要经验就是党和政府的组织和领导。党中央、国务院的英明决策和坚强领导，各级党委、政府的认真负责和靠前指挥，社会主义制度和国家的政治优势、组织优势，是应对重大突发公共危机的强力保证。2008 年年初发生的雨雪冰冻灾害说明，在现行的体制下，若没有党委、政府的高度重视和强有力的组织、管理，救灾工作是很难有效开展的。

从贵州黔东南和广西桂林应对雨雪冰冻灾情危机的状况中，我们可以看到，随着我国应急管理体系建设的开展，地方各级党委、政府领导应对意识得到加强。灾害发生后，各级政府和相关部门及时向公众发布预警，启动各类相关应急预案，成立相应指挥机构，分管领导赶赴灾区现场。同时，应急领导小组或指挥机构设置比较健全合理，有利于统一指挥和各方协调合作。从市到县区到各部门，各领导小组又下设了数个小组，包括了应对灾害危机的方方面面，责任具体化，各司其职，提高效率。特别是桂林市抗灾稳定工作领导小组下设 12 个工作组，十分全面；领导小组办公室人员从 20 多个县区抽调 50 多人组成，便于与灾区联络沟通，很有独创性。在灾情进一步升级时，州市、县（区）、乡镇（街道）、村（社区）的领导和干部都奔赴灾区，落实责任，层层分包，具体到每个自然屯都保证有人负责，灾区组织领导和协调能力提升到了一个从未有过的新的层面，这对稳定人心、鼓舞斗志起到了极为重要的作用。在如此严重的自然灾害面前，两地都没有出现社会恐慌和骚乱等现象，充分体现了当地党委和政府的救灾和管治能力。

在灾情极为严重的资源县，政府主导的抗灾救灾模式堪称典范。灾情发生后，资源县委、政府成立了以县党委、政府、人大、政协主要领导任指挥长的抗灾救灾指挥部，下设交通通信保障组、交通安全保障组、电力应急保障组、物资保障组、宣传报道组、综合协调组、后勤服务保障组等九个组，并及时组织县公路、交通、电力、通信、公安、农业、安监等相关部门的领导按照各自的职责分头开展工作，组织全县干部群众齐心协力做好抗灾和生产自救工作，尽最大努力保证灾民有饭吃、有衣被、有住所。随着灾情的发展，资源县要求县委、政府、人大、政协的领导班子和各级领导干部做好持久抗战的准备，坚守岗位，不能随意离开岗位，更不能外出，要与全县人民一起过春节。从2008年1月24日开始，县委、政府从县直单位抽调年龄在50岁以下，身体健康、责任心强的1000多名干部与各乡镇的230多名乡村干部一起深入村屯，按照“不漏一村、不漏一屯、不漏一户、不漏一人”的原则，开展拉网式的灾情调查和抗冻救灾指导工作。县委、政府、人大、政协领导按照分工分成小组分别到各乡镇指导抗冻救灾工作。同时，还成立督察组深入各乡镇，重点督察领导是否到岗、责任是否到岗、经费是否到位、经费是否保障、措施是否落实、督促检查是否到位。[①] 在整个抗冻救灾中，广大党员、干部不怕困难，认真履行职能，通力协作，密切配合，做了大量卓有成效的工作。

由于灾情严重，从中央到地方的各级主要领导先后深入资源视察灾情，指导资源进行抗冻救灾工作。特别是2008年2月6日，正值农历大年三十，胡锦涛总书记在自治区领导的陪同下，来到资源县视察灾情并开展走访慰问活动。胡锦涛总书记与奋战在抗冻救灾一线的道路、电力抢修人员亲切交谈，对他们春节期间舍小家顾大家的崇高精神给予充分肯定。他还深入受灾严重的中峰乡八坊村竹子水屯，在村民颜德发家与当地干

① 参见桂林市人民政府《桂林市完善突发公共事件应急预案情况汇报》，2008年8月7日。

部、群众进行了亲切交谈，详细询问了群众当前的生产生活情况，鼓励大家振奋精神抗灾救灾，并给受灾群众带来了党中央、国务院的问候和慰问金及慰问品。[①] 党和国家第一领导人亲自深入抗灾救灾基层一线，极大地激励了灾区及全国广大干部群众抗击雨雪冰冻灾害的斗志和干劲。

第二，部门协调配合的应急处置机制，大大提高了灾情危机应对的成效。

在雨雪冰冻大灾面前，贵州黔东南和广西桂林各县市（区）之间、部门之间、地区之间、军地之间、军民之间协调配合的应急处置机制，在抢险救灾、资源调配等方面表现出了相应的效力。

一是各级政府和相关部门都较为及时地启动了应急预案，特别是与灾情特点关系密切的气象、交通、公安、交警、公路等各部门专项预案的及时启动，对救灾工作非常重要。由于这次雨雪冰冻灾害在两地都是几十年一遇，具有极大的突发性质，各部门原有的应急预案难免缺失，因此许多部门及时制定了具有针对性的专项应急预案。例如，黔东南州气象局共有各类预案 13 个，面对开始发生的雨雪冰冻灾害，又于 2008 年 1 月 14 日紧急制定《低温雨雪冰冻灾害气象应急预案》，进一步规范了冰冻灾害的应急处置程序，并根据灾情的发展于 1 月 19 日启动该《低温雨雪冰冻灾害气象应急预案》，全州气象部门进入冰雪灾害Ⅰ级响应机制；中国移动通信公司黔东南分公司按“特殊时期，特殊处理”的原则，从电力、核心网络等方面制定了《黔东南移动抗击冰凝保核心机房应急预案》，又称“分分钟预案”，以应对特大雪凝灾害，保障移动网络的完全运行；为防止桂林地区电网出现全“黑”，桂林供电局于 2008 年 1 月 30 日制定了《2008 年桂林电网黑启动方案》《桂林网孤网运行方式安排及机场保供电方案》，于 2 月 4 日制定了特级保供电方案，全面应对突发事件。

二是灾害信息的报告、分析汇总和发布比过去快速、透明，反应更为灵活。在整个抗灾救灾期间，党政机关、企事业单位及人民团体等，都积极主动根据应急指挥中心的要求报告和发布相关信息，并积极参与和配合

---

① 资源县人民政府：《关于全县遭遇雨雪冰冻灾害及积极开展抗冻救灾恢复重建工作的情况汇报》，2008 年 3 月 2 日。

做好各项抗灾救灾工作。各级应急指挥协调机构认真履行职能，不分昼夜工作，积极当好参谋助手，其接报、综合分析处理的信息量之大也是从未有过的。媒体积极进行连续报道，在政府与公众之间架起了顺畅沟通的桥梁，满足公众的知情权，在抗灾救灾中发挥了独特的作用。特别是气象、交通、公安、物资等一些关键部门，大大强化了情报信息的分析研判工作，对抗灾救灾的顺利进行和维持社会稳定起到了重要的作用。例如，抗灾期间，桂林市公安机关密切关注社会动态，广布触角对可能影响社会稳定和治安秩序的情况信息进行监控和调处，并作出预警性分析研判，及时向上级汇报，以有效预防因灾引发的突发事件和群体性事件。根据掌握的信息，桂林市公安机关及时端掉了一处专门敲诈因道路封闭滞留途中的返乡民工的黑窝点；及时化解了部分企业军转干部拟于抗灾期间进行大规模集会的活动。①

三是顾全大局，相互支持，相互支援，涌现出许多动人的事迹和故事，使抗灾救灾工作取得了更好的成效。按照中央领导关于“湖南到广西、广西到广东”的通道指示精神，桂林市组织发动了大量的人力物力，做好分流从京珠高速等公路转道桂林的车辆、因灾滞留旅客和司乘人员的安置工作，为缓解相关省区交通拥堵状况做出了巨大贡献。而“桂林供电保卫战”也是在自治区、南方电网、广西电网以及桂林市各有关部门、企事业单位和广州军区的大力支持下，采取有力措施举全市之力进行的。贵州黔东南丹寨县是受灾严重的地区之一，全县交通、通信和物资供应都受到了很大的破坏，然而当得知州府凯里市的蔬菜供应出现困难时，丹寨县政府在恒达公司的配合下，组织干部群众在冰天雪地中挖取了70吨白萝卜无偿运往凯里，及时缓解了凯里市蔬菜供应的紧张局面。② 灾情期间，各地之间的物资调配、技术支援等事例，数不胜数，充分反映了灾区政府和人民在灾难面前顾全大局的胸怀。2008年1月30日，贵州省向广西紧急求助蜡烛、手电筒、电池等物资，尽管这些物资是广西救灾的急需品，但是考虑到贵州当时灾情比广西严重，广西毅然于当天调运5万对电

---

① 桂林市人民政府：《桂林市完善突发公共事件应急预案情况汇报》，2008年8月7日。

② 中共丹寨县委、丹寨县人民政府：《丹寨县2008年应对雪凝灾害工作情况汇报》，2009年1月11日。

池、1.5万支蜡烛和一批手电筒供应贵州，并组织了200多人的电力技术人员支援贵州抢修电力线路。[①]

四是军地协调，共渡难关。由于受灾群众大部分居住在山区，不少地方交通、通信中断，救灾任务十分艰巨。在抗灾救灾过程中，人民解放军、武警、公安部队和预备役民兵发挥了重要作用，成为处置重大突发事件的突击和骨干力量。例如，广西军区、驻桂部队、武警广西总队、广西边防总队官兵充分发挥救灾主力军作用，想地方之所想、急地方之所急，发挥部队优良作风，积极主动参与地方救灾，完成了许多急难险重任务。据初步统计，桂林驻军和武警部队累计出动官兵17289人次、民兵预备役人员37600多人次，派出各种车辆2968台次参加抗灾救灾，转移安置受灾群众4500余人，支援防滑链、帐篷等物资5000多件（具），协助修缮高压电线铁塔30余座，抢修输电线路750余千米、通信线路900余千米，清理积冰道路800余千米，运送大米、棉被（服）等救灾物资5600多吨、发电机950多台，有力地支持了抗灾救灾工作。[②] 除此之外，还有空军出动大型运输机8架次、人员795人次、车辆23台次执行广西的抢险救灾物资运送任务。[③]

第三，社会共同参与的群策群力抗灾模式，体现了社会主义制度的优越性和我国救灾工作的优良传统。

在应对雨雪冰冻灾情危机的战斗中，灾区人民在全国的支持下，万众一心、众志成城，团结互助、和衷共济，共同应对这场重大自然灾害。各部门应急服务工作人员临危受命，奋力争先，甘于奉献；广大电力、交通、公安、通信、卫生医疗系统等工作人员及人民解放军、武警消防官兵、民兵预备役表现出了连续作战、不怕牺牲的可贵精神；众多滞留人员的理解、服从、配合和参与精神令人感动。同样的，发生在乡村基层的千

① 广西抗击冰冻灾害工作协调小组办公室编《广西抗击冰冻灾害应急指挥实战录》，2008年6月，第28页。

② 桂林市人民政府：《桂林市完善突发公共事件应急预案情况汇报》，2008年8月7日。

③ 广西抗击冰冻灾害工作协调小组办公室编《广西抗击冰冻灾害应急指挥实战录》，内部印刷，2008年6月，第10页。

千万万个普通百姓的自救与互助行为也值得敬佩和赞扬。黔东南的一位苗族群众说，“灾害发生后，因为没有电，心里还是很着急。乡干部宣传说停电是因为高压线倒伏，并安慰说开春后就恢复供电。2008 年腊月二十五，为了抢修线路，本村每家都出劳力挖电杆洞，大家的积极性很高，每天从早上 9 点一直干到晚上 9 点，而且从村里出发到工地，要走 50 多分钟，饭都是带到山坡上吃。自己当时干了 3 天，每天都是抬电杆，拉电线，挖杆洞。当时有的人家杀年猪请去帮忙我都没去，我说等电灯亮了再杀也不迟。我不是党员，但是积极分子，家境在村里属于中等以下”。[①] 汶川地震发生后，黔东南各族干部群众捐助了 2000 多万元，说明经历了雨雪冰冻灾害后大家的大局意识明显提高了。[②]

第四，突出重点保民生，保障了人民群众的生命财产安全，维护了灾区社会稳定。

民生和社会稳定问题是近年来中共中央和人民政府非常重视的问题，反映出党和政府坚持“以人为本”的治国理念。在这次特大自然灾害面前，民生和社会稳定同样成为关注的重点。做好救助救济工作，是保民生的首要措施，也是我国救灾工作的主要形式和内容。特别是对于五保户、老幼病残孕等特殊人群，他们抵抗灾害的能力很弱，容易在灾害中受难。因此，在抗击雨雪冰冻灾害战斗中，从中央到地方都提出了保民生的要求，并及时下拨各类救助救济资金和物资，其数目数量之多，在近几十年来救助救济工作中并不多见。截至 2008 年 2 月 2 日，广西全区已下发救济金 5356.93 万元，发放棉被 20.46 万床、棉衣 17.4 万件、衣服 61.1 万套、鞋 3.6 万双、大米 8957.5 万吨，共救助灾民 1264 万人。民政部紧急调拨的 10 万床棉被、49700 件棉大衣已有 75075 床、37230 件运至广西。自治区民政厅紧急采购 2.5 万床棉被、1.1 万件棉衣、4 万双防寒鞋准备下拨到灾区。[③]

---

① 2009 年 1 月 12 日对丹寨县南皋乡石桥村簸箕寨村民王化生的入户访谈。

② 2009 年 1 月 7 日上午对黔东南州人民政府应急管理办公室干部的访谈。

③ 广西抗击冰冻灾害工作协调小组办公室编《广西抗击冰冻灾害应急指挥实战录》，第 8 页，2008 年 6 月。

保民生的另一个关键问题就是保障物资供应和物价稳定。两地政府对稳定物价做了大量工作，及时调拨物资，要求必须将物价控制在灾前水平；对五保户、孤寡老人、下岗职工等弱势群体，平价供应肉、蔬菜等生活品。灾害前期黔东南曾经发生物资紧缺和物价上涨的现象，黔东南州各级党委、政府积极采取应对措施，以保证大米、猪肉、食用油、蔬菜等生活必需品供应基本正常。凯里市专门组织机动运输车17辆随时候命调运蔬菜、猪肉等物资供应。截至2008年2月2日，全州库存粮食27310吨、商品粮8540吨，可基本维持全州正常生活需要；库存食用油322吨，可供22天。① 有些商人高价售卖蜡烛、木炭，想趁机大捞一把，但很快就被平抑。②

第五，积极采取灵活有效的应对方式和措施，科技减灾的重要性得以体现。

在应对灾情危机的过程中，各级政府和相关部门根据实际情况，广开思路，积极采取灵活有效的应对方式和措施，取得了良好的效果。例如，两地气象部门都通过网络、新闻媒体、手机短信、电子显示屏等途径发布气象信息，提醒社会公众做好抗灾准备。黔东南州气象局除了每日两次定时通过专题材料、电视、互联网、手机短信、电子显示屏等发布气象信息外，还与广告媒体合作，在凯里市商业中心、州政府大楼、车站等广告显示屏上不定时发布重要冰冻灾害信息，每三小时滚动发布一次全州气象实况，并与通信运营商协调，通过通信运营商短信平台无偿为全州所有移动、联通及电信（小灵通）用户提供气象信息，引起各级部门和广大市民的高度关注。③

两地政府及有关部门在通信、信息和宣传方面，充分运用了科技减灾手段，特别是通过手机短信的方式与全社会互动。在灾情严重的丹寨县，从1月18日～31日党报党刊被阻断、闭路电视断播、电信网络中断，丹寨县移动通信公司配合县委宣传部将县委、县政府的抗灾工作举措、天气

① 《中国腾讯网专访贵州省黔东南州抗冰救灾》，http：//news. qq. com，2008年2月2日。

② 2009年1月7日上午对黔东南州人民政府应急管理办公室干部的访谈。

③ 黔东南州气象局：《低温雨雪冰冻灾害应急处置评估报告》，2008年2月14日。

预报信息和党中央、国务院、各级党委政府的问候以短信的方式发送给群众，冰冻灾害期间免费为县委、县政府和供电等有关部门发送短信20多万条。① 广西移动也加强了自身网络系统的全天候监控，借助农信通、政务通和自身短信平台，向公众及时发送天气预警和道路安全信息，确保相关部门的抢险救灾信息第一时间传递到群众手中。中国联通广西分公司给全区用户发出了“雨雪天气，路面湿滑，驾驶机动车务必控制车速，慢提速、慢刹车、慢转向。开往广西北部山区道路的车辆应准备好防滑链。近期天气寒冷，请您出行时留意路况并添衣保暖”等这样一些手机短信提示，为广大人民群众服务。② 两地的通信部门还采取多种措施开展便民服务，在车站、机场、码头、营业厅、基站、政府大楼等地设立“亲情服务站”，提供免费的爱心电话、饮水、充电等多项服务，以解旅客和人民群众的燃眉之急。仅仅是丹寨县移动通信营业厅，就免费为群众充电3万次以上。③

在乡镇村寨，由于交通阻隔、电力和通信中断，广大干部群众充分发挥民间智慧，不怕苦不怕累，利用传统方式进行信息排查、报送和抢险救援工作。抗灾救灾期间，两地许多领导和干部都是步行深入基层一线，查看灾情，指导抗灾救灾工作；或是手提肩扛将抗灾救灾物资送到灾情严重的村寨。例如，贵州黔东南雷山县西江镇在灾害期间曾停电14天，交通也中断，信息的传达主要靠步行，从镇里到县城报送灾情要步行一整天，受灾严重的村寨都是村支书、村长亲自到镇上反映情况；镇里全体干部也要步行到各个村寨看望慰问群众，了解灾情，组织救灾工作。④ 丹寨县雅灰乡地处偏僻，雨雪冰冻灾害期间无法与外界联系，乡村干部于是组织队伍，采取徒步接力方式，坚持每日将灾情报送到县里。⑤

总的来说，在各级党政机关的领导和全国的支持下，经过各级部门的协调配合和广大干部群众的努力奋战，灾区人民终于渡过难关，取得了抗

① 黔东南移动分公司编《2008风雪中的铁塔》，内部印刷，2008，第47页。
② 周敏捷等：《冷雨冰雪阻不断通信畅通》，《农家之友》2008年第5期。
③ 2009年11日对丹寨县政府应急管理办公室人员的访谈。
④ 2009年1月10日对雷山县西江镇领导班子的访谈。
⑤ 2009年1月11日对丹寨县政府应急管理办公室人员的访谈。

击雨雪冰冻灾害的胜利。在大灾面前，两地各族人民彰显了和衷共济、众志成城、团结互助、迎难而上、敢于胜利的精神风貌。灾区社会稳定，社会公众面对大灾没有恐慌、抑郁，更没有因此而发生重大的次生、衍生突发事件。黄平县重安镇黄猴村党支部书记杨国栋告诉大家，灾害发生时没水没电，电视、电灯、电话、手机也都没法用，但是当时并不感到担心，相信政府会帮助解决这些暂时的困难。当然，由于去年的大灾，2009年村里家家都做好了准备，自家就准备了200多斤大米。① 丹寨县南皋乡石桥村委会簸箕村苗族村民王化生也说，灾害期间，主要还是靠政府的救助，因为大家都困难，很难帮得了别人，再就是靠自救。尽管当时对灾情何时结束心里感到着急，但并没有恐慌情绪。因为本村是刚通电不久，所以对停电有一定的适应能力和应对办法。当时最大的问题还是生活上的不便，因为马上就要过春节了。灾后大家吸取教训，提高了应急意识，天天关注新闻报道和天气预报。自家入冬后提前打了300斤谷子，还计划再打100斤，准备好了取暖柴火，蜡烛买了一把10根，煤油1斤。同时，也希望村里2009年做些准备，宣传动员群众提早准备好必要的物资，提醒大家都注意。②

## 三　两地应急管理和危机应对问题的分析和思考

### （一）两地应急管理体系建设及灾后的发展

应急管理体系是指应对突发公共事件时的组织、制度、行为、资源等相关应急要素及要素间关系的总和。只有建立比较完善的应急管理体系，才能保证在预防、预测、预警、指挥、协调、处置、救援、评估、恢复等应急管理各环节中全面快速、高效、有序反应，防止突发公共事件的发生，或减少突发公共事件的负面影响。

---

① 2009年1月14日对重安镇黄猴村杨国栋的入户访谈。

② 2009年1月12日对丹寨县南皋乡石桥村委会簸箕村王化生的入户访谈。

我国是一个有着五千年悠久历史的古国，在漫长的社会发展进程中，不断经历着各种各样的灾害和灾难，历朝历代都积累了一定的突发事件应急管理经验，其中赈灾和救灾是最为重要的内容。中华人民共和国建立以来，主要由民政部门管理救灾救济工作，在应急管理工作方面奠定了一定的基础。2003 年 SARS 爆发以后，应急管理工作引起党和政府的高度重视，应急管理体系建设开始在全国范围全面推行。特别是 2007 年 11 月 1 日《中华人民共和国突发事件应对法》开始实施以来，我国的应急管理迅速发展，逐步构建起具有中国特色的应急管理体系。国务院是突发公共事件应急管理工作的最高行政领导机构；国务院有关部门依据有关法律、行政法规和各自职责，负责相关类别突发公共事件的应急管理工作；地方各级人民政府是本行政区域突发公共事件应急管理工作的行政领导机构，负责本行政区域各类突发公共事件的应对工作。

应急管理体系是一个完整巨大的社会系统工程。我国将突发公共事件分为自然灾害、事故灾难、公共卫生事件和社会安全事件四大类，每个大类又有许多小类。这些突发公共事件诱因复杂，影响范围和扩散方式都各有特点。因此，应急工作虽然是一个独立的领域，但应对突发公共事件往往涵盖信息、指挥、队伍、物资保障、交通运输等环节，涉及气象、水利、地震、林业、安全生产、卫生、公安以及发展改革（经贸）等部门，所以省区级地方应急体系建设规划实质上又是跨部门、跨行业、跨行政区域的具有综合性质的专项规划。2006 年 6 月发布的《国务院关于全面加强应急管理工作的意见》提出：在“十一五”期间，建成覆盖各地区、各行业、各单位的应急预案体系；健全分类管理、分级负责、条块结合、属地为主的应急管理体制，落实党委领导下的行政领导责任制，加强应急管理机构和应急救援队伍建设；构建统一指挥、反应灵敏、协调有序、运转高效的应急管理机制；完善应急管理法律法规，建设突发公共事件预警预报信息系统和专业化、社会化相结合的应急管理保障体系，形成政府主导、部门协调、军地结合、全社会共同参与的应急管理工作格局。2006 年 8 月，中共中央十六届六中全会通过《关于构建社会主义和谐社会若干重大问题的决定》，正式提出按照“建立健全分类管理、分级负责、条块结合、属地为主的应急管理体制”，“形成统一指挥、反应灵敏、协调有序、运转高效的应急管理机制”，“完善应急管理法律法规”这样一个总体要求推进应急管理体系建设。此后，我国的应急管理体系建设围绕“一案三制”（即应急预案和应急管理体制、运行机制、法制）这个核心框架，全面开展起来。

**1. 两地应急管理体系建设的开展**

黔东南州的应急管理体系建设得到了州委、州政府的重视。自2005年起，州市县（区）政府（管委会）相继成立应急管理委员会，作为处理突发事件应急管理工作的综合性议事、协调机构，由州市县主要领导担任应急管理委员会主任、副主任，日常工作由州市县（区）政府（管委会）办公室负责。州市县两级应急委成员单位分别成立各专项应急指挥部。2007年以来，根据国务院和省人民政府的要求，州市县政府相继成立了专门办事机构——应急管理办公室，承担值守应急、信息汇总、综合协调等职能。[①] 政府部门及乡镇Ⅰ级应急管理组织机构的建设也在逐步开展，部分政府部门及乡镇成立了应急管理工作组织机构。如截至2007年12月31日，黄平县14个乡镇及县人民政府各工作部门均成立了应急管理工作组织机构。全县243个村民委员会、3个社区、4个居委会明确了信息报告员。[②]

在预案体系建设方面，根据《国家突发公共事件总体应急预案》和部门应急预案的要求，黔东南州市县（区）政府总体应急预案和部门应急预案编制工作也同时基本完成，随后，州级部门和乡镇（街道）、重点企业、学校和幼儿园的应急预案编制工作也陆续开展。根据州政府应急办调查统计，截至2007年年底，全州共编制完成各类应急预案1847个，比上年增加949个。其中：总体应急预案18个（州政府1个，县市区17个），专项应急预案342个（州政府29个，县市区政府或管委会313个），州级预案209个（部门应急预案97个，其他应急预案112个），县

① 参见廖理《强化应急管理，构建平安和谐黔东南》，《黔东南社会科学》2008年第2期。

② 黄平县政府应急管理办公室：《黄平县应急管理工作有条不紊进行》，黔东南州政府网（www.qdn.gov.cn），2008年9月8日。

级应急预案 290 个（部门应急预案 232 个，其他应急预案 58 个），基层应急预案 977 个，企业应急预案 11 个。[①] 全州基本形成以黔东南州人民政府总体应急预案和各部门应急预案为主体，各市县（区）政府（管委会）总体应急预案和州县市区各部门、企事业单位专项应急预案为依托的应急预案体系，这对提高黔东南州预防和应对突发事件的能力，预防和减少突发事件以及造成的损害，保障人民群众生命财产安全发挥了重要作用。

广西桂林的应急管理机构设置起步较晚。2008 年年初雨雪冰冻灾害发生时，桂林市人民政府还没有设置应急管理办公室，日常应急管理工作分别由市政府办公室第四秘书科和值班科分担。第四秘书科同时挂应急处置科的牌子，其职责包括协助市政府领导处置特别重大、重大突发公共事件，承办和处理特别重大、重大突发公共事件的有关文电和会议，督促落实市政府有关应急决定事项和市政府领导对特别重大、重大突发公共事件的批示、指示等内容。值班科同时挂应急值守科的牌子，职责是承担市政府值班工作。及时掌握和报告市内相关重大情况和动态，办理向市政府报送的紧急重要事项，保证市政府与自治区、各市县（区）政府、市直各部门联络畅通，指导全市政府系统值班工作；负责协调和督促检查各县（区）政府、市直各部门应急管理工作，协调、组织有关方面研究提出市应急管理政策、规定和规划建议；负责组织编制和修订市突发公共事件总体应急预案和审核各专项应急预案；负责市应急信息综合管理系统的建设和管理，协调指导全市应急预案体系、应急信息平台和应急管理体制的建设；传达、转办市政府领导关于突发公共事件的批示、指示；承办市政府应急管理的专题会议、活动和文电等工作。

在应急预案体系建设方面，桂林市按照国家总体要求进行了部署，市县总体预案、专项预案、部门预案及其他各类预案的编制工作相继开展。以资源县为例，截至 2007 年年底，已经完成县级总体预案、18 个县级专项预案和 25 个部门应急预案。[②] 龙胜各族自治县也完成县级总体预案、

---

① 参见廖理《强化应急管理，构建平安和谐黔东南》，《黔东南社会科学》2008 年第 2 期。

② 资源县人民政府应急管理办公室：《资源县 2008 年度应急管理工作总结》，2009 年 2 月 5 日。

18个县级专项预案、26个部门预案和75乡镇（街道）应急预案。[①]

2. 灾后应急管理工作的推进

2008年是我国大灾频发的一年。继南方雨雪冰冻灾害之后，5月12日四川发生了里氏8.0级的汶川大地震，其影响堪称中华人民共和国成立以来之最。随后，广西、贵州等地在一个月之内连续遭受数次暴雨袭击，形成特大洪涝灾害。面对这一系列重大自然灾害带来的灾难和影响，党中央、国务院深入总结我国应急管理的成就和经验，查找存在问题，提出进一步加强应急管理的方针政策。2008年10月8日，国家总书记胡锦涛在党中央、国务院召开的全国抗震救灾总结表彰大会上指出："要进一步加强应急管理体系建设，大力提高处置突发公共事件能力。要认真总结抗震救灾的成功经验，形成综合配套的应急管理法律法规和政策措施，建立健全集中领导、统一指挥、反应灵敏、运转高效的工作机制，提高各级党委和政府应对突发事件的能力。要大力建设专业化与社会化相结合的应急救援队伍，健全保障有力的应急物资储备和救援体系，长效规范的应急保障资金投入和拨付制度，快捷有序的防疫防护和医疗救治措施，及时准确的信息发布、舆论引导、舆情分析系统，管理完善的对口支援、社会捐赠、志愿服务等社会动员机制，符合国情的巨灾保险和再保险体系。通过全方位推进应急管理体制和方式建设，显著提高应急管理能力，最大限度地减少突发公共事件造成的危害，最大限度地保障人民生命财产安全。"[②] 我国应急管理体系建设再一次站到了历史的新起点上。贵州黔东南和广西桂林的应急管理体系建设也得到显著发展。

黔东南州主要从两个方面加强应急管理体系建设。一方面，根据国务院关于应急预案编制工作要"横向到边，纵向到底"的要求，在全州各级各部门和企事业单位及社区和村寨展开新一轮的应急预案编制完善工作。全州已基本形成以黔东南州人民政府总体应急预案和各部门应急预案为主体，各市县（区）政府（管委会）总体应急预案和州县市区各部门、

① 龙胜各族自治县政府应急管理办公室提供的材料。

② 胡锦涛：《在全国抗震救灾总结表彰大会上的讲话》，《人民日报》2008年10月9日。

企事业单位专项应急预案为依托的应急预案体系。[①] 同时，乡镇（街道）、社区（村）等基层组织和各类企事业单位各类应急预案的编制工作继续推进。截至 2008 年 8 月，全州已经形成各类预案 5000 多个。[②] 这对提高黔东南州预防和应对突发事件的能力，预防和减少突发事件以及造成的损害，保障人民群众生命财产安全发挥了重要作用。同时，要加强应急平台数据库的建设。根据省人民政府应急管理办公室通知，黔东南州于 2008 年 4 月顺利完成填报国务院应急平台数据库有关数据的各项工作。统计填报这些数据信息是国务院应急平台数据库建设和国家加强应急管理工作的一项基础性工作，对国家摸清底数和制定应急管理方略意义重大，对黔东南州今后的应急平台数据库建设也必然能够发挥重大作用。开展应急平台数据的统计、调查、分析，这在贵州还是第一次。其统计调查范围之广、信息量之大，也是全省、全州从未有过的。此次统计调查范围涵盖全州经济社会发展的方方面面、各行业领域及所有行政区划单位，由州政府应急办具体组织实施。截至 2008 年 9 月，数据库的建设已初见成效，包括应急管理的资料、防护目标、经纬度、自然资源等有关数据落实到村寨，以便危机时作为整合利用的参考。[③]

另一方面，黔东南州的基层应急管理体系建设也相应地展开。以黄平县为例，主要从几个方面来进行。一是每个乡镇都成立了应急领导小组。二是组织各级应急分队。县常备应急分队由 20 名退伍军人组成，常驻武装部，由武装部领导管理，由县财政拨付经费，每位队员每月补助 1000 元生活费。交警、公安也抽调部分人员加入，全部队员为 50 名。县应急分队实行 24 小时值班制度，随时待命，以应对交通事故、群发事件、各种纠纷等；单位应急小分队由干部职工组成，年龄在 45 岁以下者都必须参与；乡镇应急小分队则由民兵组成。各应急小分队每年至少演练一次。县政府应急管理办公室定期进行检查，检查内容包括组织机构是否健全，

---

① 参见廖理《强化应急管理，构建平安和谐黔东南》，《黔东南社会科学》2008 年第 2 期。

② 2009 年 1 月 7 日对黔东南州政府应急管理办公室领导的访谈。

③ 黔东南州政府应急管理办公室：《我州顺利完成国务院应急平台数据填报工作任务》，黔东南州政府网（www. qdn. gov. cn），2008 年 9 月 8 日。

人员配备是否完整，以及演练、值班情况，工作是否到位等。三是对挖掘机等设备、资源进行了登记，以整合资源，并对技术人员进行了全部登记，一旦有事，即动员各部门专家进行评估，为县委、县政府的决策提供依据。四是组织相关内容的演练。如2008年进行了反恐演练和地震应急演练。五是在县应急管理办公室的协调下完成了全县各类预案编制工作。预案内容按其分类，有洪水、山火、山体滑坡、干旱、动物疫情等。在预案的建设体系上，分为三个层面：全县各部门的预案、乡镇的预案、村寨的应急预案。村寨的应急预案中包括负责人的名单、联系方式等。[①]

2008年雨雪冰冻灾害之后，桂林市加快了应急管理体系建设。2009年9月14日，桂林市人民政府根据广西壮族自治区人民政府印发的《关于成立自治区人民政府突发公共事件应急管理委员会方案的通知》，文件宣布成立桂林市人民政府突发公共事件应急管理委员会，由70多家成员单位组织，桂林市长任应急委主任。根据桂林市特点，应急委下设18个专项应急指挥机构，包括防汛抗旱、安全生产、森林防火、金融突发事件、涉外安全事件、突发公共卫生事件、食品药品安全事件、地质灾害、水上事故搜救、抗震救灾、环境污染、保障市场供应、大规模群体事件、反恐反劫机、气象灾害、重大动物疫病防控、民族纠纷事件、抗灾救灾等方面的内容，由市长、副市长分别领导。市应急委办公室设在市人民政府办公室，由市人民政府秘书长任市应急委办公室主任，市应急办主任任市应急委办公室常务副主任。也就是说，市应急委和市应急办两家办公室基本上是合二为一。

基层应急管理体系建设取得了显著进步。为了贯彻落实2007年《国务院办公厅关于加强基层应急管理工作的意见》，广西壮族自治区人民政府办公厅于2008年12月22日发出《关于进一步推进基层应急管理工作的通知》，要求各市、县人民政府，自治区农垦局，自治区人民政府各组成部门、各直属机构力争通过两到三年的努力，基本建立起“横向到边、纵向到底”的基层应急预案体系，建立健全基层应急管理组织体系，初

① 2009年1月13日对黄平县政府应急应急管理办公室领导的访谈。

步形成“政府统筹协调、群众广泛参与、防范严密到位、处置快捷高效”的基层应急管理工作机制。根据通知要求，桂林市各县区和有关单位加快了应急管理体系建设的步伐，并取得了较大的进展。

以资源县为例，全县的应急管理工作在县委、县政府的重视下，在各乡镇（街道）和有关部门的支持下，努力克服人员机构新、管理网络缺、基层基础差等实际困难，在短短的几个月内即取得了明显成效。在应急管理机制和工作网络方面，按照“统一指挥，高效运作”的原则，在县级层面建立“1个行政领导机构+23个应急主管部门日常办事机构”的日常工作体系；在各乡镇（街道）和县直有关部门明确实行“一把手”负责制，落实具体负责人，逐步落实专（兼）职人员；结合农村“多员合一”试点，实质性启动基层应急管理“四进”工作和规范化建设，应急管理工作进一步向村、学校和重点企事业单位延伸，逐步形成了应急管理日常工作网络。在应急预案管理体系方面，在以往已率先编制完成部分预案的基础上，重点对《资源县自然灾害救助应急预案》进行了修订和完善，并制定了《资源县特大冰冻雪灾救助应急预案》《资源县雨雪冰冻灾害应急预案》《资源县处置群体性上访应急工作预案》等可操作性强的县级专项预案，制定了《资源县县城防洪应急预案》《资源县山洪防御预案》等部门应急预案。同时，进一步向基层延伸，重点做好乡镇、农村、企业和学校等基层单位应急预案编制工作。截至2009年1月底，已完成1200多个村（居）、企业、学校的预案编制工作，资源县的应急预案管理体系逐渐趋于完善。在应急源头管理工作方面，主要是开展安全隐患排查，2008年全年摸排各类单位或工程项目2355个，发现各类危险源325个并进行整改，对其中155个单位和工程建立重大危险源台账。同时，组织实施了应急物资调查。对7个乡镇和县直有关部门目前储备的应急物资进行了全面摸排并逐一建立台账。在信息管理和信息报送方面，出台《关于进一步加强应急信息报送工作的通知》，建立由县应急办、县政府新闻办牵头组成的突发事件信息发布制度，落实了突发事件信息报送时间、内容和要求，以杜绝迟报、漏报、瞒报和滥报现象的发生，进一步规范突发事件报送发布。在应急宣传教育和应急演练方面，2008年共组织开展各类应急培训58期，培训人数超过5000人；组织开展安全生产、突发事故和灾害事故演练4次、乡镇（街道）和部门预案演练50多次。在此基础上，资源县应急管理工作在预防、化解、处置一些突发事件中取得了初步成效。2008年除了抗击雨雪冰冻灾害以外，还先后启动相关预案，较为妥善地处置了中峰乡、资源镇等地突发公共事件3起，洪水、泥石流等自然灾害4起，有效地控制、减轻和消除了突发事件的影响。[①]

## （二）两地应急管理和危机应对存在的主要问题

自从2003年SARS爆发之后，我国用了5年的时间围绕“一案三制”这个核心框架，初步建立了具有中国特色的应急管理体系，并在这次应对雪灾中发挥了重要作用。然而，通过对贵州黔东南和广西桂林应对这一重大灾害的应急机制及其应急处置状况进行考察，也暴露出许多问题。事实上，我国现有的自然灾害管理能力和水平还远远不能适应我国自然灾害发展的实际，与发达国家的应急能力与水平还存在较大的差距。虽然自然灾害管理只是应急管理的一个内容，但是通过这场自然灾害，可以从一个方面反映出民族地区乃至全国应急管理及危机应对存在的问题。

### 1. 应急指挥体系和应急管理机构的问题

2003年以来我国应急管理体系建设工作全面开展，应急指挥体系和应急管理机构的问题得到了重视。各级各地应急管理委员会的相继成立，表明我国已经将应急管理工作纳入各级政府部门的日常工作之中。相应地，各级各地应急管理委员会也成立了专门的办事机构——应急管理办公室（以下简称“应急办”），承担值守应急、信息汇总、综合协调职能。通过对两地应对雨雪冰冻灾情危机状况的分析，总结出一条有益的经验，即在现行的体制下，若没有党委、政府的重视和强有力的组织、管理，救灾工作是很难有效展开的，党和政府主导的应急指挥体系，是应对重大灾情危机的强力保证。

① 资源县人民政府应急管理办公室：《资源县2008年度应急管理工作总结》，2009年2月5日。

但是，这也带来了一个很大的弊病，即应急处置工作主要依赖于上级的强力领导，整个应急指挥体系较为僵化。特别是由于职权分工不明确，在应急处置过程中往往依靠上级领导的重视和发话。领导不发话，工作就难以开展和推进。这些应急指挥体系大多是临时成立的，负责人主要由地方党政领导担任，在应急管理方面难免欠缺专业知识，导致应急指挥的科学性有待提高。同时，应急指挥中心的责任主体实际并不明确，体制上挂在政府，但权力却在党委，处理突发事件时部门之间的协调往往需要花费一些时间，从而错过最佳处置时机。常态下应急指挥中心与基层有一些沟通，但只有在突发事件下才能起到应急联动、协调指挥的作用。总之，应急指挥中心必须依靠政府，很难独立发挥作用。

作为应急指挥体系的专门办事机构，贵州黔东南和广西桂林两地的各级应急管理办公室无论是从人员、资金、办公条件还是从职能权限来看，目前都还存在较多的问题，这些问题并不仅仅是两地独有的，反映出一定的普遍性。

第一，人员方面的问题。两地各级应急管理办公室普遍缺乏人员编制，现有人员在从事该工作之前全部没有接受过应急管理专业教育。黔东南州政府应急管理办公室设有常务副主任，有 5 名工作人员，但其中 3 名是为了消化其他部门人员编制而安置的，很难胜任工作；各县政府应急办公室主任由政府办公室主任兼任，同时也设有专门负责的副主任，人员编制为 3 人；乡镇目前部分设有机构但无专职人员，由综合办公室代行应急办职责，下设有专项预案小组；行政村设有信息报告员，由书记或村长具体负责。[①] 桂林市政府应急管理委员会于 2009 年下半年才成立，之前市政府办公室只安排了一名干部担任应急管理办公室的副主任，负责日常应急管理工作。各县应急管理机构的设置也是在灾后才起步。应急管理涉及的领域和范围相当广泛，人员编制不足和专业素质不高对应急处置工作效率的影响可想而知。可喜的是，在我们调查期间，发现两地各级应急管理办公室的许多负责人尽管介入此项工作年头不长，但他们都具

① 2009 年 1 月 7 日对黔东南州人民政府应急管理办公室领导的访谈。

有极大的责任感和工作热情，努力学习相关专业知识，尽力使应急管理工作规范化、制度化和科学化，为当地应急管理工作的进一步开展做出了应有的贡献。

第二，资金和办公条件等方面的问题。两地各级应急管理办公室普遍经费不足、办公条件简陋。黔东南州政府应急管理办公室刚成立时只有一台电脑和一台打印机，雨雪冰冻灾害之后有所改善，配备了6部电话和6台电脑。但是，直到2009年年初该办公室还没有专门的办公经费，要从州政府办公室经费中拨付。各县市、乡镇应急管理办公室的资金和办公室条件也存在同样问题。

第三，职能权限问题。这是影响应急管理机构日常运转和发挥效能最为关键的问题。各个地方现在在成立应急管理办公室的时候，很多都是把以前的值班室转成了应急办，事实上他们还是在做以往值班室做的事情，主要做的事是所谓的信息的上传下达，无论在职能上还是权限上都不能适应今后履行工作需要的客观要求。也就是说，应急管理办公室在进行应急协调工作时职权并不够大，尽管黔东南州和桂林市应急管理办公室主任的级别属于正处级，但是由他们出面去协调相关部门还是存在较大的困难。同时，应急管理办公室不仅要承担信息上传下达的职能，更重要的是能够起到对领导的决策进行辅助的功能，因此需要的是综合性的人才，不但要在应急方面有一些研究，而且还需要在基层或者相关部门锻炼过很长时间，拥有实际的应变能力，但是各地应急办普遍缺乏这样的专业人才。由于缺乏相应的职能、权限和能力，加上人员编制不足，地方应急办在充分发挥应急处置的综合协调职能等方面实际上处于一个比较尴尬的境地。例如，此次灾害期间，为了使全县的应急处置工作顺利开展，黔东南州黄平县时任县委书记在讲话中明确指出，应急办发出的指令代表县委县政府，相关部门必须照办执行，否则追究其责任。①

与应急指挥体系和应急管理机构问题密切相关的是应急联动问题。这是一个十分复杂的问题，牵扯方方面面。由于灾害涉及社会运行的各个层

① 2009年1月14日对黄平县政府应急管理办公室领导的访谈。

面，对各行各业都可能造成严重影响，任何一个部门和单位都无法单独完成对灾害链的有效控制，因此建立“快速响应、协同应对”的应急联动机制十分重要。但在目前体制下，要实现在危机应对时从中央到地方、从政府到各部门之间的配合和协作还存在较多的困难，需要推进政府应急管理体制改革，从根本上减少推诿扯皮、职责不清现象。仅以灾害期间高速公路的封路与放行为例，各地交通部门和交警部门就多有分歧。其他部门也不同程度地存在预案联动不响应，或是消极应付预案的现象。在目前的条件下，应急联动机制问题的解决存在极大的困难，很难找到理想的方案，因此各方面往往避而不谈。

2. 预测预警和预案问题

预测预报及监测预警能力不足，是我国应对自然灾害面临的一个大问题。2008 年南方雨雪冰冻灾害的形成起始于 1 月 13 日，但从 1 月 10 日起已发生大范围低温、雨雪、冰冻灾害，由于缺乏早期预警机制，中央和省一级都未启动救灾体系，直到 20 天后的 2 月 1 日中央才宣布成立灾害应变指挥中心，导致雪灾发生后处置不及时、损失比较严重。具体到贵州黔东南和广西桂林的情况，同样面临许多技术水平以及机制等方面的问题。以气象部门为例，黔东南州气象部门对此次灾害天气过程开始时间的预测是十分准确的，但依据目前的技术水平，仅仅能够进行 3 ~ 5 天的滚动预测，对雨雪具体落区、降雨雪的时段及大小的预报，还存在较大误差，预报精细化方面还需要进一步提高，长时效预测对灾害天气的持续性和强度估计不足。同时，该州综合观测系统层次单一，在大面积停电导致区域自动站全部瘫痪的情况下，仅依靠 16 个七要素自动站开展灾害天气的预测工作，无法对低温雨雪冰冻灾害进行高密度、多层次的立体监测，电线结冰的观测明显滞后于电力、通信的发展需要，影响交通运行的道路结冰观测尚未开展。虽然近年来黔东南州的气象信息出口有了很大拓展，气象信息覆盖了全州各县市乡镇，但对绝大部分边远农村来说，由于电视、通信等覆盖面不足，不能及时获取气象信息，尤其是灾害预警信息。目前，黔东南州对农村的信息服务主要依靠电视和手机短信，预警信号的出口还较为单一，覆盖面还不够广。这些都满足不了防灾减灾的实际需要。[①] 此外，预警的发布也存在问题。由于以往黔东南气温降到－3℃的情况很少，冰冻一般只是发生在高山地区，大雪也不多见，低温天气对生产生活的影响不大，所以人们以前不太关心气象预报。但是2008年年初的大灾以后，大家都很紧张，进入12月中旬后如果有冰冻或下雨的话，气象部门就会发出黄色预警，等于将部门的预警等级提高了，看似怕承担责任。按照规定，如果达到成灾的程度，灾害预警是要由政府来发布的。[②]

此次两地政府突发公共事件总体应急预案、自然灾害救助预案及各部门专项应急预案的启动，使两地的灾害救助工作逐步走向制度化、程序化、规范化，有力地保障了抗灾救灾工作正常有序地开展，并取得了较好的成果。然而，在实践过程中也暴露出两地应急预案的制定、启动等还存在较大的问题，亟待完善和加强。主要表现在几方面：①应急预案不够细致和完善，如对应急救援行动的开展、应急资源调配、应急队伍管理、信息报送等缺乏细致考虑，对工作内容没有做到逐级细化，导致预案的运行机制不够高效；②各类预案普遍存在针对性不强、具体性不强、可操作性不强等一些问题，尤其是基层应急预案往往照搬上级预案，内容相仿，措施雷同，没有按照本地、本部门实际制定，导致无法操作或效果不佳；③有相当一部分预案是紧急情况下制定的，难免考虑和计划不周。例如，《桂林市自然灾害救助应急预案》设置响应等级时，响应等级的具体受灾损失数据太小。[③] 两地预案在自然灾害应对方面都以抗洪抗旱及防火防雷等为主，未将雪灾等少见的灾害品种列入应急范畴；两地预案的演练普遍不足，等等。

### 3. 应急物资储备问题

此次灾害范围广、持续时间长、损失严重为历年罕见，对抗灾救灾物资的需求非常紧急和迫切，两地物资储备不足的状况也就格外突出，特别是一些专门应对突发罕见灾害危机的应急物资，包括应急救援队伍的应急

---

① 黔东南州气象局：《低温雨雪冰冻灾害应急处置评估报告》，2008年2月14日。

② 2009年1月7日对黔东南州政府应急管理办公室领导的访谈。

③ 桂林市人民政府：《桂林市完善突发公共事件应急预案情况汇报》，2008年8月7日。

物资，如柴油发电机、铲雪车、防滑链、移动电源及防寒、防冻物资等，基本没有储备，使得临时征集十分困难。如黔东南州道路结冰以后，才暴露出全市没有防滑链供应的问题，司机只好到加工厂定制，一些厂主乘机加价，成本不超过200元的防滑链，灾时最高卖到2000元。[①] 而在交通瘫痪、受灾严重的民族地区，各类救灾物资都非常紧缺。例如在广西桂林市，截至2008年2月2日，资源县救灾物资库存有限，急需食用油3000斤、大米80吨。为确保各类物资供应，维持商品价格稳定，尽可能满足全县人民的需要，全县急需调拨食用盐10吨、蜡烛5万根、生猪300头、5千瓦~12千瓦发电机200台。同时，请求市人民政府协调相关部门调拨棉被4000床、棉衣4000件、单衣4000件、鞋子3000双；龙胜各族自治县急需应急柴油发电机组5台，应急电源、轻型发电机、药品一批；急需救灾大米1000吨、石油20吨、棉被3000床、棉衣6700套等。[②]

由于物资储备不足，大量的应急物资只能通过调拨、购买、捐助等方式获取，延缓了救助时间，在一定程度上使抗灾救灾工作处于被动。同时，由于对应急物资的需求量大、时间紧，许多应急物资是从生产线下来后立即送往抢险现场，往往因保养期不足或赶制等原因导致质量不满足要求。同时，应急物资的调拨和分配机制还不够完善，不能真正实现应急联动和宏观调控，现实中有相当一部分是依靠私人交情等因素来调拨。[③]

此外，物资储备布点的规模、位置等还未能做到科学管理。例如，黔东南州丹寨县常态下每年有400吨粮食和500件棉被储备，但分布点均在高山地区，因为当地少数民族建筑多为木结构，冬季取暖用火塘烧柴草，容易发生火灾，所以必须储备棉衣棉被等用品。[④] 当其他地区发生突发事件需要这类应急物资时，在物流和时效等方面就会发生问题。

**4. 资金、设备和应急救援队伍问题**

资金、设备缺乏是我国民族地区应急管理和危机应对面临的又一重大

---

① 2009年1月9日对黔东南州气象局应急管理办公室领导的访谈。

② 桂林市民族事务委员会：《广西桂林市发生冰雪灾害民族地区受灾严重》，2008年2月2日。

③ 2009年1月7日对黔东南州政府应急管理办公室领导的访谈。

④ 2009年1月12日对丹寨县政府应急管理办公室领导的访谈。

问题。目前我国应急财政资金的来源主要包括财政拨款、社会捐助和保险，其中政府的财政拨款是应急财政保障的基础，特别是在民族地区，由于社会捐助较少，各类保险基本没有涉及这一领域，因此在应急方面就更加依赖财政拨款了。然而，民族地区由于财政普遍困难，在应急资金的财政拨款方面就捉襟见肘，财政支撑保障能力明显不足。贵州黔东南和广西桂林的许多县市都是国家级的贫困县，应急管理建设方面经费紧张，应急设备严重不足，影响了应急服务能力的提高。如黔东南州近年来在应急能力的建设上花了很大力气，建设气象灾害应急服务平台，应急气象服务取得了很好的服务效果，但在此次低温雨雪冰冻灾害面前，明显暴露出应急技术装备较差的短板问题，尤其是应急移动监测、灾害监视与侦察、应急通信与信息传输、应急移动指挥调度等气象应急移动（车载）服务传统及技术装备几乎空白，无法开展现场应急气象服务。① 两地各级政府应急管理办公室都没有独立的办公经费，需从政府办公室经费支取；即使是黔东南州和桂林市的政府应急管理办公室，也没有可供独立使用的交通工具。由于资金缺乏，两地应急管理人员的学习、培训等都受到较大的限制。

应急工作人员偏少、应急救援队伍力量薄弱也是民族地区应对突发事件的一大难题。当抗击雨雪冰冻灾害工作进入紧急状态之时，两地能迅速进入救灾专业工作状态的人员不多，可抽调的人手不多，使救灾工作始终处于任务重、人手少、效果差的不利局面。各级党政机关和有关部门的干部职工因此一个多月连续作战，每天工作数十小时；在交通、电力、通信等抢险任务艰巨的部门，许多基层单位人员的家属也都集体上阵参战。灾后，应急救援队伍问题已经引起两地政府的重视，相继组建了一些专业应急救援队伍和民兵应急分队。然而，应急救援队伍建设涉及各个专业领域知识、资源整合和救援人员的保险、技术力量、训练，以及财政拨款等各种问题，目前还很难达到要求。加上农民外出打工问题，乡镇一级的民兵应急分队大多处于一种不稳定状态，培训、演练工作开展得很少，一旦发生突发事件，还是很难迅速组织起来。

---

① 黔东南州气象局：《低温雨雪冰冻灾害应急处置评估报告》，2008 年 2 月 14 日。

5. 农业保险和巨灾保险问题

保险是应急财政资金的来源之一，可以在应对突发事件中发挥重要作用。不过，目前我国社会公众的保险意识还比较薄弱，保险企业开发出来的灾害保险品种不多，还没有专门针对地震、洪水等巨灾的保险品种。民族地区的保险业则更为落后，农业保险几乎处于空白。贵州黔东南和广西桂林经济结构均以农业为主，抵抗重大自然灾害的能力很弱，农林牧副渔在雨雪冰冻灾害中遭受严重损失。特别是林业，几乎没有任何避免或减轻损失的措施，只能将重点放在灾后重建和恢复生产以及防范林业次生灾害方面，两地林业损失高达60%，恢复需要20年乃至更长的时间。[①] 广西桂林的林木、毛竹和红提等经济作物，也损失惨重。[②] 农户们在访谈中均表示只能眼睁睁地看着受灾而无能为力。在恢复重建过程中，这些受灾的农户只能依靠有限的政府补偿进行生产自救。

## （三）影响两地应急管理工作发展的主要原因

如上所述，目前贵州黔东南和广西桂林的应急管理工作取得了一定的进展，初步建立起地方应急管理体系。同时，无论是在应急管理体系建设方面还是在危机应对方面，也都还存在较多的问题，需要进一步加强和完善。作为少数民族聚居的地区，两地都具有自然灾害多发、基础设施落后、经济结构单一、财政困难等特点。那么，影响两地应急管理工作发展的主要因素是什么呢？

第一，起步晚、起点低、发展慢，应急管理体系尚未健全和完善。我国应急管理体系建设是在2003年SARS爆发后起步的，而基层应急管理工作直到2007年才全面铺开。2003年5月，在浙江诸暨召开的全国基层应急管理工作座谈会上，国务委员、国务院秘书长华建敏指出，要建立“横向到边，纵向到底”的应急预案体系；建立健全基层应急管理组织体

① 国家林业局赴贵州工作组杜永胜、敖孔华、尹春生：《雨雪冰冻灾害贵州林业受灾情况调研报告》，国家林业局政府网，2008年2月19日。

② 赵敏、吴龙源：《探访灾后的桂林资源县：走出冰冻换新天》，广西新闻网，2009年4月13日。

系，将应急管理工作纳入干部政绩考核体系；建设“政府统筹协调、群众广泛参与、防范严密到位、处事快捷高效”的基层应急管理工作体系；深入开展科普宣教和应急演练活动；建立专兼结合的基层综合应急队伍；尽快制定完善相关法规政策。此次会议之后，全国的基层应急管理体系建设有了较大的发展。黔东南的州县两级政府应急管理机构是在2007年成立起来的，桂林市则于2008年灾后才全面推进各级应急管理体系建设，起步都较晚，很难在一两年的时间内健全和完善。

第二，地方财政困难，基础设施落后。长期以来，我国民族地区的经济发展比较滞后，财政收入较为困难，由此影响对应急管理体系等方面的投入。同时，财政困难也导致民族地区基础设施建设落后，削弱了抵抗自然灾害等公共危机的能力，并造成基础设施更大的破坏，形成雪上加霜的局面。

第三，缺乏危机应对意识。特别是此次灾害为数十年乃至百年不遇，从政府到部门到民间都估计不足，没有意识到灾害来临。例如，在应对自然灾害过程中，气象部门发挥着先行部队和排头兵的作用，具有非常重要的地位和作用。尽管黔东南州气象部门已经预测到低温雨雪天气即将来临，但他们也没想到会持续这么长时间，而且这么严重。政府部门及社会公众同样没有想到会形成灾情危机。① 一些地方干部认为，当时的主要问题是对雨雪冰冻灾害的严重性估计不足。而且，当时一怕影响政府形象，显得政府应对能力差；二怕承担责任，所以开始的宣传报道力度不够，比较低调。后来看到国家救灾力度很大，补贴很多，才开始大规模集中上报。② 桂林市公安局在汇报中说，2008年1月12日开始出现低温天气，但当时有关部门对天气的恶化估计不足，直到25日低温雨雪冰冻加重发生灾害，才积极采取应对措施开展抢险救灾工作，导致在抢险救灾工作中出现一定的被动。③ 资源县近几十年从来没有下过冰雨，以往下的棉花雪都是次日就融化，最长不过一周，没有想到此次的雨雪天气持续时间长，

---

① 2009年1月7日上午对黔东南州人民政府应急管理办公室干部的访谈。

② 2009年1月6日对黔东南州委某退休干部的访谈。

③ 《桂林市公安局关于2008年初抗冻救灾工作情况汇报及建议》，2008年8月6日。

因此政府及有关部门没有及时认识到其严重性，老百姓更是没有什么灾害意识。[①] 在交通、电力、通信等行业部门，同样存在对雨雪冰冻灾害的严重性认识不足的情况。例如，灾害初期，绝大多数的电网企业均未警觉和认识到本次灾害会对电网造成破坏性的影响，甚至在已经发生因覆冰导致倒杆断线后，还未能认识到这是一场人力不可抗拒的特大自然灾害。由于对灾害的后果预计严重不足，使得整个供电企业应急抢险的准备工作略显滞后，出现了前期抢修工作盲目和物资、工具缺乏等情况，导致抢险工作困难不断。

第四，应急管理体制和机制的运行还不够顺畅。全国的应急管理机构还没有统一规格，职责分工存在模糊、分散和交叉，法律体系也还有待实践的检验和完善。以往，我国应对突发事件基本上是遵照临时建立各种指挥部的模式。这种模式具有很大的缺点：①临时指挥机构人员彼此之间互不熟悉，且无既定的工作规则，彼此协调困难，不利于应对系统性、耦合性极强的突发事件；②临时指挥机构的任务重点是在突发事件发生后负责应急处置或恢复重建的领导工作，没有将各类突发事件的预防纳入自己的职责范围；③临时建立的指挥部不能形成稳定的应急管理队伍，更不能积累应急管理的经验；④临时指挥部工作的思路是：各部门按照任务分工再调动自己所辖应急救援队伍，加剧了应急救援队伍单队单能的趋势。[②]

第五，专门人才缺乏，目前国内尚无独立的科技支撑。应急管理是一门全新的科学，无论是科学研究还是人才培养在国内都是处于起步阶段，在国外也只有20来年的历史。自从“9·11”事件发生后，应急管理成为学术界十分关注的一个热门话题。如在美国，目前有80多所各级、各类大学、研究和培训机构开设了应急管理方面的课程，培养学士、硕士、博士各类不同人才。而在我国，虽然近年各类机构和学校开设的应急管理培训课程在逐步增长，但是到目前为止只有暨南大学于近年开设了应急管

---

① 2009年2月11日对资源县政府应急管理办公室领导的访谈。

② 王宏伟：《突发事件应急管理：预防、处置与恢复重建》，中央广播电视大学出版社，2009，第99~100页。

理专业。因此，我们在调查中所接触到的相关人员，包括管理人员和技术人员，没有一人专门学习过应急管理专业课程，只有个别人接受过清华大学等高等院校应急管理方面的培训，其他的一些人则在当地听过一些大学教授的相关讲座。

### （四）加快和完善民族地区应急管理体系建设的思考

做好应急管理工作，是一个政府执政能力的重要体现，更是有效应对突发事件、保护人民群众生命财产安全的根本保障。2008 年年初发生的雨雪冰冻灾害，对我国政府及受灾地区应急处置能力作了一次全面检验。胡锦涛总书记在考察广西抗灾救灾工作时指出："虽然经过一段时间的努力，我们已经建立起相当水平的应急管理机制，但这场低温、雨雪冰冻灾害让我们进一步认识到，我们的应急管理体制机制、防灾减灾能力在应对重大自然灾害特别是罕见的重大自然灾害上还有不足，需要在时间中进一步完善，为今后抗灾救灾工作奠定更加扎实的基础。"[①] 温家宝总理在 2008 年《政府工作报告》中也指出：要从这次特大的自然灾害中，认真总结经验教训。加强电力、交通、通信等基础设施建设，提高抗灾和保障能力；加强应急体系和机制建设，提高预防和处置突发事件的能力；加强对现代条件下自然灾害特点和规律的研究，提高防灾减灾能力。近年来，我国进入了公共突发事件高危期。特别是少数民族聚居的地区，重大自然灾害频发，生态环境破坏严重，社会群体事件不断增多，给我国的公共危机应急管理提出了新的挑战。因此，进一步加强应急管理工作，建立和完善具有中国特色的应急管理体系，是我国当前所面临的新的经济建设和社会目标对政府提出的要求，应当引起各级政府的高度重视。

应急管理体系的建立和建设是一个系统工程，包括应急管理机构、应急指挥机构、预防与预警体系、应急信息系统平台、应急响应预案体系、应急物流体系、通信与信息保障体系等诸多要素。而对于我国目前的危机

---

① 广西抗击冰冻灾害工作协调小组办公室编《广西抗击冰冻灾害应急指挥实战录》，第 345 页，内部印刷，2008 年 6 月。

管理体系的研究，主要有以下几方面的观点：第一，认为我国目前的危机管理工作还没有进入一个整体的、系统的框架，尚不能始终保持一个有准备的、高效的应对危机的机制；第二，我国政府机构中尚缺乏常设的危机管理机构，每次危机管理机构都是临时性质的，使得政府面对危机爆发时处于十分被动的局面，造成了实际上的宏观领导和具体执行之间衔接链条的中断，不能为危机管理提供有效的、有准备的组织保证；第三，缺乏高效的公共信息管理系统；第四，我国的危机管理体系中尚缺乏完备的危机管理法律、法规支持系统，在危机管理过程中决策常常无法可依，政府部门与相关人员在危机管理过程中权责不清，最终导致危机决策缺乏有效性与及时性。

我们在贵州黔东南和广西桂林实地调查的基础上，参考学术界的研究观点，对加快和完善民族地区应急管理体系建设进行了初步的思考。

第一，进一步重视应急管理工作，从立法上进行规定和完善。《中华人民共和国公共突发事件应对法》于 2007 年 10 月 1 日正式实施后，表明我国的应急管理工作开始步入法制化轨道。但是，在许多具体问题上，应对法只作了原则性的规定，缺乏可操作性。学术界目前普遍呼吁，应该在有关应急管理的法律规定方面制定实施细则，使其更加具有可操作性。

第二，进一步建立和完善地方应急管理机构。应急管理涵盖面广、任务重，应建立稳定的专职应急管理人员队伍，以适应应急管理的综合性要求，更好地履行综合协调的职能。目前我国应急管理机构的主要问题是设置规格过低、权力层次不够，因而影响了应急管理机构履行综合协调职责的能力。反之，由于应急管理机构设置规格过低，在重大突发事件发生时就必须设临时指挥机构，这反过来降低了应急管理机构的权限、限制了应急办职责的发挥。而且，应急管理机构主要负责人一般由政府领导兼任，一般不能亲自负责应急管理的日常工作；专职负责人员则多为副职，以其级别不能有效地协调各方。因此，应当设立专门的应急管理机构，赋予其相应的必要权力，并提高专职负责人员的职务级别。同时，在人员编制、资金设备和学习培训等方面都应得到支持和保障。

第三，预防为主，进一步加强监测预警工作。应急管理的最高境界是防患于未然，使公共危机消弭于无形。这就要求应急管理具有从潜在因素中辨别风险源、预测风险态势、防止风险发展为公共危机的职能。2008年的雨雪冰冻灾害就对我国的危机预警提出了巨大的挑战。雨雪来临之初，几乎所有受灾地区的干部和群众都按照常规思维，没有意识到可能形成灾害，因此对这种天气情况并没有给予足够的重视。直到十多天后，持续的极端天气造成交通阻隔，基础设施不能正常运转，社会生产、生活受到严重影响，物资供应出现问题，人们才意识到这场灾害的复杂性、严峻性。因此，从中央到地方都要加快建立健全重大突发公共危机的监测预警机制。一是加强研究，从理论和技术上提高监测预警水平；二是建立科学的监测指标体系，综合分析监测信息，规范风险管理流程，加强预警信息传播；三是技术设备上进行配备、更新和升级；四是在应急预案中对各类突发事件的预警进行科学分级，清晰应急预警流程，明确各级、各层、各类预警信息的收集、发布、发布范围、发布方式手段及责任者，等等。

第四，进一步规范应急预案的管理和编制工作。应当特别关注基层组织、企事业单位及行政村或社区的应急预案的编制和管理，重点解决预案的针对性、具体性和可操作性问题；要注意研究预案分级的可能性，以增强预案的可操作性；要规范应急处置工作流程，对处置可能出现的各种应急情况作出明确规定。

第五，建立应急信息平台或信息中心，为应急决策与指挥提供权威的信息支撑与保障。应急信息平台建设是应急管理的一项基础性工作，近年来屡屡受到党和政府的强调和重视，① 并提出了国家应急信息平台建设规划。随着国家通信事业和电子政务的发展，各地区都基本具备了覆盖市县

① 党的十六届六中全会通过的《中共中央关于构建社会主义和谐社会若干重大问题的决定》明确提出，“要按照预防与应急并重、常态与非常态结合的原则，建立统一高效的应急信息平台”；《国务院关于全面加强应急管理工作的意见》（国发〔2006〕24号）明确提出，要“加快国务院应急平台建设，完善有关专业应急平台功能，推进地方人民政府综合应急平台建设，形成连接各地区和各专业应急指挥机构、统一高效的应急平台体系”。《国民经济和社会发展第十一个五年规划纲要》《国家中长期科学和技术发展规划纲要（2006~2020）》和《国家突发公共事件总体应急预案》以及《“十一五”期间国家突发公共事件应急体系建设规划》（国办发〔2006〕106号）也都对应急平台体系建设作出了相应部署。

的通信和计算机网络，这些基础资源是进行应急平台建设的重要条件。黔东南州在应急信息平台建设方面态度十分积极，主动取得清华大学专家的支持，从2009年开始进行应急信息平台建设的各项准备工作。[①] 应急信息平台建设是一项跨领域、跨部门的工程，涉及风险分析、信息报告、监测监控、预测预警、综合研判、辅助决策、综合协调与总结评估等关键环节的技术。这些都是民族地区的薄弱环节，中央有关部门和地方政府应当在资金、技术、设备等方面给予帮助和支持。

第六，设立专项应急管理资金，将应急管理资金纳入各级公共财政预算予以保障，以改善应急管理机构资金缺乏、条件较差的状况，特别是要确保和加大民族地区的投入。物质资源和财政资源是政府应急处理的基础，而这两者的匮乏正是造成民族地区应对突发事件能力弱的重要原因，因此需加大物质资源和财政资源的支持力度。

第七，加强应急物资和运输保障体系建设。一是科学确定应急物资储备的品种、布点、数量，目前民族地区的应急物资储备主要以部门和行业为主，在品种、布点和数量上存在很大的不合理性，在应急物资的管理、调度、研发、生产、运输等方面也会产生较多的问题。如黔东南的物资储备多是粮食、棉被棉衣、油料等物品，民政部门、商业部门和应急办都有储备，缺少统筹安排，既不利于集中使用、统一调配，又造成了重复储备的现象。因此，建立一种国家层面之上的跨部门、跨地区、跨行业的应急物资和运输保障体系，实行应急联动，宏观调控，应当是完善应急管理体系的一个重大举措。同时，还应建立补偿征用机制，如此次灾害中在黔东南就因电厂的征用、石油企业的征用、煤炭的征用等而暴露出许多问题。[②]

第八，加强专业应急救援队伍建设。民族地区大多地处偏远，交通条件困难，因此建立一支反应迅速的应急救援队伍对于应对突发事件具有重大意义。一是加大资金投入，解决专业应急救援人员的待遇、保险问题，

① 2009年9月在北京与黔东南州政府应急管理办公室领导的座谈。
② 2009年1月7日对黔东南州政府应急管理办公室领导的访谈。

保障应急救援队伍人员的稳定性；二是着力抓好人员训练和设备的配置，提高应急救援队伍的应急处置能力和水平；三是采取措施有效指导基层应急救援队伍的组织和建设，特别是加强对志愿者的培训和管理。民族地区农村人口占绝大多数，因此应将民兵组织作为应对突发性公共事件的主要力量之一，在民兵中大力开展应对突发事件技能的训练，以增强民兵应对突发事件的能力，从而提高民族地区的应对能力。

第九，建立和引入保险机制。保险可以分散突发事件风险，起到帮助维护社会稳定的作用。在世界许多国家，非常注重利用市场化的保险机制来应对巨灾等重大突发事件造成的影响和损失，针对突发事件制定了突发事件商业保险制度，确保灾民在灾后得到及时救济、灾区的社会稳定和生产生活尽快恢复。目前我国还没有设立巨灾保险，农业保险在民族地区覆盖面又很小，因此一旦发生灾害，往往就只有依靠政府的救助来进行生产自救，因灾致贫的现象在民族地区并不鲜见。因此，要探索建立适合我国国情的巨灾保险和再保险体系，扩大民族地区的农业保险领域和覆盖面，充分发挥保险业在民族地区应急管理和减灾救灾领域的巨大作用。

第十，加强专门人才的培养。《中华人民共和国突发事件应对法》规定：国家鼓励、扶持具备相应条件的教学科研机构培养应急管理专门人才。目前，在国内应急管理还没有形成一个专业，只有暨南大学于汶川地震后在行政管理专业下开设了应急管理方向。虽然 2003 年 SARS 爆发之后国内学术界加强了对应急管理的研究，中国人民大学、清华大学、中国政法大学等高等院校都设立了应急管理研究所或研究基地，中国行政学会还创办了《中国应急管理》杂志，这些都为推动我国应急管理研究的发展作出了重要的贡献。但是，这还远远不能满足我国加快和完善应急管理体系建设的需要。我们认为，应当加强对应急管理专业人才的培养，包括在高等学校增设相关专业，特别是设立相应的硕士和博士学位点；对应急管理机构人员进行定期培训，或是派出专家学者深入基层举办讲座；举办应急管理机构和人员之间的交流活动，包括与国外应急管理机构和人员的交流。

我国是一个多民族国家，各民族在长期的历史发展过程中积累了相当丰富的应对突发事件的经验与方法，因此，民族地区在构建现代应急管理体系的实践中，应当注意吸收少数民族的优秀传统文化，使之成为当地应急管理工作的有效组成部分，在应对突发事件和救灾减灾工作中发挥作用。这一点，我们在后面的内容中还会进行讨论。

## 四　两地少数民族农村减灾机制的人类学考察

进入21世纪以来，由于受气候变化、人类活动等因素的不断影响，自然灾害越来越呈现出一种频发的态势，灾害所造成的损失也越来越大，对灾害的研究已成为国内外学术界广泛关注的焦点问题。2008年发生在我国南方省区的雨雪冰冻灾害，不仅受灾范围广、成灾强度大、持续时间长，而且重灾区多属于少数民族聚居区，有着不同于一般汉族地区的灾情和特点。那么，山地少数民族地区的自然灾害具有哪些特点？2008年的冰雪灾害对少数民族社会带来哪些影响？其应急管理体系建设现状及减灾活动具有哪些特点？如何认识民间知识、传统习惯文化在减灾中的地位和作用？为此，我们基于对灾区的实地调查，试图从人类学的视角，以贵州黔东南州丹寨县、广西桂林市龙胜各族自治县等山地少数民族地区为中心，通过个案分析，对一些相关问题进行探讨。

### （一）山地少数民族地区的自然灾害及其特点

所谓山地少数民族地区，是指以山地经济为特色，传统上主要为少数民族生活居住的地区。贵州黔东南州与广西桂林市位于云贵高原东南边缘，属于传统的少数民族居住地区，生活着苗、侗、汉、布依、水、瑶、壮、土家等30多个民族，其中少数民族人口占绝大多数。这一地区，群山连绵，重峦叠嶂，苗岭、南岭山脉横亘东西，植被茂盛，原始生态状况保存完好。由于山地面积广大，耕地面积狭小，传统上，林业产业在农业产业结构中占有重要地位，林业中又以毛竹、杉树、马尾松等速生林以及油茶、杨梅、胡柚、金秋梨等经济果林的种植为主，也是国家重点林区之一，森林覆盖率达60%以上。

长期以来，由于这一地区交通闭塞，基础设施落后，经济单一，发展缓慢，加之频发的自然灾害等因素的影响，当地群众的生产生活条件总体而言还没有得到有效改善，抵御自然灾害的能力也极其有限，当地俗云：小灾饿饭，大灾要饭，天旱无收，大雨绝收。各种灾害的发生对当地人民的生产生活乃至生命财产安全构成了极大威胁。资料表明，20 世纪 50 年代以前，黔东南兽灾、虫灾、鸟灾等生物灾害为患甚烈，人民公社时期，特别是改革开放以来，该地区的自然灾害则主要表现为灾害性天气，且种类较多，频度较大，如干旱、风害、凝冻、冰雹、水灾、火灾等。以丹寨县为例，境内虽然降水丰富，但由于时空分布极不平衡，所以一年四季均有干旱发生，特别是季节性的春旱和夏旱，其中严重干旱每七年发生一次，轻旱则不到两年一次，可以说干旱是发生频度最高、最为严重的灾害形式之一，其直接影响是往往造成农作物的大幅减产或绝产，乃至大范围的人畜饮水困难。在林区，干旱天气极易诱发火灾，导致森林火险等级提高。风灾多发生于 8、9 月份水稻抽穗或即将成熟的季节，时常会造成禾苗大面积倒伏，因禾穗泡水发芽或子粒脱落而歉收。冰雹每年都有发生，多集中于 3、4 月份，严重者六七年出现一次，油菜、小麦等农作物多受其害。凝冻又称凌冻，由低温、雨雪、冷冻而成灾，多发生于冬季山岳地带，几乎每年均有发生。县志记载，凌冻最早出现在 11 月中旬，最晚结束于 4 月上旬，平均每年有 17 天凌冻日。新中国成立以来，凌冻比较严重的年份有 1954 年、1957 年、1964 年、1967 年、1968 年、1977 年、1982 年共 7 年，其中最严重的 1977 年，凌冻日达 39 天，1982 年为 12 天。据统计，1982 年的凌冻造成电话线路断线 673 档，倒伏电杆 474 根，损坏 118 千米，压毁高压电杆 382 根，40% 的用户外线损毁，提灌站损坏 14 处，水沟塌方 14 处，水坝、水库垮坏 19 处，公路中断运输，冻死牛 201 头，油菜、小麦因灾受损 30% 以上的达 11993 亩，压坏房屋等设施 60 多处。[①]

从新中国成立后两地发生的灾情来看，可以归结为以下几个特点：一

① 参见贵州省丹寨县地方志编纂委员会编《丹寨县志》，方志出版社，1999，第 82 ~ 84 页。

是灾害性质基本上属于大气水圈灾害，或气象灾害，如干旱、风灾、冰雹、凌冻等，且多为直接成灾，像山体滑坡、泥石流等衍生灾害形式则比较少见，说明过去植被、土壤结构等原生态保存状况更加完好，从而使发生衍生灾害的概率大大降低。二是受灾范围均为农村地区，因此农业特别是传统的小麦、油菜等种植业损失比较严重，这反映出当地经济结构的相对单一性。三是较之其他灾害形式，旱灾最为多见，而凌冻灾害不仅发生的频度高，而且成灾强度大，受灾范围广；不仅农业受损严重，而且电力、水利、交通设施、房屋财产等均受到不同程度的灾害影响。值得注意的是，尽管以前凌冻灾害频发，但却并没有关于林业、经济果林等受灾情况的具体报告，这与2008年遭遇的雨雪冰冻灾情截然不同，反差强烈。

2008年的雨雪冰雪灾害，使黔东南地区、桂北一带的林业受灾严重，其中丹寨县兴仁镇大坡头沿线就有650亩林地受灾；桂林市兴安县华江瑶族乡，仅是一个毛竹示范点，就有1500亩毛竹受灾，其中严重受灾面积达1280亩，直接经济损失290万元；而兴安县46.9万亩毛竹林中，有37.5万亩受灾，其中重灾30万亩。① 可以说，林业资源受灾严重是2008年黔东南、桂北地区农村雨雪冰冻灾害的一个基本特点。而这一成灾特点大概与当地最近5年来大力发展山地林业产业，积极推广速生丰产林基地建设，不断加大林业产业的结构性调整存在某种内在关联。

### （二）灾害与山地经济形态、产业结构的关联性

林业、电力和交通，是2008年两地遭受雨雪冰冻灾害最为严重的三个行业，其中林业首当其冲。如丹寨县，凌冻造成直接经济损失4.8亿元，其中工业损失6423万元，农业损失11502万元，畜牧业损失563万元，林业损失23751万元，水利设施损失468万元，交通基础设施损失1000万元，电力设施损失3177万元，城镇基础设施损失650万元。② 很明显，林业损失最为严重，其次为农业损失、工业损失、电力损失、交通

① 上述数据由当地乡（镇）政府分别于2009年1月和2月提供。

② 中共丹寨县委、丹寨县人民政府：《丹寨县2008年应对雪凝灾害工作情况汇报》，2009年1月11日。

设施损失等。如果从农林牧大农业的角度而言，则农业的损失高达 35816 万元，远远超过电力、交通等方面的损失，也就是说这次雨雪冰冻灾害对农村民生的影响是比较严重的。究其原因，当与农村产业结构的调整过当、结构性比例失衡不无关系。

由于当地各族群众素有保护林木、植树造林的传统习惯，加之逐步认识到山地经济中林业产业的重要性，早在 20 世纪七八十年代，配合“农业学大寨”运动、“林业三定”、基地造林等工作，各族群众积极造林育林，并不断调整林业产业结构，加大用材林的比例，而经济林、薪炭林等林木所占比率则逐年下降。到 80 年代末时，用材林已是一枝独秀，如丹寨县 1986～1988 年共造林 45744 亩，其中用材林达 39557 亩，占该县全部造林面积的 86% 以上。用材林中又以速生马尾松、杉树、毛竹为主，其结构性比例失调的问题已露端倪。[①]

进入 21 世纪，特别是最近几年，当地政府部门进一步加大产业结构的调整力度，利用当地山区面积广大的优势，大力发展特色产业，并以提高农业规模化、标准化和产业化水平为目标，强调并突出林业产业在农业产业结构中的地位。为了实现林业大县向林业强县的转变，地方政府积极实施油茶、毛竹等低改、扩种项目，推进丰产示范林建设，将过去的大量天然次生林改为速生丰产林。如龙胜县在过去的一年中即完成毛竹扩种 23628 亩，毛竹低改 5000 亩，杉木造林 28092 亩，阔叶林种植 468 亩，果林种植面积新增 2094 亩。即便在灾后的 2009 年，当地政府仍启动了一项庞大的造林、低改、扩种计划：建成油茶丰产示范林 200 亩，推广新品种造林 500 亩，油茶低产林改造 15000 亩；完成毛竹扩种 16000 亩，毛竹低改 30000 亩；完成厚朴扩种 5000 亩，低改 20000 亩。因此，随着林业产业结构的调整，过去那种多样化、分散的、低产的、小块经营的生产方式，正在逐步走向规模化、专业化、高产化的经营模式。用当地政府部门的说法，就是“走集中连片开发、产业块状覆盖、立体化种养殖的模式”，从根本上破解山区农业发展的难题。应该说，这的确是增加农民收

① 贵州省丹寨县地方志编纂委员会编《丹寨县志》，方志出版社，1999，第 630 页。

入，改善民生的一种有效途径。但问题是，当这种越来越趋于单一林种结构的林业模式在给人们带来较大经济效益的同时，由此带来灾害的风险也同样是巨大的。具体而言，当将大面积低产毛竹林改造为丰产毛竹林后，从生态的角度而言，一方面挤压甚至剥夺了其他植物，特别是那些对水土保持、涵养水源具有不可替代作用的低矮灌木等原生态林的生存空间，同时对山体的土壤结构有一定的改变作用，严重者会使山体结构疏松化，遇山洪暴发或大雨，极易导致泥石流、滑坡等地质灾害。加之速生林多具有单位面积密度大、水土资源消耗大、质地脆弱、强度差等特点，每遇大风、冰雪等恶劣天气，极易发生倒伏折断现象。据调查，在这次雨雪冰冻灾害中，林业受灾突出表现为速生丰产林大面积倒伏折断，其中又以毛竹、马尾松等速生树种为主，杉树则相对较轻。

无疑，农村的产业结构特点，是这次冰雪凌冻造成林业大面积受灾的直接原因之一。而农村产业结构，特别是林业产业结构中林种的过于单一化也是成灾因素之一。那么，传统山地经济或传统农业产业结构的合理性因素是否有必要重新审视？是否蕴含一些值得关注的生态文化价值？在当前政府部门加紧制定各种应急预案，加大应急管理体制建设力度的同时，探讨多元化的减灾机制就显得极其重要。

### （三）传统山地农业结构特点及其生态减灾价值

黔东南与桂林地区位于云贵高原的边缘地带，岩溶地貌发育典型，其分布范围较广，形态类型齐全，地域差异明显，构成一种特殊的岩溶生态系统，由此决定了其经济类型、形态结构上的独特性。岩溶生态系统的特点表现，就是尽管植被茂盛，但可耕地面积却极其狭小、分散，而且山高谷深，土地贫瘠，山体多呈碎石堆积状，土质松散，土层浅薄，水土流失严重。因此，为了适应严酷的自然生态环境，最大限度、合理地利用有限的土地资源，当地少数民族群众在长期生产实践的基础上，形成了一套行之有效的农业生产模式，因地制宜，多种经营。

这一地区的主要粮食作物是水稻、玉米，经济作物是烤烟、油菜、花生，养殖业以稻田养鱼、猪、鸡、鸭、鹅、羊等为主；主要经济果林有金秋梨、胡柚、樱桃、杨梅、油桐、油茶等。无论从其种类、适应性、特征，还是耕作制度而言，均体现出山地农业经济的鲜明特色及其生态合理性。

20世纪50年代的调查表明，黔东南地区的苗族等少数民族早在历史时期就摸索、总结出了一套适应山地环境的农业经营模式，掌握了各种不同作物、植物之间的依存关系及其适应性特征，然后因地制宜，多种经营，发展出了具有一定循环经济特性的耕作制度。他们根据当地地势较高、气候寒冷、土地贫瘠的自然环境条件，对其主要粮食作物——稻谷的品种精心筛选，成功选育出或耐寒、或耐旱、或耐寒又耐旱的各种稻谷新品种，根据土壤、水源、地势、小气候等条件的不同，因地制宜。如当地苗族种植的水稻，分为糯谷与黏谷两种，传说当地从前只种糯谷，不种黏谷。到19世纪末20世纪初，糯谷的种植面积仍占70%，黏谷只占30%。20世纪上半叶，糯谷、黏谷的种植面积各占一半。新中国成立以后，糯谷的种植面积大幅下滑，仅占稻谷总面积的7%左右，而黏谷的种植面积却快速上升，高达93%。究其原因，不外有二：一是糯谷成熟期晚，收割费工。假若入冬以后仍然没法完工的话，会因雨雪天气较多，致使大量等待收割的糯谷烂在田里。而黏谷的成熟期一般比糯谷早三周以上，且收割方便，费工少，直接在田里脱粒后即可挑回家中，一般在过苗年之前就可以收割完毕。二是黏谷的产量较高，且更加充饥。据说12碗糯米饭不足10人食用，而8碗黏米饭则足够10人吃饱。另外还有重要的一点，就是黏谷草性软、适口性强，牛爱吃；黏谷糠细，猪喜欢吃，显然这对维持家畜养殖业是一种比较经济的方式。而糯谷性喜肥沃，消耗地力，因此，如果长时间大面积种植糯谷，必然会导致田地肥力、收成逐年下降，农业经营的可持续性就会受到影响。

桂林地区的瑶族群众，对水稻的种植，也摸索出了一套行之有效的经验。他们根据山地环境条件，利用阳光、水利、土质、气候等垂直分布的特点，把稻田分为若干层，然后在不同的层次种植不同的水稻品种，最大限度但却十分合理地利用有限的土地资源。如在最顶层的梯田种植耐寒黏，其下第二层种植白谷黏，第三层为冷水麻，第四层为毛谷黏，第五层山脚地带种黄皮黏，最底层的阴凉地带则种植荷包黏。因为人们已经认识到，如果不按这一套经验去做的话，产量就会减少，年成就会歉收。

除主要粮食作物水稻外，山地经济还有一个最大特点，就是杂粮种植面积虽然少而分散，但种类却相当多，如玉米、高粱、小麦、荞麦、红薯、土豆、饭豆等。随着农耕技术的改进，产量也在逐渐提高，遇有灾荒之年或非常时期，可以解决不时之需。如在2008年雨雪冰冻灾害期间，在稻谷没法脱粒、村民大都吃不上米的情况下，不少农户靠储存的土豆、红薯度过了初期最艰难的日子。

调查中，桂林市资源县政府办公室主任告诉我们："当时吃水不成问题，冰冻可以融化后使用。在发电机送达前，脱粒是临时使用碾子、木碓等传统工具。另外也吃一些储存的芋头、红薯等以解决食物的暂时短缺。"[①] 黔东南州黄平县重安镇镇长也介绍："这次大灾中，老百姓遇到的最大困难是有粮无米，所以我们送柴油发电机下去，每4个村发放一台。也有的村民用传统的石磨来脱粒。应该说村民的基本生活不成问题，因为家里都有腌菜、土豆、红薯等。"[②] 在外打工的文黎花夫妇，灾害期间从都匀赶回老家丹寨县，他们背着不满三岁的女儿，靠仅有的两块红薯维持体力，在又湿又滑的公路上跋涉15个小时，终于回到家中。[③] 当然这是个极端的事例，但至少说明，在非常时期，红薯、土豆等仍然是一种最容易找到的食物。某种意义上而言，传统山地经济带有明显的灾荒经济的特性，是灾荒催生并强化了这种形态。当然，这也是长期以来人们不断适应环境，应对各种灾害的生存之道。历史表明，在生产力水平还不够发达的社会阶段，人们应对灾荒等突发事件的方式不外乎两种：一是选择迁移以寻求新的食物来源，二是通过增加当地作物的种类和提高产量以解决粮食短缺问题。显然，多样化的耕作方式，具有分散灾害损失，降低风险的功能。

林业一直是当地的传统产业，当地少数民族群众也素有保护山林的习

① 2009年2月11日对该主任的访谈。
② 2009年1月14日对该镇长的访谈。
③ 2009年1月11日对文黎花的访谈。

惯。更重要的是，他们懂得如何更加合理地开发、利用这些资源。当地群众不仅重视营造马尾松、杉树等用材林，以及油茶、油桐等经济林，而且热心种植松柏、枫、楠、桂花、竹等风景林、护寨林、水源林。在造林植树的同时，特别重视林粮、林药间作以及用材林与经济林间植的多样化模式，在因地制宜方面积累了丰富的经验：马尾松喜阳光，耐贫瘠，多种植在坡顶一带；杉树喜肥沃，抗风弱，多种植在山腰阴坡地带；毛竹等速生植物，喜阳光、肥沃，抗风弱，适宜栽种在山脚等。在桂北龙胜县，则摸索出一种独特的分封禁区的办法，将山地划分为柴炭区、幼林保护区、造林区、开垦区、封山育林区、牧牛区、山火危险区、防火线、积肥区等不同的功能区，均衡发展林、农、牧业。实践证明，合理的布局、多样化的造林模式与林业结构，不仅可以充分发挥其“林业水库”的生态效应，而且可以避免或大大降低因干旱、大风、雪凝等自然灾害所造成的损失。据介绍，2008 年雨雪冰冻灾害发生后，在黔东南州雷山、凯里、黄平等地，那些处于背风坡的林木受灾较小，甚至没有造成任何损失，而迎风坡的则损失较大。同时，速生丰产树种如杉树、马尾松、毛竹等林木受损严重，而且规模越大受灾越重，柞、枫、栎、松等间植林地则受损不大。

### （四）城乡因素与灾害感受差异性的个案分析

同样的灾害形式，往往会产生不同的灾害效果。2008 年冰雪灾害成灾强度大，受灾范围广，但由于区域的不同，其影响也不尽一致，即便在同一地区，因城乡的差别、家境的不同，其影响也会有所不同。因此，人们对灾害的感受方式、感受程度等也就千差万别。下面，拟根据调查访谈中几个比较有代表性的具体事例，就农村普通老百姓对这次冰雪灾害的真实感受以及影响灾害感受的城乡差别等因素进行初步考察。

**[个案1]** 西江村村民宋光财，苗族，60 岁，双目失明。一家 4 口人，爱人不到 50 岁，两个孩子中儿子读初中、女儿读小学三年级。家里没有水田，只有旱地，种植玉米，没有家畜。因自己丧失劳动力，家里全靠爱人种地、打零工，养家糊口。去

年冰冻期间，镇政府救助棉衣2件、被子1件。属于低保户，每月领250元。家里有电视，无电话、手机。取暖用柴木铁炉。去年停电期间，照明用蜡烛和煤油。现有7分旱地，种植苞谷。原来有5分水田，被征用后给了1万元，但现在征用的话要值二三万元。有自留山，种着树木，还有部分草坡，现为兄弟5人合用，没有分割。生活上主要是用发的低保钱买米吃，刚够吃。从2008年开始享受的低保，以前是享受救济粮、救济款。参加了新农合，今年的要求是每人交纳10元参合费，村里绝大部分家庭都参合了。不晓得村规民约，但知道4个"120"。电费是自己交纳，靠爱人平时打点零工，贴补家用。村里的低保分一、二、三类，由县民政局划分档次。现在最大的问题是身体残疾，丧失劳动力。（访谈日期：2009年1月10日，地点：西江村宋光财家）

西江村为雷山县西江镇政府所在地，是著名的千户苗寨风情旅游村。因此，旅游业是最主要的产业，其次是种植业，有水稻、油茶等，还有家庭养猪。因为本村经营旅游业的较多，每年有42万客流，所以全村10%的青壮年都在本村或者是外地打工。据西江镇政府干部介绍，西江村是2007年由4个村合并而成的行政村。目前全村有1285户5406人，全部是苗族。2008年雪灾期间曾停电14天，交通也中断，全部靠步行。吃饭全靠传统的木碓打谷，打一天吃一天，舂米是用"雷钵"，即舂辣椒用的小型石臼；取暖是用烧柴，很少用木炭。吃水没问题，可以到河里抬水。当时电杆倒伏现象较多，农作物主要是果木如杨梅等受到一定影响。当时老百姓面临的最大生活困难是没有米吃，牲畜死亡的现象也有，牛、猪等缺饲料、缺水，特别是养殖户受损失较大，因为牛棚多建在远离村寨的山坡上，喂食不便。西江村是在灾后一周得到救灾物资。干部捐钱给五保户等弱势群体。因为没有电，电话不通，手机也没法用，信息的传达主要靠步行。①

① 2009年1月10日与西江镇政府领导班子的座谈。

情况表明，由于旅游业是该村的支柱产业，种植业、特别是林业所占份额极小，所以雪凝除对个别养殖户造成一定损失外，对于当地绝大多数家庭而言，冰冻灾害的最大影响就是停电带来的生活上的不便。而对于低保、贫困家庭来说，因为本身生活极其简单，也没有稳定的生活来源，基本上是在靠政府的救济维持生计，加上该村商业设施相对齐全，生活必需品可以就地购买，因此像宋光财这种贫困家庭对于灾害的感受程度明显较弱，政府部门的应急救助常常令他们心存感激之情。其实对于农村弱势群体而言，较之冰雪灾害所造成的临时性不便，日常性的生活贫困才是最大的问题。

**［个案2］** 文黎花，苗族，丹寨县人。现经营一家水果店，雪凝期间正在外地打工。自称从2003年起在广州打工，2005年生一女，一家3口人。灾害期间因回家过年，从广州乘火车到都匀后，住在亲戚家。当时不知丹寨灾情严重，在亲戚家住了7天后，急于回家，但因交通中断，只好步行。女儿年幼，夫妻轮流背着女儿，拖着拉杆箱，艰难跋涉。当时道路溜滑，行人也多，纷纷用袜子套在鞋上以防滑倒，袜子磨破后就用稻草捆在鞋上；路上没吃没喝，多亏带了两个红薯，给女儿吃了一个，夫妻俩吃了一个。经过15个小时的步行，终于在晚上赶到了距离丹寨县城（龙泉镇）约4千米的哥嫂开的一个度假村。当时手、耳、脚都有冻伤，双腿僵直难行，在那里卧床4天才能下地。女儿的双脚也出现浮肿。当时这里一支蜡烛卖到6元，请人送水到家一桶水5元。大家都是挑水吃，有一个水井可以取水，方形的井池，冬天不冻。春节时一度有电，是临时用柴油发的电，但在春节后10多天，供电才完全恢复正常。（访谈日期：2009年1月11日晚；地点：丹寨县城文黎花水果店）

这是一个打工家庭的灾害感受，亲历了交通中断、信息不畅、饥寒交迫、长途跋涉、求助不得的种种艰辛和痛苦。可以想见，较之断电带来的仅仅是生活上的不便，恐怕这种旅途遭遇的灾难效应具有更加广泛的社会影响力。适逢春节来临，大量外出打工人员纷纷回家过年，人群的聚集无形中也放大了这种灾难效应。相信不少家庭也有着同样的感受，这个家庭不过是其中较有代表性的一个而已。

**[个案3]** 王化生，男，1960年出生，全家6口人，有3个小孩，还有70多岁的父亲。家有旱地2.1亩、水田2.8亩、林地1亩多、橘子树10几棵。家里有一台电视，座机电话一个，是今年刚安装的，没有手机。有自来水，今年搞消防饮水一体化建设。林地是1979年开始种植的，至今已近30年，去年在雪灾中大部分树木倒伏，只剩下十分之一，折断的树木大都没法用，只能当烧柴。现在补种了一些，还有一些自然生长的林木，也进行了修理。因雪凝造成的林木损失在五六千元，而全家的年收入还不到1000元。林木主要是卖给私企的老板。其他收入来源是养猪、蔬菜和水果。现在还养着两头猪，一般养一年多就能卖。

灾害发生后，村里停电20多天，2月29日才开始恢复。因为本村是个旅游景点，所以灾害发生后一是通过游客向县上或乡里反映，再就是上级领导来看望时向他们反映。当时生活中遇到的最大困难就是蜡烛买不到，所以天一黑就睡觉，晚饭早点吃，照明是用菜油或用松明子。取暖是用木柴烧炉取暖，煤炭太贵。打米一停电就没法打了，只好用以前的木碓舂米，舂了一天，太吃力了。后来乡上又使用柴油机来给我们打米，是按顺序排队打米，打了几天几夜，先打了一二百斤，是限量打。吃水都到河里去挑水，去年10月份天气太旱，没有自来水，所以一直在挑水。只是冰冻后，路面溜滑，鞋底要捆上稻草防滑。

灾害发生后，因为没有电，心里还是很着急，加上什么东西都贵。乡干部宣传说停电是因为高压线倒伏，并安慰说开春后就恢复供电。2008年腊月二十五，为了抢修线路，本村每家都出劳力挖电杆洞，大家的积极性很高，一天从早上9点一直干到晚上9点，而且从村里出发到工地，要走50多分钟，饭都是带到山坡上吃。自己当时干了3天，每天都是抬电杆，拉电线，挖杆洞。当时有的人家杀年猪请去帮忙我都没去，我说等电灯亮了再杀也不迟。我不是党员，但是积极分子，家境在村里属于中等以下。我觉得在灾害期间，村干部的表现一般，出工不积极，上面讲一下就说几句，救灾工作主要还是乡政府来组织的。原来自己是村民小组长，现在的村支书是换届刚选上的。自己入党申请写了几次，但老支书不支持，没批准。现在村里有消防池。灾后吸取教训，今年我家提前打了300斤谷子，还计划再打100斤，准备好了取暖柴火，蜡烛买了一把10根，煤油1斤。同时，我也希望村里今年做些准备，宣传动员群众早准备好必要的物资，提醒大家都注意。现在，我天天关注天气预报，先看新闻，再看天气预报。

灾害期间，主要还是靠政府的救助，因为大家都困难，很难帮得了别人，再就是靠自救。自己2000年到2001年到广东打过工，在建筑工地。妻子在东莞打过工，家里的这台电视就是用妻子打工的钱买的，是在灾前买的，花了1000多，加上DVD一共花了2000多。以前家里没装电话，需要时就借别人家的电话用一下，即便是接一下电话也要给人家1元钱，没办法，只好自己也买了一个电话。因为本村是刚通电不久，所以对停电有一定的适应能力和应对办法。尽管当时对灾情何时结束心里感到着急，但并没有恐慌情绪。当时最大的问题还是生活上的不便，因为马上就要过春节了。（访谈日期：2009年1月12日；地点：丹寨县南皋乡石桥村王化生家）

丹寨县是受灾比较严重的一个县，石桥村是当地的一个旅游定点村，以苗族传统工艺——手工造纸著称，全村257户中有60多户从事不定期的造纸业，但绝大多数村民的主要收入仍来源于水稻、玉米、马铃薯等传统的种植业，以及林业产业。林业产业中又以杉树等用材林和以其树皮作为造纸原材料的构树林占有较大的比重。这场灾害给王化生一家造成的林木损失在五六千元，相当于全年收入的5倍以上。而对于停电造成的生活不便，因为本村刚刚实现“三通”，即通电、通水、通路不久，所以大家对于没有电和自来水的生活都有一定的适应能力和应对办法，如用菜油、松明子照明，用木碓舂米，用稻草捆鞋防滑，去河里挑水等。虽然没有产生恐慌情绪，但由于临近春节，大家多少还是有些抱怨甚至着急。

**［个案4］** 重安镇黄猴村杨国栋，革家人，69岁，当了7年兵，1964年在部队入的党，一家7口人，除老两口在家务农外，小孩在外打工。自己现在担任村支书。自家有3亩水田，种植水稻，收割后再种油菜；山林1亩，种植柞树等用材林。口粮不够吃，每年要买一些，但自从儿子外出打工后，口粮反而吃不完。灾害发生时，儿子一家都在黄平县城打工，后步行1个多小时才赶到家。当时主要问题是没水没电，所以春节一过，儿子一家就又回到了黄平。自家有电视、电灯、电话、手机，冰雪灾害期间这些都没法用，但当时并不感到担心，相信政府会帮助解决这些暂时的困难。当时虽然没了自来水，但挑水很方便，就在不远的地方。吃米虽然一度困难，但村民之间可以互相调剂一下，后来又运来了发电机打米，吃米也就不成问题了。房子是木结构的，没有受损，虽然已有30多年了。村里有少数房子受损，但那是被树木折断后砸坏的。像这种木结构的房子很好，很保暖。

村里冬天取暖，一是烧煤，既做饭，又烤火，再就是传统的火塘，烧木柴，但现在这种方式很少了。我家用的是煤炉，其他大多数都在用煤。自家存有很多劈柴，是用来引火烧煤的。灾害期间，照明是用蜡烛，不太贵，点了半个月，春节时来的电，但不正常，断电后，又检修了几次。灾害发生后，本村林业方面受损不大，因为种植的大多是用材林，比较结实，不像杉树、松树等经济林木那样易倒易折，用材林指的是柞树，主要是用来做柴薪。

灾时特别关注天气状况，主要是看新闻。总地讲，灾害对自家的影响不大，主要是没电。家里也没有喂猪养牛。再就是油菜打坏了一些。希望今后能够加强村里的基础设施建设，像电杆、电线的强度和标准再提高一下，蜡烛的价格控制好，不要再涨价，村里的道路要修好。由于去年的大灾，今年我家就有所准备，比如，米打得多了一些，准备了200多斤；其他的物品，家家都做好了准备。（访谈日期：2009年1月14日；地点：黄平县重安镇黄猴村杨国栋家）

这是一位村支部书记的灾时感受，也很有代表性。总地看，灾害的影响不大，主要还是没电造成的生活不便，特别是打米面临困难。林业方面由于种植的多为柞树等薪炭林，所以受损不大。更重要的是，当面对灾害时，并没有表现出任何的担心。而就全村的情况来看，除油菜局部受灾，以及个别民房受损外，基本上没有造成太大的损失。

**［个案5］** 麻塘革家寨为凯里市龙场镇平寨村一自然村，有98户，450人。吴林德，39岁，革家人，全家6口人，即母亲、夫妻2人及3个小孩。平时只有母亲一人在家，由其兄弟照料，夫妻及小孩全家则在广东打工。目前全家种有4亩水田、5亩旱地，另有十几亩山林，种有松树等。2008年春节前，从打工地回到家乡不久，即1月12日就发生雪凝，当时最大的困难是停电，停了1个多月，蜡烛每支5元，好在自来水没受影响。取暖一直都是用煤，山林没有受损，因为大多在阴坡背风处。本村距离凯里市区15千米，四面环山，虽然没有河流，用水却很方便，村里建有自来水管道，每日定时供水，不过都够用的。家里养着3头猪和十几只鸡、鸭等家禽。（访谈日期：2009年1月15日；地点：平寨村麻塘革家寨吴林德家）

该受访家庭所在的村落四面环山，且林地多分布于阴坡背风处，所以雪凝灾害并没有给这家的林木、家畜等造成损失。最直接的感受，主要还是因停电造成的生活不便，以及蜡烛断货，商铺趁机涨价等问题。

综合上述个案，可以对农村普通群众的灾害感受有个最基本的了解，概而言之，可以归结为以下几点：①灾害对农村居民的影响主要表现为停电带来的一系列生活问题，如没法打米、照明困难、吃水不便、部分商品涨价等。对此，村民大都能坦然待之，并根据经验采取一些应对之策。②除个别村寨、个别家庭外，林业受损比较严重，特别是林业比重较大的村寨。其次是养殖专业户也有一定损失，但属极少数，因为当地的规模性养殖尚处于初始阶段。③交通中断对于那些外地务工返乡人员的影响较大，感受深刻：道路湿滑、饥寒交迫、无助失望、手脚冻伤等。比较而言，这场大范围的雨雪冰冻对农村生活所造成的灾害效应，似乎远没有城镇那样感受强烈。究其原因，当与城乡之间经济发展的不平衡，以及生活方式、习惯上的差异性直接相关。调查中黔东南州气象局局长的分析很有代表性：

雪凝冰冻灾害的气象学术语叫“低温雨雪冰冻”。这次雪凝主要是范围广，持续的时间长。以前局部地区如高山地区每年都有，只是时间比较短。以前高山地区的住户少，影响也不大，而且村民也可以自己下山或由山下支援，“一方有难，八方支援”。这次则是大不同，范围大，时间长，村民都自顾不暇，加上现在人们普遍对水、电的依赖严重。时值春节期间，外来务工人员大批返乡，造成的社会影响面较大，涉及面也广。以前即便发生雪凝，在山上坚持个两三天是没有问题的。高山地区村寨较少，分布稀疏，人口不多，加之传统生活方式的沿袭和经济结构上以单一的种植业为主的特性，都使成灾的强度相对较小。因为在林场承包之前，林业基本上处于辅助性地位，林业在村民收入中占的比例较小，而以农业性收入为主。冬季则为农闲时间，即便发生雪凝，也不会造成实质性的影响。如1984年曾发生雪凝，长达七八天，但并没有成灾。现今，随着人流、物流的增大，其影响也大，故同样的灾害，在不同的时期和不同的地区，其影响是不一样的。现在人们对通信、手机、电的依赖越大，人们的心理承受力也就越低。以前，没有电就用油灯，没有手机、电话也能习惯。在农村地区，平时打赤脚，穿草鞋，即便路滑也没关系。现在，人们对车辆、公路的依赖大了，路一旦不通就会引起一定的危机心理甚至恐慌。现代人的脆弱性表现在对现代生活方式的高度依赖性，城市为了减少污染，鼓励人们用电，但一旦电力出现问题就会引发危机，而农村生活方式的城镇化，对电的依赖也越来越大，电得到广泛使用，用电机脱粒，电灯、电饭煲、电话、电视、手机、电热毯等等。以前没有长途车时，从丹寨到凯里要走好几个小时，现在乘车很方便，道路一旦不通，再步行就受不了。人们的时间观念、空间观念都在发生变化，以前出门走个一天一夜很平常，但在现在却是大问题。①

丹寨县应急管理办公室主任在灾后的调查中也有同样的感受：

灾害发生后，我们曾步行3天到了3个僻远乡镇的3个村寨如鸦灰等，发现受灾不大，因为这些村寨地处僻远，对现代生活方式的依赖相对较小，基本上维系着传统的生活方式，照明用松明子，打米用木碓，对冰冻的山路也能适应，即便在冰冻期间村民也时常走亲串户，吃酒聚会。这些村寨几乎没有现代的生活设施，电视、电话很少，受现代生活方式的影响不大，每个村寨都有自己的水井，没有自来水。②

城镇是当地经济文化的中心，基础设施完善，生活方便，但这一切均是以水、电系统的正常运转为前提，对水、电的高度依赖性可谓现代城镇生活的一大特点。这次雨雪冰冻灾害对当地城镇造成的直接影响主要是供水、供电系统的大范围瘫痪，进而导致其他一系列危机问题的产生。调查显示，灾害对城镇居民的影响主要表现在以下几个方面：①用水困难，包括饮用水和生活用水。丹寨县文化局一位干部这样描述当时自家的情况："停电期间，自家的吃水出现困难，一家3口用瓶瓶盆盆的挑水，挑来的水，一部分储存在浴池里用来冲刷厕所，一部分作为饮用水，一家人有15天没洗澡。挑水用的扁担和水桶都是从邻居家借来的，后来又借来板车，一家人前拉后推，到别处去运水。"③ ②通信中断，手机、电话等不能用，照明困难，改用蜡烛。所有电器成为摆设，煤气定量供应。③正常

① 2009年1月9日对该局长的访谈。
② 2009年1月11日对该主任的访谈。
③ 2009年1月11日对该干部的访谈。

的粮、油、蔬菜等商品供应受到影响，价格一时上涨。

总之，尽管灾害给农村的经济，特别是林业造成了很大损失，但就对于灾害的主观感受而言，似乎城镇居民对灾害的感受程度更为强烈。对于农村而言，灾害带来的主要是生活上的不便与林业等方面的具体损失；而对城镇居民而言，灾害造成的则是生活上的困难与环境条件的缺损。换言之，灾害效应在农村主要表现为生产生活资料上的部分损失，在城镇则表现为生活环境条件的整体受损。村民感受到的是不便，而城镇居民感受到的却是困难，这是城乡之间在灾害感受方面的基本差异。其实，对于山地农村而言，较之雨雪冰冻，恐怕频发的季节性旱灾、防不胜防的火灾才是更大的威胁。这从农村社会对旱灾、火灾的普遍重视、预防以及与之相关的文化传统、习俗中可窥其一斑。

### （五）山地文化传统习惯与灾害防范

独特的地理环境与气候条件造就了黔东南、桂北地区多样化的自然景观与生态系统，当地少数民族群众在长期的生产生活实践中总结积累了丰富的关于环境保护与灾害防范的知识体系，并以习惯、禁忌、村规民约等民族传统文化的形式世代相传，恪守至今，成为构建和谐村寨、打造生态农业、实现可持续发展的可资借鉴的宝贵资源。

习惯、禁忌、村规民约，可以说是山地文化传统的重要内容，涉及生产生活的各个领域，在保护生态环境、合理利用自然资源、防范灾害发生等方面起着独特作用。

长期以来，火灾是困扰当地少数民族群众的一大隐患。由于当地的房屋建筑多为木质结构，而且聚族而居，形成集中式村落，小者几十户，大者几百户甚至上千户的村寨连成一片，房屋错落，鳞次栉比，一旦发生火灾，火势蔓延迅速，难以控制，常常是一户失火，全寨遭殃，损失极为惨重。特别是由于很多村寨地处半山腰或高岭地区，地势落差大，水源缺乏，遇上干旱季节，对火灾更是难以实施有效的扑救，有的村寨失火之后，甚至一二十年都难以恢复。所谓当地少数民族群众有两怕，火即其中之一。因此，为了防范和应对火灾的发生，在长期的历史过程中形成了诸多与之相关的习惯和规范，其中最具代表性的就是“扫寨”。

“扫寨”，又叫“退火秧”，是当地苗族村寨最重要的集体宗教活动之一，一般每隔两三年就要进行一次，届时全寨都要参加，目的是把火秧鬼赶出寨子，使村寨免遭火灾危害。人们认为，“火秧”是一种很可怕的厉鬼，专门纵火烧寨，寨子如果3年内不搞“退火秧”的话，就会大火为患，灾难临头。特别是一旦哪个寨子不幸发生失火事件，那么这个村寨就得马上进行扫寨活动。“扫寨”时，每家每户的火塘要全部用水熄灭，并在出入村寨的各个路口拉起草绳，系上草标，派专人把守，严禁外人进入，以免将鬼怪、野火带进寨子。“扫寨”仪式，从人与自然的关系角度而言，真实反映出人们面对火灾时的无能为力，以及对于火灾原因的困惑不解，以致最终流入宗教性的鬼神想象。当然这是人类屈服于外力自然的一面。不过从其社会功能而言，通过“扫寨”这种神圣化、仪式化的活动，有助于强化人们对于火灾危害性的群体共识，并将这种灾难记忆转化为一种警钟长鸣的危机意识，从而客观上起到了火灾警示、防火教育、消除火灾隐患的作用。正因如此，直到今天，不少苗族村寨仍在沿用这一古老的“退火秧”仪式，以便唤起村民的火灾防范意识，并与村规民约相结合，成为维护村寨秩序的一种不可或缺的手段。诚如雷山县西江镇纪委书记所言：“为了防止火灾，‘喊寨’的习惯还在延续，每天鸣锣喊寨，要求村民注意防火。另外，‘扫寨’作为一种传统习俗也得以保留，因为当地火灾较多，所以请神灵保佑。届时，要请来巫师主持，杀猪做法事。不过现在的扫寨已创新为一种宣传消防工作的公共行为。对于造成火灾或存在火灾隐患的要依照村规民约给予相应的惩罚，如西江村的4个‘120’，就是一例。”①

村规民约是规范乡村社会的行为规范，其中防火规约在各民族村寨中相当普遍。根据调查，目前黔东南、桂北地区的防火规约，就其较有代表性的而言，主要有以下几种形式：

［**材料1**］　防火安全：一、在本辖区内发生火警的，罚

① 2009年1月10日对该干部的访谈。四个“120”见所引［材料1］。

200～500元，一切损失肇事者自负。二、在本辖区内发生火灾，按“四个一百二”（即一百二十斤米酒、一百二十斤糯米、一百二十斤猪肉、一百二十斤蔬菜）处罚，并罚鸣锣喊寨一年，所造成损失报上级部门处理。三、在本村耕作区内发生火灾的，过火面积每亩50～80元，并清点林木，赔偿损失，按杉林每棵围径每公分0.2元，松树每棵围径每公分0.1元，经济林按每棵10～30元（包括橘子、果树）的标准。必须在一个星期内交足罚款，拒交的，请鼓藏头、寨老出面处理。四、破坏村内消防设施的，除照价赔偿外，另罚200～500元。（摘自《西江村村规民约》，2009年1月10日于雷山县西江镇西江村调查所得）

**［材料2］** 安全用电：一、安装或维修用电设备或线路，必须找电工操作，严禁私拉乱接，电线老化、杂乱应及时更换或清理。二、严禁私设电网防盗、防窃、防动物或捕捉动物。三、严禁在电线上晒衣物，严禁在电线下方建房、堆放柴草、栽树，严禁破坏或用石头等击打电杆、电线或电瓷杯。五、按时交纳电费，严禁超负荷用电，严禁偷电、窃电。（摘自《石桥村村规民约》，2009年1月12日于丹寨县南皋乡石桥村调查所得）

**［材料3］** 防火公约：为了加强石桥村寨的消防安全管理，预防火灾发生，减少火灾危害，结合石桥村寨实际情况，经村民代表大会讨论通过，制定本村寨防火公约。第一章“防火安全管理”第一条：每个村民要自觉遵守消防法律法规，自觉维护本村寨的消防和森林防火安全。第二条：每个村民都有义务爱护公共消防设施、器材，不得挪用损坏。要熟练掌握本村常用消防器材（或农具代替灭火）的使用方法。第三条：每个农户都要轮流在每天晚上20时～23时进行鸣锣喊寨，然后按值班顺序往下交接（交接铜锣时间为第二天值班前），在规定时间内不交接的，继续值班鸣锣喊寨，履行义务。第四条：各住户房前屋后要保持清洁卫生，柴草不准在房前屋后堆放，更不准随意倾倒液化气残液物。第五条：家长要引导老人和教育子女养成正确用火、

安全用火的习惯，防止老人用火不慎，小孩玩火引发火灾（火警）。第六条：村民发现有危害公共消防安全行为的，每个村民都有权进行制止，以消除隐患。第七条：发现火情必须立即拨打"119"电话，任何人不得以任何理由阻碍，并及时通知村寨义务消防队员灭火，了解火场情况的人，要及时将火场内被困人员及易燃易爆物品等情况告诉消防队员。第八条：村寨各住户生活用火要特别小心，炉灶和其他火源旁边不准放置易燃物品，炉、灶灰要熄灭后再倾倒。第九条：村寨各户家中不准存放超过1市斤的汽油、酒精、洗发水等易燃易爆物品。第十条：各住户离家或睡觉前，要检查电器是否断电，燃气具是否关闭，明火是否熄灭，不准乱扔烟头和火种，不准躺在床上吸烟，明火照明要不离人，不准用明火照明寻找物品。第十一条：各住户要自觉整改室内不规范电气线路，尤其要支持配合村寨进行整体线路老化改造，不要乱接乱拉电线，电阻线不能用铜线、铁丝代替，需增加用电时必须由电工安装，不得超负荷用电、利用电器或炭火、明火取暖，烘烤衣物时必须注意安全。第十二条：禁止户外用火（包括烧荒、烧田埂等）。（《村寨防火公约》，2009年1月12日于石桥村调查所得）

较之历史时期，可以看出上述的防火规约具有以下几个突出特点：①规约的制定是基于民主原则，通过村民代表大会的形式得以认可并使之规范化、制度化，因而具有广泛的民意基础和一定的约束力。②监督和执行规约的主体是村委会，村委会作为基层组织和一级公共权力机构，依据国家赋予的权力履行职责，在村寨中拥有不可替代的权威性，不仅是国家法律法规的捍卫者，而且也是村规民约的执行者。同时，村规民约由于村委会的介入，从而大大增强了其权威性和可操作性，成为村寨社会调节和社会控制的一部分。③传统的鼓藏头、寨老权威在村委会主导的村寨事务中继续发挥作用，成为维护村寨秩序、加强公共管理、化解矛盾纠纷等的不可或缺的人物。④舆论仍然是乡土社会中不可忽视的一种强制性力量，对违规者的处罚，一般由寨老和村委会来执行，若违规者不接受，会遭到全村人的孤立和舆论的谴责。⑤在市场经济的大背景下，处罚方式发生了一定的质的变化，越来越倾向于经济处罚的方式，如西江村的四个“120”，可谓家喻户晓。不过，在与国家现行法律法规不相抵触的前提下，某些传统的处罚手段仍然得以保留、延续，如罚鸣锣喊寨的规定即其一例。当然，以历史的眼光来看，虽然村规民约本身也处在不断地调整、变迁过程中，但其基本精神、基本内涵却有着一定的稳定性和传承性，许多内容无不以传统的习惯法为基础，有所补充、更改或修正，而这正是村规民约的生命力之所在。

少数民族地区一向重视生态环境的保护，保护生态环境也是村规民约的一项重要条款，如下面的材料：

《榕江县加益公社村规民约》（1982 年）：“严禁乱砍滥伐。如私人用材（自留山除外）需经批准，三根以下经小队，五根经大队，六根以上经公社，十根以上经县批，违反的（包括不经批准和批少砍多），除没收所砍林木外，属于用林，每棵罚款 10 元，并规定砍一栽三营护三年，包栽包活。严禁放火烧山，每烧一起罚猪肉三十三斤，按规约毁一栽三，营护三年，包栽包活。需烧放牛坡的要经公社批准才能烧，烧到山林同样罚三十三斤肉。”①

《资源县老王家村乡规民约》（2008 年）：“严禁放火烧山，乱砍滥伐，毁林毁草开荒。注意村寨防火安全，预防火灾事故发生，保护生态环境。”②

《雷山县西江村村规民约》（2008 年）：“凡抵触和不配合村委会开展防火安全、环境卫生、山林保护等工作的农户，申请村委办理相关事情的，暂不予以考虑。”③

《丹寨县石桥村规民约》（2008 年）：“禁止乱砍滥伐他人或集体林木（包括松、杉、竹桐、果、茶、药及沿河柳、樟等其他防洪树、风景树），

---

① 贵州省民族研究所：贵州省少数民族社会调查之一《月亮山地区民族调查》，内部印刷，1983，第 310 页。

② 2009 年 2 月 12 日在资源县中峰乡大庄田村老王家屯调查所得。

③ 2009 年 1 月 10 日在雷山县西江镇西江村调查所得。

违约每株处10~50元罚款，并赔偿损失，树枝每担5~10元。”[①]

以上是实行家庭承包、生产责任制以来村规民约中的相关条款，涉及水源地、植被、林木等方面的保护内容，而这不外乎是传统生态保护规约的自然延续，同时也是民间环境保护知识的集中体现。以黔东南、桂北地区为例，新中国成立前为了保护赖以生存的自然环境，规约中不仅对相关条款有明晰的解释，而且对当事人的处理方式、处罚额度等均有具体的界定。概而言之，主要包括几个方面：①未经寨老同意，擅自放火烧坡者，罚肉33斤，由全寨各家共分。②寨外的荒山荒地未征得寨老同意任何人不得擅自开发，否则会破坏“龙脉”，给全寨带来危害。违者罚肉33斤，由全寨各家共分。③寨子古老的风水树关系本寨“龙脉”的吉凶，是全寨的命根子，任何人不得随意砍伐，否则以破坏“龙脉”论处，罚猪一头，用以祭祀掌管“龙脉”的土地公。猪肉由全寨各家共分。[②] ④为了保护农田水利，稻田上面山坡不能烧茅草灰，不准砍树，特别是水源头的树不能砍，并要种植芭蕉，搞好水土保持。[③]

中华人民共和国成立以后，人民公社特别是“文革”时期，虽然由于破除迷信、废除陈规陋习，寨老在村规民约的制定与执行方面的权威已今非昔比，但传统规约的一些基本内容却得以继续保留、沿用，只不过执行的主体转换为公社、大队而已。即便在风水树这一敏感问题上，当地干部群众也并没有因为其关涉封建迷信而肆意砍伐，而是美其名曰“风景树”“护寨林”加以精心保护。

重视对水源地的保护，合理利用和储养水资源，可以说是山地民族的一大共性。这不仅体现在规约的层面，而且充分贯穿在生产实践当中，如黔东南地区苗族的“蓄水泡冬”之法，即相沿成习，特别是侗族传统的水资源储养方式，堪称匠心独运，功能巧妙，在抗旱、防洪、减灾方面发挥着巨大作用。

---

① 2009年1月12日在丹寨县南皋乡石桥村调查所得。

② 贵州省少数民族社会调查之一：《月亮山地区民族调查》，贵州省民族研究所，1983，第338~339页。

③ 《广西瑶族社会历史调查》，第四册，广西民族出版社，1986，第199页。

有学者将侗族的这种水源储养和利用模式，形象地称为“稻田水库”或“生态坝”。据介绍，所谓稻田水库、生态坝，实际上是以水为基础形成的“稻鱼鸭”生产结构，蓄水的田坎最高达50厘米，雨季每亩地理论上最高可蓄水330吨。这种为了生产需要而对天然溪流进行筑坝、改道、挖掘塘堰，顺山势构筑起的一整套严密的河渠田地体系，其实就等于在高海拔山地，人工打造出了一片稳定的湿地环境。这种人工湿地环境，可以在原有森林生态系统涵养水资源的基础上，大大提高水资源的储养功能。实践证明，稻田整个冬季被水浸泡，水缓慢下渗，渐渐变成地下水，进而向下游持续补给水源，构成一道旱季可缓解下游缺水，雨季可有效蓄洪的生态屏障，即所谓的生态坝。生态坝不仅可以保证农业生产活动的正常进行，而且具有比森林生态系统更为强大的水源储养能力。[①] 无疑，“生态坝”现象既是侗族人民的创造发明，更是其传统生态文化理念的生动体现。

互助习惯是山地少数民族地区普遍存在的一种社会现象，涉及婚丧嫁娶、生产、生活的各个方面，其中灾害特别是火灾救济，是传统互助习惯的一项重要内容，通常是“一家失火，全寨救助”。如在苗寨，如果突发火灾，村寨全体成员必须齐心协力，一同灭火；如果有外姓同住一村，他们也有义务参加救火工作。对于房屋被烧毁的家庭，家族中有余房的家庭首先有请他们来暂住的义务，绝不会让他们露宿在外，当然如果全村被焚则另当别论。受灾家庭如果一时缺粮缺柴，家族中也会给予临时性的救济。[②] 不难看出，家族内的互助是传统灾害救助的基本特点。随着时代的嬗变，社会的发展，传统的灾害互助习惯如今已成为村规民约的内容之一，其中一个很重要的变化，就是互助的范围由家族内部扩大到全村寨不同的家族之间，组织实施的主体也由村寨寨老、头人代之以村委会、党支部。救助方式也更多地采用捐款的方式，并张榜公布。如在丹寨县南皋乡石桥簸箕村张贴的一张为失火受灾家庭捐款的倡议书中这样写道：“发扬

① 罗康智等：《侗族传统生计中的水资源储养》，《中国社会科学报》2009年10月15日。

② 贵州省编辑组：《苗族社会历史调查》（一），贵州民族出版社，1986，第368页。

‘一方有难，八方支援’，为王启学家受灾献上一份爱心，送上一份真情。第一榜：王启光10元，王启开10元，……2007年11月8日。”[①] 响应捐助倡议者共有13人，代表13个家庭，捐款数额共106元，最多者20元，最少者1元。应该说在大家都还不富裕的情况下，完全靠民间的力量一次能够捐出106元已属不易，但也反映出在应对灾害方面，单靠民间的力量是远远不够的。山地农村的灾害现实，呼唤政府层面的更多关注，建立有效的、覆盖农村的减灾机制势在必行。

### （六）建立和完善农村减灾机制的思考

2008年的雨雪冰冻灾害给两地群众的生产、生活造成了极大的负面效应，同时也暴露出一些值得关注的问题。不可否认，除却低温、雨雪、冰冻等气象因素本身的影响以外，发生如此严重的自然灾害，或许更应该认真反思一下灾害因素以外的一些问题。根据调查所得的初步印象，同时结合各方面的情况来看，其问题主要表现为以下两个方面：

首先，灾害发生前，主观上对雨雪冰冻可能造成的危害性认识不足，重视程度不够。众所周知，任何自然灾害的发生都有一定的规律性和成灾的过程，雨雪冰冻灾害的发生也不例外。仅就成灾的强度而言，2008年发生的冰冻灾害或许可称为50年一遇，甚至百年一遇，但就雨雪冰冻本身的强度而言却未必称得上是50年一遇，更遑论百年一遇了。在这里有必要澄清两个概念，即灾害性气象与气象性灾害之间的关联和区别。虽然灾害性气象是气象性灾害发生的必要条件，但灾害性气象并不等于灾害本身，只有在一定的条件下，灾害性气象才会转化为现实的气象性灾害。之所以说明这点，目的在于强调，在冰雪灾害发生之前，如果采取一些必要的措施，是完全可以有效减缓，甚至局部避免灾害发生的。调查中当地干部承认，在冰冻发生初期并未引起当地政府部门的应有重视，甚至抱有侥幸心理，指望过几天冰冻就会自然消融，因此也就没有采取任何防范措施，直到后来凌冻越来越严重，并开始大范围成灾时才慌忙启动应急预

---

① 2009年1月12日在丹寨县南皋乡石桥村调查所得。

案，但为时已晚。

**［访谈1］** 初步印象是凯里周边雪凝灾害比较严重，如雷山、丹寨等地。这场灾害应该说是百年不遇。现在看来，当时的主要问题是对雨雪冰冻灾害的严重性估计不足，实际上贵州比湖南严重，但当时一是怕影响政府形象，显得政府应对能力差，二是怕承担责任，所以没有及时客观报道，宣传报道的力度也不够，低调、不客观，虽然不能说是瞒报，但却是地道的低报。后来一看到国家救灾力度很大，补贴很多，才开始大规模集中上报。湖南的观念与贵州不一样，湖南地处交通大动脉，京广线在此穿过，重要性大，对灾害也敏感。（2009年1月6日对凯里市退休干部Z的访谈）

**［访谈2］** 本地以前主要是7、8月份发生洪涝灾害，也下米雪即霰子或棉花雪，但过几天就化，形成不了冰冻。但2008年不一样，成灾是一个逐渐积聚、加重的过程，先是从海拔高的地区开始，逐渐扩大到较低的其他地方。对于农村而言，一般不太怕冷冻，传统上是靠木柴取暖，冬季多储备有木柴过冬，但这次谁也没想到会持续这么长时间，而且这么严重。应该说，这是建州以来从未遇到过的，因此刚开始时，无论是农村还是城市都没有料到它的严重性。这次雪凝灾害在历史上没有过，气象部门限于目前的技术也没法预测，现在最多能预报3~5天。

开始引起重视是从1月12日，首先问题是出在交通方面。第一起交通事故发生于1月13日的黄平，原因是路面冰冻造成，但还不是太严重，15日台江县一个乡又发生类似事故，开始以为是一般交通事故。由于细雨一直不停，加上不断降温，冰层越结越厚，因此灾情首先发生在交通安全方面。于是州委召开会议，中心是保交通安全。17、18日以后，雪凝冰冻开始影响到电力、通信系统，故19日正式全面启动应急预案，而之前是各系统分别启动，尚未提升到全州的水平。启动后，通过自备应急供电系统发电文到各县，要求正式启动与灾情相应的应急预案。

22日应急办改为应急指挥中心。

像冰冻封路这种情况，在高海拔地区每年都有发生。但这次雪凝灾害主要还是反映在交通问题上，随着冰冻灾情的加重，才逐渐波及电力、通信等领域。开始感到问题的严重是从17日，19日以后灾情已经非常严重。22日以后群众的生活出现困难，主要是由于电力中断，农民无法打米等等，这样的灾情逐步汇集指挥中心以后，于是开始物资的调运和救援工作。（2009年1月7日对黔东南州政府应急管理办公室领导的访谈）

［**访谈3**］ 这次灾害是50年不遇的大灾，其实刚发生时，作为我们媒体人尚未意识到。元月12、13日成灾，下雨是6、7日就开始了，而中央气象台当时还在讲是暖冬呐。后来1月10日左右接到老百姓的电话，说是滞留了很多人，于是派记者前去采访，发现情况比较严重。因为本地属于云贵高原，两三天的冰冻造成交通一时中断，这在当地是很正常的。开始是天气报道，始于6日，不是灾害报道。成灾有一个过程，且对成灾的强度也无法判断。11日是灾害报道。（2009年1月8日对黔东南州电台领导的访谈）

根据上述访谈，成灾过程可以表述为：2008年1月6日雨雪，地面结冰；12日成灾，冰冻越结越厚，交通系统出现问题；17日灾情严重，并波及电力、通信系统；19日正式全面启动应急预案；22日群众生活出现困难，州应急办改为应急指挥中心。从时间段上而言，如果说从19日正式全面启动应急预案，救灾行动算是全面展开的话，那么在之前的各个时间段上，尽管12日已经成灾，但似乎并没有引起足够的重视，更没有采取相应的、特别得力的应急措施。即便是在19日全面进入应急状态，那么距灾害的初次发生已经过去一周有余，减灾的最佳时机已经错失，无疑这为后来的救灾工作带来很大的困难。我们从丹寨县摄影记者提供的一段录像资料中发现一个细节，即灾害期间虽然个别地段高压线的结冰直径已厚达20厘米，但令人费解的是，电力部门却并没有及时采取相应的处置措施，直到线断架塌、大面积停电后，才每天出动职工，动用机械设备进行高空除冰作业。据推算，要在一根电线上形成直径20厘米厚的结冰，则至少需要4天甚至更长时间。类似的问题在林业方面也很突出，如在冰雪凝冻期间，若能组织村民实施竹林打冰作业，就有可能最大限度地降低灾害所造成的损失。凡此等等，说明对灾情缺乏必要的了解和足够的重视，甚至麻痹大意，这是导致这次灾害扩大化、严重化的不可忽视的因素之一。

其次，农村基础设施建设滞后，甚至缺失，抵御灾害能力差。虽然最近几年地方政府逐步加大了对农村基础设施建设的投入力度，但限于财力等种种原因，许多村寨、特别是那些边远山区村寨至今尚无完全实现“三通”，群众听不到广播，看不到电视，未通程控电话，还有一些村寨未通公路，各项基础设施严重缺失，且自然灾害频繁。因此，虽说这次雨雪冰冻灾害没有对那些尚未完成“三通”的边远村寨整体上造成明显的影响，可谓遇大灾而不为所害，但其背后隐含的却是较之灾害本身更加悲哀与无奈的现实——基础设施建设严重缺失。因为水、电、路这些最基本的公共设施都不存在，谈何损失？足见这种贫困已经到了无以复加的地步。这是基础设施建设严重缺失的一种情况。第二种就是基础设施建设滞后，需要进一步加强、完善，这类村寨在农村占大多数。灾害期间，农村基础设施暴露出的主要问题为自来水管冻裂、人畜饮水工程缺失、道路局部塌陷，消防器材缺乏、电杆倒伏等现象，但最主要的还是基础设施建设的配套性、体系不完善的问题，这既需要经费投入，更需要日常性的认真管护，以便增强村寨抵御自然灾害的整体应急能力。某种意义上，可以说山地农村的许多问题并不是雨雪冰冻本身造成的，只不过是这场大灾使固有的问题更加突出罢了。因此加强农村基础设施的建设力度，切实改善民生，不仅是建设社会主义新农村的客观要求，也是抵御自然灾害的物质保障。

以上恐怕是导致农村地区不同程度受灾的两大关键因素，而从制度层面而言，建立、健全和不断完善符合农村地区实际的减灾机制，当是今后努力的一种方向。减灾是防灾与救灾的统一，建立覆盖广大农村的减灾机制涉及方方面面的诸多要素，如灾害预警机制、灾害救助机制、灾害动员应急机制、饮用水安全预测与预警机制等，但就黔东南、桂林地区农业发展的现状与农民最迫切需要解决的问题而言，当务之急，应该是农业保险机制的建立与推进，这也是减灾的客观要求。

在2008年发生的雨雪冰冻灾害中，农业特别是规模性的种植业，如林业基地、蔬菜基地、果木基地等受灾严重，损失巨大。同时暴露出农民普遍缺乏风险意识，农业保险覆盖面窄，甚至零覆盖等一系列问题，如在被列为全国林业标准化示范县暨农业部山地脐橙种植示范县的资源县以及林业大县兴安县，经随机走访几个具有一定代表性的示范屯或示范点，均表示没有参加任何形式的农业保险，究其原因主要有以下几点：一是侥幸心理。无论是农民还是地方干部，均表示当地多年以来除不时发生局部的洪涝、滑坡、泥石流以外，均无大的自然灾害，虽然雨雪冰冻每年冬季都有发生，但不日即化，并不会致灾，而且范围也有限。因此，人们的风险意识普遍淡薄，认为拿钱投保后若没有大的灾害发生，经济上就不合算，也没有太大的必要。二是农民的收入水平普遍偏低。收入低，难以缴保险费，保险的覆盖面自然就很低，甚至零覆盖。以桂林市资源县为例，该县经自治区确定的贫困村就有27个，占全部74个行政村的36.5%。因此，对于贫困人口还占有相当比重的民族地区而言，收入水平的低下是制约其投保的主要因素。三是农民普遍缺乏农业保险方面的相关知识，对投保的内容、程序、险种等多不了解，因此也就谈不上投保。四是市场化运作的商业保险公司承办农业险的经营模式，大大脱离农业经济组织化程度还很低下的少数民族地区的实际。目前能够建立行业协会、互助合作组织或类似组织的村寨数量不仅少，而且机制不够健全，难以承受商业化运作的高保险费率。

基于以上问题，可以考虑根据当地的实际情况，采取以下措施来破解农业保险覆盖率低的难题：

（1）根据民族地区“三农”的实际情况，因地制宜，尽快建立由政府主导或支持的政策性农业保险制度，完善农业保险体系的相关机制，如农业保险补贴机制、农业大灾风险分散机制等，以增强农民抵御自然灾害和灾后重建的能力。

（2）在充分发挥政策性农业保险制度作用的同时，应不断创新农业保险的投入机制，建立由政府、企业、保户为主体的多元化投入机制，并鼓励和适时推进商业保险公司的积极介入，在一些农业经济组织化程度相对较高的地区或村寨，如资源县的中峰乡、兴安县的华江乡等地，可以先行通过种植大户或行业协会等发展入保户，并以此为试点，由点到面，逐步推广。

（3）尽快出台具体的、更富针对性和可操作性的农业保险法，为农业保险提供法律的支撑、规范和保障，从而使保险双方的合法权利得到切实的保护，进而解决目前险种过少、保险农作物或林产品内容单一、农业保险赔付款过低等关键问题，最终得以调动和激发保险双方的积极性和主动性。

（4）加强农业保险宣传，努力提高农民的投保意识。应该说此次大灾普遍唤醒了农民的危机意识，对农业保险的认知程度大大提高。因此，应该以此为契机，广泛运用村寨黑板报、广播电视等多样化的手段，进一步加大农业保险的宣传力度，并适时推出合适的险种，从国计民生的高度，将农业保险的宣传和实施作为社会主义新农村建设的重要内容来认真对待，持之以恒，常抓不懈。

（5）应重视和加强各类农业保险人才特别是本土人才的培训工作。大灾之后，农民的危机意识被普遍唤醒，对农业保险的需求呈不断增加趋势。调查中，我们真切地感受到少数民族农民对大灾的无助和对农业保险的期待与渴望，但却苦于投保无门，农民呼唤专业的保险人员能够为他们提供及时、有效的相关服务和指导，不过现实中这样的专业人员却极其缺乏。因此，培训专业而且熟悉少数民族地区情况的保险人才的确是当务之急，刻不容缓。

（6）加大对少数民族地区“三农”的扶持力度，帮助他们因地制宜，适时调整产业结构，发展地方特色经济，打造更多的生态农林产业园区或种植基地，切实增加农民的收入水平，改善农民的生产和生活条件。唯有此，才能从根本上改变少数民族地区农民参保比例十分低下，保险覆盖面过小甚至零覆盖的困境。

总而言之，建立、健全和完善农村减灾机制是一个长期的过程，任重而道远。这不仅是解决“三农”问题、切实改善民生的客观要求，也是实现农村经济可持续发展的必然选择。我国是一个自然灾害频发的国家，少数民族地区更是深受自然灾害之苦。在长期的生产劳动过程中，少数民族地区形成了独具特色的环境保护知识体系，积累了丰富的减灾经验。这些知识和经验，作为少数民族优秀传统文化的一部分，其在现代条件下的生态减灾价值依然不可忽视。因此，重新审视少数民族传统文化中所蕴含的生态价值和环保理念，在重视技术减灾的同时，导入文化减灾的机制，两者的有机合一，将很可能成为今后减灾机制的一种新模式。

# 雨雪冰冻灾害危机应对机制的法律问题研究

## ——2008年贵州省凝冻灾害政府应急法制调研报告

中国社会科学院法学研究所中国法治国情调研组*

2008年，中国南方诸多省份发生严重冰雪灾害，给当地人民的经济社会生活带来了严重的影响。中国社会科学院法学研究所组织调研小组于7月赴贵州调查，目的在于了解突发公共事件对贵州造成的影响，以及政府在自然灾害应急方面的法制建设情况。调研组在贵州与省、市、县各级参与救灾的政府部门官员进行了广泛的座谈和讨论，并走访了居委会、村委会以及居民家中。本报告将就贵州省政府在雪凝灾害中采取的各项应急措施，总结贵州值得推广的经验和提出需要引起重视的问题。

## 一　贵州雪凝灾害损失及采取的抗灾措施

贵州省简称“黔”或“贵”，位于中国西南的东南部，介于东经103°36′~109°35′、北纬24°37′~29°13′，东毗湖南省、南邻广西壮族自

---

* 调研组负责人：田禾，中国社会科学院法学研究所研究员。调研组成员：中国社会科学院法学研究所田禾研究员、陈欣新副研究员、吕艳滨副研究员，中国社会科学院亚洲太平洋研究所周方冶助理研究员，中国社会科学院社会学所马春华助理研究员。执笔人：田禾，中国社会科学院法学研究所研究员；周方冶，中国社会科学院亚洲太平洋研究所助理研究员。

治区、西连云南省、北接四川省和重庆市，是一个山川秀丽、气候宜人、资源富集、发展潜力巨大的省份。全省东西长约 595 千米，南北相距约 509 千米，总面积为 176167 平方千米，占全国国土面积的 1.8%。2007 年年末贵州常住总人口（常住一年及以上）达到 3975.48 万人。贵州是一个多民族的省份，有汉、苗、布依、侗、土家、彝等 18 个世居民族，少数民族人口占总人口的 38.98%。2007 年全省生产总值为 2741.90 亿元，按可比价格计算，比上年增长 13.7%，是 1985 年以来增长最快的一年。2007 年全省人均生产总值为 6915 元。2007 年，全省完成财政总收入 556.98 亿元，比上年增长 24.1%。其中，一般预算收入 285.14 亿元，比上年增长 25.7%。财政支出 795.40 亿元。贵州全省国土总面积 17615247 公顷。其中，农用地 15251925 公顷，占土地总面积的 86.58%；建设用地 551847 公顷，占土地总面积的 3.13%；未利用土地 1811448 公顷，占土地总面积的 10.28%。全省耕地面积 4487455 公顷，人均耕地面积 1.7 亩。[①] 贵州气候温暖湿润，属亚热带湿润季风气候区。受大气环流及地形等影响，贵州气候呈多样性，“一山分四季，十里不同天”。另外，气候不稳定，灾害性天气种类较多，干旱、秋风、凝冻、冰雹等频度大，对农业生产有一定影响。2008 年 1 月 13 日 ~2 月 15 日，贵州省出现历史罕见的凝冻天气，大部分地区为 50 ~ 80 年一遇，部分地区百年一遇。灾害使贵州的工农业生产遭受了巨大的经济损失，人民的生活也受到严重的影响。

在雪凝灾害中，贵州农业因灾造成直接损失约 75 亿元。全省 88 个县（市、区）全部受灾，受灾人口 2736 万人，因灾死亡 30 人，伤病 8.1 万人，被困 40.9 万人，饮水困难 770.7 万人。农作物受灾面积 2112.75 万亩，绝收面积 606.6 万亩，倒塌房屋 31224 间，损坏房屋 127679 间，死亡牲畜 54830 头，紧急转移安置人口 53.2 万人。

凝冻灾害造成贵州电网输电通道结冰严重，杆塔倒塌 184875 基，10 千伏以上的电网线路受损 5072 条，648 座变电站停运，50 万伏环形电网

---

① 数据来源：《贵州概况》，贵州省人民政府网站，http://www.gzgov.gov.cn。

被完全破坏。由于电网受损，电煤运输受阻，多数电厂电煤库存急剧下降，最严重时，全省15个火电厂只有9个维持运行，仅占全省火电装机总量1553万千瓦的23.8%，全省有50个县（市、区）1117个乡镇11069个行政村受停电影响，涉及1817万人。

凝冻灾害期间贵州全省交通严重受阻。受凝冻影响，各市（州、地）辖区内14条高速公路和国省干线公路车辆低速缓行，堵塞严重。农村公路通行条件恶化，公路水运联运脱节，43.2个客运班次停发，道路旅客运量同比下降65%以上，水运旅客运量同比下降51%以上。铁路湘黔线东段和黔桂线南段无法行车，客、货列车一度全部停运。贵阳龙洞堡国际机场2008年1月11～31日累计共取消航班536班。全省公路滞留旅客高峰时达10.7万人，贵阳火车站滞留旅客高峰时约3.5万人，贵阳机场累计滞留旅客1.99万人次。省内生活必需品、电煤、成品油等物资运输困难，救灾物资不能及时运抵灾区，全省电煤、成品油等一度供应告急。全省一度有30个县（市、区）成品油库库存不足50吨，200个加油站不能正常供应。一些交通阻断时间较长的县（市、区），粮食、御寒物品、药品、食盐、肉类、民用燃气、取暖设备等基本生活物资供应紧张，特别是蜡烛和煤油等临时照明物资紧缺。

全省通信等重要基础设施受损严重。通信、广电、教育、供水、金融等基础设施受损严重。全省累计有341425站（次）的通信基站、17590千米通信光缆受损，大量通信设施无法正常运转。全省广播电视传输线路、设备损坏严重，有线网络传输干线被压断457.6千米，76个县（市、区、特区）2961所学校倒塌校舍7万平方米，形成危房35万平方米。部分地区自来水管道损坏、供水中断，垃圾和污水得不到及时处理。金融证券交易网点正常营业受到影响。卫生设施、城镇路网、绿化设施、照明设备、商业设施、加油加气等基础设施不同程度受损。

全省工业生产大幅下滑。冶金、有色、化工、建材等高耗能企业2008年1月18日起因停电全部停产，从1月22日起除部分煤矿外，全省工业企业用电全部中断，工业生产基本处于停顿状态，2月下旬才陆续恢复生产。灾害对全省工业企业造成的直接损失100亿元以上，间接损失

200亿以上。①

面对严重的灾情，贵州省各级政府的应急管理体制在抢险救灾的过程中充分发挥了作用。如果不是各级政府紧密合作，全力抗灾救灾，损失将更加严重。从救灾实践来看，贵州省各级地方政府基本都在第一时间成立了由政府一把手和各职能部门主管领导组成的应急指挥部，依照“一保民生、二保安全、三保供电和交通”的原则，综合调配各职能部门的人力、物力、财力，有重点、有计划地开展抢险救灾。

比如，针对灾害期间的物资紧缺问题，省政府建立了省地两级物资会商协调机制，从2008年1月24日起每日17时30分，由省政府应急办组织省经贸、民政、交通、建设、公安、粮食、商务、农业、安监等相关部门和石油、盐业等有关企业会商，及时组织落实抗灾抢险中急需的粮食、成品油、石油液化气、猪肉、蔬菜、方便食品、饮用水、发电机、蜡烛等物资，确保灾区群众基本生活必需品和抢险救灾物资不断档、不脱销。②据统计，截至3月5日，民政、商务部门落实救灾资金4.6亿元，粮食16819吨，猪肉400吨，食用油387.7吨，衣被55.6万件（床），救助灾民351.8万人次，确保了灾区困难群众有饭吃、有衣穿、有燃料过冬。

又如，针对高速公路一度全部封闭、国省干线公路大部分阻断、全省道路交通运输基本中断、数万辆车和10余万旅客滞留、部分地区货物短缺的恶劣情况，贵州省交通厅在交通部和省委、省政府的指导下，开始采取“高速公路低速运行”的办法缓解交通压力，并逐步发展为“限时、限量、限速、保通”的措施。“限时，即在有利时间段组织车辆上路通行。限量，即限制车辆上路通行量。限速，即在受灾路段限制车速。保通，就是力保公路基本畅通。”同时，全面动员各部门的行政资源，从2008年1月13日~2月10日，先后投入资金约4227万元，出动路政、养护、保洁等人员近10万人次，救援车辆、机械设备近2.8万台次，运用压速引导车辆行驶等方法疏散车辆96157辆次，疏散人员约30多万人次，组织运力12.4万

---

① 数据来源：贵州省人民政府调研访谈，2008年7月18日。

② 黄莎莎：《大灾中的执政考验——省委、省政府抗凝救灾回顾》，《当代贵州》2008年第4期。

车次，抢运电煤56.2万吨，救灾物资2.1万吨。随着“三限一保”措施的实施，因恶劣天气造成的道路运输阻滞情形明显好转，不仅确保了旅客运输基本正常，而且煤、电、油及救灾重点物资运输和“绿色通道”也得以逐渐恢复。对此，时任交通部副部长冯正霖在贵州检查抗冻保畅工作时评价指出，“贵州在特殊气候条件下实行限时、限量、限速，保公路畅通的做法，取得了明显的实效，在全国具有推广价值。”①

再如，面对凝冻灾害的严峻形势，黔南州都匀市政府明确提出“宁可越位，不可缺位”的口号，鼓励各职能部门在应急指挥部的统筹规划下，充分发挥主动性和积极性，想尽一切办法将救灾工作做细致、做到位。市政府为节约时间，争取应急工作的主动权，还改变了常态下的会议规范流程，采用流水式的议程，即议定一事，参会人员离开一个，接着决定下一项应急事务，被称为典型的打都匀“茅草拳”（灵活处置）。针对“保民生”的重任，一方面，都匀市政府由政府主管领导直接出面，从周边县市采购民生物资。对此，都匀市副市长在救灾手札中，曾详细记叙了在都匀市停电停水第二天带队顶风冒雪前往贵阳市采购物资的艰难过程，其间不仅全面调度了本市财政、工商、交警、交通运输等部门的行政资源，而且还争取到省军区作训处和省应急办的协调与配合，这才购得面条、蜡烛、手电筒、电池、矿泉水等急需物资，从而有效缓解了都匀市受灾初期的紧张状况。② 另一方面是加强市内物价监管，于1月29日、1月31日、2月2日连续发布《关于对猪肉牛肉零售价格实行最高限价的公告》《关于对食用植物油、面条、蜡烛等重要商品零售价实行最高限价的公告》《关于稳定和规范石油液化气价格收费秩序的公告》《关于规范交通运输和市场经营秩序的公告》，同时鼓励各大超市和物流企业前往临近县市和广西等地采购民生物资，并且明确承诺在凝冻条件下对重要物资的运费给予财政补助，交通运输安全则由政府组织交警护送等方式予以保障。与此相似，安顺市政府也经由政府办公室先后发布了《关于进一步做好粮

① 萧子静、谌贵璇：《保障千里交通线——全省交通职工、公安交警抗雪凝保畅通》，《当代贵州》2008年第4期。

② 傅强：《一个挂职干部的抗冻救灾手札》，都匀市新闻中心，2008年2月5日。

油等供应稳定市场价格工作的紧急通知》以及《关于加强鲜活农产品运输和销售工作的紧急通知》，全面协调市发改委、经贸委、粮食局、物价局、商务局、畜牧局、农业局、民政局、劳动社保局、交通局、质监局、工商局，以及公安、公路交通部门和铁道部门的力量共同“保民生”。

特别值得留意的是，“以块为主”的应急管理体系，不仅有助于通过“统一领导”提高行政效率，而且有助于促使各职能部门在“综合协调”过程中产生应对突发事件的新思路和有效途径。

比如，都匀市在2008年1月25日~2月5日的全市停电期间，首先提出了“闪警灯，亮车灯”行动。每到夜间，全市警车都闪着警灯、亮着车灯巡逻在都匀市的大街小巷，并有公安干警、基干民兵、辅警、保安等组成的巡逻队巡视各处。这不仅给予全市居民以安全感，同时也切实震慑了潜在的不法分子。据统计，都匀市停水停电期间发生的治安案件不到50起，而上年同期的发案率则为270多起。①

由上可见，2008年年初的这场罕见自然灾害给贵州带来了巨大的损失。在灾难面前，贵州人民在中央和各部委、各省和社会各界的支持下，贵州各级党委、政府及时启动应急预案，组织抗灾救灾。各级应急机构按照各自职能紧急行动，以人为本，保障了民生，确保了人民的生命财产安全和社会稳定。下面就贵州在凝冻灾害中政府应急预案的制定执行情况、政府应急机构的作用做出分析，并提出改进的建议。

## 二 贵州自然灾害预案法制状况

### （一）贵州已基本形成以省级总体预案和32件省级专项预案为主干的应急预案体系

政府应急预案是各地政府应对突发事件的法律依据。所谓应急预案，

① 张仁远：《都匀2008年抗冻救灾保民生的几副精彩画卷》，都匀市新闻中心，2008年2月21日。

是指根据国家、地方法律、法规和各项规章制度，综合本部门、本单位的历史经验、实践积累和当地特殊的地域、政治、民族、民俗等实际情况，针对各种突发事件类型而事先制定的一套能切实迅速、有效、有序解决问题的行动计划或方案。

从内容来看，应急预案需要在辨识和评估潜在的重大危险、事故类型、发生的可能性、发生过程、事故后果及影响严重程度的基础上，对应急管理机构与职责、人员、技术、装备、设备、物资、救援行动及其指挥与协调等项目预先做出具体的安排。①

相比欧美发达国家，中国应急预案的研究和编制工作起步较晚，全方位的应急预案编制，更是直到近几年才开始全面推行。但是，中国应急预案体系建设的行政效率相当高，仅在数年之间，就已基本实现了从单项应急预案阶段向国家成体系应急预案阶段的过渡。

中国早期的单项应急预案是由部分企事业单位，特别是高危行业根据相关法律法规的要求而编制的，称为“事故应急救援预案”或是“灾害预防与处理计划”。比如核电企业编制的《核电厂应急计划》。这些预案强调的主要是企业责任，通常并不涉及政府责任。② 2003 年非典疫情防控过程中所暴露的制度性问题，促使中央政府在全国范围内全面加强和推进应急管理工作。2005 年 1 月，温家宝总理主持召开国务院常务会议，通过《国家突发公共事件总体应急预案》和 25 件专项预案、80 件部门预案，共计 106 件。同年 7 月，国务院召开全国应急管理工作会议，针对 2004 年年底印度洋海啸的教训，提出要进一步建立健全社会预警体系和应急机制，提高政府应对突发公共事件的能力，对全面落实“一案三制”进行了部署。至此，中国应急管理纳入了经常化、制度化、法制化的工作轨道。2006 年 1 月，国务院正式发布《国家突发公共事件总体应急预案》。随后，中国各级政府和企事业单位都普遍开始了预案编制工作。据不完全统计，迄今为止，以“国家突发公共事件总体应急预案”、57 件“国务院部门应急预案”、21 件“国家

① 钟开斌、张佳：《论应急预案的编制与管理》，《甘肃社会科学》2006 年第 3 期。

② 李湖生：《如何提高突发事件应急预案的有效性》，《现代职业安全》2008 年第 80 期。

专项应急预案”以及31件“省级应急预案”为主干，全国制定的各级各类应急预案已多达150多万件，基本覆盖了常见的各类突发事件。①

目前，贵州也已基本形成以省级总体预案和32件省级专项预案为主干，包括总体预案、专项预案、部门预案、地方预案、企事业单位预案以及重大活动单项预案在内的应急预案体系。其中，中央和省属企业预案制定率已达100%，地方国有企业和其他所有制企业预案制定率已达80%，大专院校预案制定率已达100%，乡（镇）、街道及社区预案制定率也已达60 %以上，从而实现预案编制“横向到边，纵向到底”的规划要求。从市县两级政府来看，预案编制工作也已取得明显成效。2005年以来，黔南州都匀市已相继制定实施总体应急预案1件和专项应急预案27件，所属各乡镇、办事处、工作部门以及企事业单位编制的各类应急预案共326件，初步形成了覆盖市、乡（镇）、村、企事业单位和重大活动的多层级、多领域的应急预案网络。

各类应急预案如表1所示。

**表1 贵州省突发公共事件专项应急预案简表**

| | |
|---|---|
| 贵州省自然灾害救助应急预案 | 贵州省通信保障应急预案 |
| 贵州省水旱灾害应急预案 | 贵州省传染性非典型肺炎应急预案 |
| 贵州省气象灾害应急预案 | 贵州省突发传染病疫情应急预案 |
| 贵州省地质灾害应急预案 | 贵州省重大食物中毒事件应急预案 |
| 贵州省森林火灾应急预案 | 贵州省突发食品安全事故应急预案 |
| 贵州省重大林业有害生物灾害应急预案 | 贵州省高致病性禽流感应急预案 |
| 贵州省矿山事故应急预案 | 贵州省口蹄疫应急预案 |
| 贵州省危险化学品事故应急预案 | 贵州省处置大规模恐怖袭击事件应急预案 |
| 贵州省火灾事故应急预案 | 贵州省处置大规模群体性治安事件应急预案 |
| 贵州省道路交通事故应急预案 | 贵州省处置劫机事件应急预案 |
| 贵州省水上交通事故应急预案 | 贵州省涉外突发公共事件应急预案 |
| 贵州省建筑安全事故应急预案 | 贵州省粮食应急预案 |
| 贵州省航空事故应急预案 | 贵州省价格异常波动应急预案 |
| 贵州省铁路事故应急预案 | 贵州省企业债券突发事件应急预案 |
| 贵州省大面积停电事件应急预案 | 贵州省金融突发事件应急预案 |
| 贵州省突发污染事故应急预案 | 贵州省突发公共事件新闻发布应急预案 |

资料来源：《贵州省应急管理科普宣传工作总体实施方案》，《贵州省人民政府公报》2007年第4期，第14~15页。

① 李湖生：《如何提高突发事件应急预案的有效性》，《现代职业安全》2008年第80期。

## （二）抗雪凝灾害期间贵州政府应急预案的成效

应急预案是否奏效，最直接的方式就是在现实的应急工作中予以检验。2008年年初的雪凝灾害，正是对贵州省各级政府应急预案的一次重要、全面、严格的考验。从实践来看，贵州省的应急预案体系确实发挥了相当重要的作用。这主要表现在以下方面：

### 1. 增强应急意识，提高预警机制和物资储备水平

政府应急管理的立足点在于“预防”，正所谓“居安思危，思则有备，有备无患”。应急意识对各级政府部门的应急管理工作具有重要的指导意义，应急意识明确，各级政府部门才可能保持清醒认识，真正做到“防患于未然”，将应急准备工作做全、做好、做到位。

从贵州省的抗灾实践来看，应急意识的重要作用，首先体现在预警机制方面。比如，在凝冻灾害发生之初，贵州省政府就及时发布灾害气象预报，要求各地各部门高度关注天气变化，及时做好防范准备，积极应对灾害天气对生产生活造成的影响，从而为之后的抢险救灾赢得了时间。其次体现在物资储备方面。比如，安顺市在凝冻灾害发生之前，就已经针对春节的应急保障，进行了物资储备和调配，使得安顺市在受灾初期，避免了民生物资紧缺的困境，从而为进一步的物资筹集留下了相对充裕的时间，有效地减轻了凝冻灾害对社会生活的直接冲击。

### 2. 改善应急管理，提供决策依据

对于政府应急管理而言，正确的处置决策是应急工作取得成效的重要前提。所谓正确，主要包括两层含义：首先是要在面对突发事件时，能够清醒地认识到问题已经发生，或是无可避免地即将发生，从而果断地启动应急管理程序，及时转入紧急状态，避免因决策迟缓而错过应急的最佳时机，致使损失扩大；其次是能准确地评估突发事件的严重程度与影响范围，从而选择合适的处置措施，避免因应急管理的扩大化而使得民众遭受不必要的冲击和损失，引发社会的不安情绪和对政府的不信任。

应急预案的重要作用之一，就在于能够为政府的应急决策提供标准化的依据，从而正确地选择在何时、何地，采取何种方式、何等程度的处置

措施，而不再依靠主管领导的经验判断和“拍脑袋”决策。比如，凝冻灾害是从1月12日开始的，尽管初期问题并不显著，但黔南州都匀市根据有关天气预报和道路封冻情况，还是依照应急预案的要求，于1月14日启动了《恶劣天气条件下道路交通安全管理工作预案》等专业应急预案，成为南方地区县级城市中第一个展开抗凝冻斗争的地方政府，从而为之后的应急工作争取了宝贵的时间。[①] 再比如，随着凝冻灾害的逐渐加剧，贵州省依照应急预案的规定，适时逐级启动了重大气象灾害凝冻Ⅲ级、Ⅱ级应急预案，贵州省重大自然灾害应急救助预案Ⅲ级响应、Ⅱ级响应，大面积停电预案Ⅱ级响应、Ⅰ级响应，恶劣天气条件下道路交通安全预案，而各地政府和气象、供电、物价、供水、交通、农业、民政等部门也都相继启动了应急预案，从而确保了总体救灾工作的稳妥及时和协调有序。同时，尽管在抗凝冻灾害的关键时期，贵州省各地普遍面临停水、停电、交通封阻、物资紧缺的严峻局面，但贵州省政府依然严格遵循应急预案的规范，并未盲目地启动全省总体应急预案，从而确保了社会的稳定和民众的信心，避免了应急管理的扩大化，为灾后重建营造了有利的社会氛围。

**3. 提高应急能力，强化预案演练**

从政府应急管理的成效来看，最高目标显然是预先规避或遏制突发事件，避免其成为具有现实危害的事态；次之是通过事先的周密安排，及时控制或化解突发事件，使之消失在萌芽状态；再次之是在事发后，通过有效的动员和调度，集中力量尽快平息事态，阻止社会危害的扩大；而最次之的则是应对乏策，放任突发事件对社会的冲击，直到事态自然平息才着手善后工作。

应急预案编制的重要作用之一，就在于通过预先对各项事宜的细致安排和周密部署，实现在突发事件发生时或即将发生时的有序、有效、沉着应对，防止最次的情况出现，并在确保政府应急管理工作能实现第三级目

---

① 熊恒辉：《冰临都匀，党委政府处危不惊力挽狂澜，彰显执政卓越能力》，都匀市新闻中心，2008年2月21日。

标的基础上，逐步向第二级目标迈进，甚至在一定情况下达成最高目标。比如，贵州省大型国有企业贵州铝厂重视预案工作，针对可能发生的停电情况制定了周密的应急预案，明确规定了各个岗位、每名人员的职责，并多次组织演练。凝冻灾害期间，该厂接到停电通知后，立即启动预案，在16小时内完成了300多台铝槽的停运和除铝工作，有效地避免了停电可能造成的重大损失。

需要强调指出的是，演练对于预案的实施而言，具有至关重要的作用。首先，预案必须经过反复演练，才能为各相关参与者所理解和认知，否则即使是倒背如流，也很难在紧急关头发挥预期作用。其次，预案在编制后，必须经过检验才能发现其中的优点与不足，而演练正是实践检验的重要方式之一，有助于预案的修正与改进。再次，预案演习具有重要的宣传和教育功用，有助于应急观念和知识的深入民心。2007年12月19日，在省政府的统一领导下，贵州省成功组织开展全省范围处置大面积停电事件应急联合演练，这不仅进一步完善和细化了应急预案，同时也为各部门协同应对大面积停电事件积累了经验，从而为凝冻灾害期间保电工作的有序进行奠定了坚实的基础。

## 三　贵州各级地方政府应急机构设置状况

### （一）贵州省应对突发公共事件应急机构的建设与发展

突发公共事件是指各类突然发生的，造成或者可能造成重大人员伤亡、财产损失、生态环境破坏和严重社会危害，危及公共安全的紧急事件。根据突发公共事件的发生过程、性质和机理，可将其分为以下四类：自然灾害、事故灾难、公共卫生事件和社会安全事件。

中国政府应急管理机制是在不断克服危机风险的过程中逐步完善的，主要表现在以下三方面：首先是应对危机的范围从以自然灾害为主逐渐扩大到覆盖自然灾害、事故灾害、公共卫生事件和社会安全事件四个方面。其次是应对危机的方式转变，从被动的“撞击—反应”式危机处置，逐渐演变为从前期预防到后期评估的危机全过程管理。再次是危机管理体制的转型，从专门部门应对单一灾害过渡到综合协调的危机管理，从议事协调机构和联席会议制度的协调过渡到政府专门办事机构的协调。特别是第三方面的转型，更是近年来政府应急管理改革的重点。

传统上，中国针对突发公共事件的应急管理模式是“以条为主”，这种模式是对突发事件分灾种管理，针对不同类型的突发事件，由相应的行政职能部门分别管理——如防汛抗旱指挥部、抗震救灾指挥部、核事故应急机构、防火总指挥部、政府卫生行政部门、全国突发事件应急指挥部、公安部等。[①] 这种“以条为主”的分行业、分部门、分灾种的分权型应急管理模式，具有一定的合理性，专业性较强，有利于发挥专业优势，做到各司其职，但同时也存在难以克服的弊端，从而制约着行政应急管理的有效性。

首先是应急功能单一。由于现代社会（特别是大城市）基于复杂的城市形态、经济结构以及自然和技术特点，突发事件往往具有群发性与链状性（衍生和次生其他事件）相结合的特点。因此，政府的应急管理就需要具有跨部门、跨专业的知识和技术，以往将单一突发事件作为预防和处置对象的分权型管理模式，日益显现其自身的局限性，难以满足现代社会对于复合型的突发事件的应对需要。[②]

其次是资源利用率低。由于对突发事件实行分灾种和分部门进行管理，致使应急资源普遍呈现分散配置的状态。不同职能部门之间的资源缺乏流动性与互补性，从而导致“单一部门投入不足”和“各部门重复建设”的不合理现象。

再次是存在部门扯皮现象。由于突发事件具有复杂性，使得我国各部门的应急职权和职责之间，往往存在交叉与重叠的部分，权责关系并非泾渭分明。故而，对于并不明确属于自身考核目标的应急事项，尽管理论上

---

① 戚建刚：《“突发事件应对法”对我国行政应急管理体制之创新》，《中国行政管理》2007 年第 12 期。

② 高汝熹、罗守贵：《大城市灾害事故综合管理模式研究》，《中国软科学》2002 年第 3 期。

是各部门“谁都有责任，也都有权力负责”，但事到临头，通常是“谁都没有能力或愿望负责”，各部门都试图将有限的应急资源用于自身考核目标的项目建设方面，最终导致应急管理的空白和缺位。

2003年非典疫情之后，中国开始逐步推行对政府应急管理体制的改革。其中，应急管理机构从“以条为主”向“以块为主”的转型，正是重要的改革内容之一。2007年颁行的《中华人民共和国突发事件应对法》，更是从法制层面对“以块为主”的模式予以确认。

所谓“以块为主”，是指根据突发事件的不同等级，分别由相应级别的人民政府统一决策、领导、组织应对，各级职能部门必须服从人民政府的指挥和安排，上级主管部门承担指导和协助职责。《突发事件应对法》第四条规定，“国家建立统一领导、综合协调、分类管理、分级负责、属地管理为主的应急管理体制。”其中，“统一领导”与“属地管理”着重强调了“以块为主”的模式。所谓“统一领导”是指在中央，国务院是突发事件应急管理工作的最高行政领导机关；在地方，地方各级政府是本级行政区突发事件应急管理工作的行政领导机关，负责本行政区域各类突发事件应急管理工作。在突发事件应对中，领导权主要表现为以相应责任为前提的指挥权和协调权。“属地管理”，包含两层内容：其一是突发事件应急处置工作原则上由地方负责，即由突发事件发生地的县级以上地方人民政府负责，尤其是以突发事件发生地的县级人民政府为主负责；其二是法律、行政法规明确由国务院有关部门对特定突发事件的应对工作负责的，则由国务院有关部门管理为主。①

对此，《突发事件应对法》第七条进一步明确规定，“县级人民政府对本行政区域内突发事件的应对工作负责；涉及两个以上行政区域的，由有关行政区域共同的上一级人民政府负责，或者由各有关行政区域的上一级人民政府共同负责。突发事件发生后，发生地县级人民政府应当立即采取措施控制事态发展，组织开展应急救援和处置工作，并立即向上一级人民政府报告，必要时可以越级上报。突发事件发生地县级人民政府不能消

① 汪永清：《中华人民共和国突发事件应对法解读》，中国法制出版社，2007，第15页。

除或者不能有效控制突发事件引起的严重社会危害的，应当及时向上级人民政府报告。上级人民政府应当及时采取措施，统一领导应急处置工作。”此外，该法第九条同时规定，“国务院和县级以上地方各级人民政府是突发事件应对工作的行政领导机关，其办事机构及具体职责由国务院规定。”

### （二）贵州省“以块为主”的应急管理基本架构及其机构组成

2005年以来，贵州省各级人民政府已相继建立“以块为主”的应急管理基本架构，其机构组成主要包括以下三个层次：

1. 领导指挥机构

各级人民政府的应急主管部门是应急管理委员会，其组成人员包括省（市、州、县）长以及各相关职能部门的行政一把手。比如，都匀市于2005年9月成立突发公共事件应急管理委员会，作为全市应对突发公共事件的领导机构，主任由市长担任，副主任由四名班子分管领导担任，成员由市政府32个主管及专职部门主要领导担任。同时，原有的专职应急指挥部依然保留，但在工作方面纳入应急委员会的统管，这一方面有利于继续发挥部门专业化的技术优势，另一方面也有利于实现部门之间的合作与协调，从而逐步推进“以条为主”向“以块为主”的转型。

此外，对于不属于已有应急指挥部管辖的综合性突发事件，则通过成立专项的临时应急指挥部予以处置。比如，面对2008年1月12日开始形成的凝冻灾害，黔南州都匀市于1月27日紧急成立了“都匀市抗凝冻灾害应急指挥部”。其职责包括：负责组织指挥全市紧急救助抢险工作；研究部署各项紧急应急措施；研究决定处理紧急救助工作中出现的重大问题，向州委、州政府报告灾情和抢险工作情况。指挥部下设应急施救组，社会稳定组，宣传报道组，生活物质、供水及临时用电保障组，以及医疗救护组，负责专项应急管理工作。① 与此相仿，我们调研

① 中共都匀市委、都匀市人民政府关于转发：《都匀市抗凝冻灾害应急指挥部成员及各工作组职责的通知》（匀党通〔2008〕13号），2008年1月27日。

的贵阳市、黔南州、安顺市、荔波市等各级地方政府，也都成立了由政府一把手任总指挥的抗凝冻灾害应急指挥部，机构设置与人员构成基本相同。

2. 常设办事机构

目前，贵州省各级地方政府都已相继设立了政府应急管理办公室，以此作为政府应急管理委员会的常设办事机构。从隶属关系来看，应急办通常是挂靠在政府办公室之下。从编制来看，省政府应急办是12名，省政府秘书长兼任应急办主任，设副厅级专职副主任1名，处级领导2名；市（州、地）应急办是6名，政府秘书长兼任应急办主任，设专职副县级副主任1名；县（市、区）是3名，政府办公室主任兼任应急办主任，设专职副科级副主任1名。

从工作职能来看，应急办的业务主要包括三方面内容：

首先是应急信息的收集、汇总、整编、呈报。作为政府各职能部门之间以及上下级政府之间信息交流与沟通的桥梁，应急办的信息工作有助于各级政府主管部门及时准确地把握突发事件的潜在可能与实时动向。特别是对于省政府而言，信息工作更是应急办日常的核心职能。

其次是应急事务的日常管理与处置。作为常设的应急管理机构，应急办在处置一般性的跨部门突发事件时，能够起到重要的协调作用。对于基层政府而言，日常处置的工作相对更多。调研访谈中，安顺市西秀区应急办副主任表示，现场应急处置已成为区应急办的重要工作之一，其中与交警和消防相关的应急事项比重较大。

再次是紧急事态之下的应急决策的辅助和执行。重大的突发性事件发生后，各级政府应急管理委员会成立的临时指挥部，通常都会将办公室或秘书处设在应急管理办公室，从而有助于充分利用应急办的人力资源和信息管道，一则是为应急管理决策提供辅助服务，二则是能够尽快将决策付诸实施。

3. 执行机构

从贵州全省来看，军队、武警和民兵预备役队伍仍是各级政府抢险救灾所依靠的骨干和突击力量。相对而言，由于贵州当地驻军力量较为薄弱，因此在抢险救灾方面，武警发挥的作用更为突出。同时，在自然灾害应急方面，水利系统建有毕节、黔东南、安顺3个地级抗旱排涝服务中心和78个县级抗旱排涝服务队，全省设专职森林植物检疫员500多人，森林消防专业（半专业）队151支共4530人，民政部门自然灾害救助人员1460多人，气象应急人员150人，农业系统建成植保机防队855个共8550人。[①] 从基层地方来看，安顺市西秀区的各乡镇都成立了以青年干部为主的民兵应急分队，成为处置突发事件的骨干力量，同时区公安、消防、卫生、国土、水利等部门在面临突发事件时也能依照预案迅速组建应急救援队伍。总体而言，贵州省已基本形成“以专为主，专群结合”的应急救援队伍体系框架。

凝冻灾害发生后，贵州省各级政府“以块为主”的应急管理体制发挥了中坚作用，在抢险救灾的过程中充分体现了统一领导的行政高效，从而在短时间内就有效地控制了局势，缓和了公众紧张气氛，并且通过各职能部门的综合协调，稳妥地化解了各项困难。

## 四　从贵州经验看中国地方政府在应急法制及机构建设方面亟待完善的方面

### （一）贵州省应急预案建设的经验与思考

尽管在抗凝冻灾害中，贵州省应急预案体系发挥了重要的作用，但在实践过程中所揭示的问题也不少，有待进一步地建设和完善。

#### 1. 应急预案的可操作性有待提高

应急预案的基本功用之一，就在于通过事先的规划安排，确保政府在突发事件的管理过程中，能根据预案的指导，从容应对各类问题，实现应急决策的“有法可依，有据可查”。但是，从调研访谈看，贵州省各级应急预案在抢险救灾的实际工作中，普遍存在缺乏可操作性的问题。对此，都匀市、安顺市、贵阳市的政府应急办都无奈地指出，应急预案在抗灾工

① 数据来源：贵州省人民政府调研访谈，2008年7月18日。

作中的意义，也就仅限于为应急状态的启动提供条文依据，而后就成了名副其实的“抽屉预案”，无法指导抗灾的实际工作，所有的具体部署和安排，都要靠应急指挥部进行临时规划，有时甚至仅凭第一线领导的“拍脑袋”决策。这对于应急管理相当不利，容易致使政府在紧急状态的压力之下，武断地做出错误或失当（不符合“比例原则”要求）的决策，侵害民众的权益，引发社会的不满。

“抽屉预案”现象产生的主要原因在于，各类应急预案特别是基层的应急预案，普遍缺乏针对性，通常都是在上级应急预案的基础上简单删改，很少有真正结合当地现状的预案，多数都是“指导原则多，对策部署少；总体规划多，具体操作少”。于是，在面对突发事件时，应急人员也就很难从预案中找到相应的有效对策。

因此，切实提高应急预案的可操作性，已成为应急预案体系建设的当务之急。不过，必须看到的是，具有可操作性的应急预案，必然是密切结合本地实际的应急预案，需要深入的调研和细致的规划，这对于“一缺经费，二缺人员，三缺技能”的基层政府和企事业单位而言，显然并不现实，而且对于相邻地区政府或同行企业，还会面临同质性重复建设的窘境。可见，如何选择合适的预案编制管理层级，进而实现“共性”与“特性”的平衡，将是问题的关键所在。

我们认为，由市（地、州）级政府牵头，负责加强对应急预案的实证调研和流程编制，将是最为合适。首先，与省级以上政府相比，市（地、州）政府辖区内的气候、水文、地质、社情的相似性更为明显，不会因为辖区过大而面临影响因素的多样性差异问题，从而有利于在应急预案编制中提出更具针对性的事先安排与部署。其次，与县级以下政府相比，市（地、州）政府的行政资源较为充裕，能够提供应急预案调研所需的人员和经费。再次，市（地、州）政府是重要的枢纽，作为省级以上政府政策规划工作与县级以下政府日常处置工作的连接点，不仅与省级政府关系密切，有利于咨询和理解上级应急政策精神，而且与基层联系紧密，时常直接参与应急处置，有利于从应急实践中归纳和整理“行之有效”的应急安排，避免因“闭门造车”而重蹈“抽屉预案”的覆辙。

### 2. 应急预案的相互衔接有待完善

政府应急管理是需要各部门相互配合的工作，特别是在面临复合型灾害（比如2008年年初的凝冻灾害）的时候，各类问题同时涌现，综合协调的重要性也就显得更为突出。但是，从调研访谈看，在抗凝冻灾害过程中，贵州省各部门的配合协调并不尽如人意。比如，贵阳市、都匀市应急办的同志，都对跨地区的交管协调表示了责难，贵阳市是对省属道路收费站不听从封路指示有所不满，而都匀市则是对相邻地区启动道路交通管制迟缓有所不满。

导致各级各部门之间缺乏协调配合的原因，除了信息平台不完善导致的信息交流不畅，职能条块分割导致的部门利益分立，同级部门主次不明导致的决策迟缓等因素之外，应急预案体系缺乏统一规划，各级各部门预案之间尚未实现“无缝衔接”，亦是关键性的因素之一。

应急预案是对突发事件应对方案的预先规划，因此对于参与应急工作的各级各部门的职责，应有全面的综合部署和安排。但是，从贵州省目前的情况看，上下级预案、同级预案、政府与企业预案，以及相邻地区预案之间，普遍缺乏职权协调和功能对接，进而导致应急预案体系在实践过程中出现运转不灵的现象。这突出表现在两方面：

其一是各部门之间的职权重叠。由于行政资源总是有限的，因此在工作中，各部门都会试图更多地占有行政资源，而在面临抢险救灾的任务时，行政资源更是成为能够确保任务完成的关键，这就难免引起相邻部门之间在职权设置方面的重叠与冲突，进而影响行政资源的合理有效分配。

其二是各部门之间的职责空缺。对于部分处在交叉领域的事项，尽管理论上各相关部门都有权处理，但是在实际工作中，由于此类事项与各部门考核并不挂钩，责任界限也不明确，所以各部门都不愿主动承担管理职责。从而形成了最易遭受突发事件冲击的“三不管”地段。

对此，我们认为有必要通过应急预案编制主体的转换，逐步实现应急预案的“无缝衔接”，使之成为协调的统一整体。事实上，由于各级政府应急办成立时间较晚，因此现行的各类应急预案，通常都是各职能部门自行编制，这使得应急预案的职权与职责划分普遍是以部门利益为依据，较少考虑同其他部门的协调与配合。应急办的设立，产生了超越原有各部门利益之上的应急管理机构，这就为构建协调统一的应急预案体系提供了主体条件。因此，可以考虑由各级政府应急办牵头，重新规划应急预案体系中各职能部门的权责范围，完善各级各部门应急预案的相互衔接，防范职权重叠与职责空缺现象，从而有助于切实提高应急预案体系在实践中的作用与成效。

**3. 应急预案的预演机制有待加强**

应急预案的演习，有助于提高应急人员对工作流程的理解和认知，有助于通过实践检验预案的有效性，有助于应急的社会宣传和民众教育。因此，《突发事件应对法》第二十九条明确规定，"县级人民政府及其有关部门、乡级人民政府、街道办事处应当组织开展应急知识的宣传普及活动和必要的应急演练。居民委员会、村民委员会、企业事业单位应当根据所在地人民政府的要求，结合各自的实际情况，开展有关突发事件应急知识的宣传普及活动和必要的应急演练。"贵州省人民政府在《关于全面加强应急管理工作的实施意见》（黔府发〔2007〕2 号）的第六项要求中指出，"各级人民政府应急管理办公室要协同相关应急指挥机构或有关部门，制定年度应急预案演练计划，经常性地开展预案演练，特别是涉及多个地区和部门的预案，要通过开展联合演练等方式，促进各单位的协调配合和职责落实。要重视对预案演练结果的评估分析，并将其作为预案修订完善的重要依据。"[①] 同时，贵州省《全省 2007 年应急管理工作要点》的第二项要求中也强调，"要进一步强化预案演练，特别是各级政府应急办要组织开展实战性强、群众广泛参与的跨部门、跨地区的综合演练，从中发现问题、积累经验，提高实战能力，确保一旦发生突发事件，能够做到拉得出、用得上，能够在应对处置中发挥有效作用。"[②]

不过，从调研访谈来看，贵州省各级政府的应急预案演练仍有待进一

---

① 《贵州省人民政府公报》2007 年第 5 期，第 9 页。

② 《贵州省人民政府公报》2007 年第 4 期，第 17 页。

步落实和完善，特别是预案演习的方式，更是值得探讨和商榷。事实上，应急预案演习最重要的在于反复训练，从而在不断的实践中检验预案的有效性，同时提高参与者对预案的理解和掌握。相比之下，偶尔为之的大规模演习，尽管能在一定程度上培养各部门间的协调性，同时有助于社会宣传和教育，但在应急预案演习的核心价值方面，作用相对有限。有的演练很大程度上是以宣传性、演示性为主，做给大家看的“演习秀”，而不是按照实际需要组织的演练，没有真正发挥演练在检验预案、锻炼队伍、磨合机制、教育群众等方面的作用。

对此，调研访谈中不少同志都有改革意向，但问题在于，这一现象是多种因素共同作用的结果。首先，正如前文所指出的，应急预案本身缺乏可操作性，这就从根本上限制了实战演习的可行性，需要依靠“彩排”的方式完成演习。其次，基层政府财政经费有限，与其举行多次小规模的部门应急演习，还不如各部门共同举行一次大规模的联合演习，既完成了行政任务，又能称得上是政绩。再次，党政宣传的需要，使得演习通常都会事先定下“只许成功，不许失败”的基调。最后，从增强民众对政府信心的角度看，“演习秀”甚至已超越了应急预演的原本范畴，具有了独立的社会价值。

我们认为，有必要通过制度化建设，逐步完善应急预演机制，使之更具有实效性。可以考虑以下措施：①明确规定各级政府应急办在演习方面的主管地位，统筹安排各部门的演习工作；②改变目前演习经费的政府审批制度，将演习预算以专项资金的方式，直接拨付应急办，由其自主管理和使用；③设置评估制度，聘请第三方（社会）组织参与演习过程的评估，确保演习的务实性和有效性。

**4. 应急预案的修订程序有待明确**

变化性是突发事件的重要特征之一，这就使得应急预案也必须随之不断修正，以避免“计划赶不上变化”的问题。对此，《突发事件应对法》第十七条规定，“应急预案制定机关应当根据实际需要和情势变化，适时修订应急预案”。但是，从调研情况看，贵州省各级各部门的应急预案，普遍在制定后就未曾修订过。诚然，保持应急预案的相对稳定确有其重要价值，有助于应急人员理解和掌握应急预案，不会因频繁修订而无所适从，但这并不意味着墨守成规的合理性。

2008 年抗凝冻灾害中所反映的诸多应急问题，成为修订应急预案的重要契机。目前，贵阳市应急办已提出修订应急预案的规划，并准备在年内付诸实施。于是，“如何修订”的问题也随之而来。尽管《突发事件应对法》第十七条规定，“应急预案的制定、修订程序由国务院规定”，但迄今尚无明确的规范出台。于是，由谁发起并主管修订工作？修订应包括哪些环节？如何评估修订成果？已成为急待明确的重点。对此，我们有以下几点看法：

第一，建议由市（地、州）政府应急办发起并主管修订工作。这包括两层含义：其一是从机构看，由应急办牵头负责预案的修订。早先编制应急预案时，由于应急办尚未设立，因此都是由各职能部门自行编制草案，而后经法制办核定，再呈交政府领导审批通过。随着应急办的成立，基于“统一领导，综合协调”的考虑，由应急办牵头负责预案的修订工作，将有助于提高应急预案体系的统一性和协调性，避免各自为政的条块分割问题。其二是从层级看，由市（地、州）政府承担预案修订的主体工作。此举的好处，除前文分析预案编制主体时已指出的有关辖区同质、资源充裕、联络枢纽的优势外，还在于预案体系相对完整，有利于通过修订工作，从体系层面统一规划预案体系。此外，也有助于提高修订工作的规模效应。

第二，建议以五年为一个周期，依照“试点—审批—推广—评估—试点”的模式，分批推进各类应急预案的修订。首先，应急预案的修订具有一定的风险性，尽管事先要经过深入的调研和反复的推演，但在实际工作中仍有可能出现问题，因此有必要对修订草案加以验证。可选取特定乡（镇、区）作为试点，推行修订草案，确认可行后再向其他地区推广。这不仅有利于化解和控制风险，也有助于积累实践经验。其次，由于应急预案的种类较多，因此从行政资源利用的角度看，不宜采取集中式的修订，可考虑以五年为周期，分批次选取同类型预案进行滚动式的修订。这不仅有助于节约行政资源，也有助于提高修订的规范性建设。

第三，建议引入第三方（社会）机构参与应急预案的修订评估工作。对于应急预案修订的成效，需要建立客观、科学、有效的评估制度，以确保修订工作的务实和到位。从评估主体来看，可分为三类模式：其一是自我评估，由参与修订工作的成员自行评估，这不仅有助于工作总结，也有利于为再次修订积累经验和教训。其二是视察评估，由上级部门派遣工作组，对预案修订的执行情况进行视察评定，这对于上级部门及时掌握情况，具有重要意义。其三是外聘评估，由对外聘请的第三方（社会）机构负责评估，制作评估报告，这对于确保评估的客观性具有显著作用。需要指出的是，外聘评估应有严格的规范制度，某些评估活动邀请专家学者“走过场”的现象必须校正。可以考虑将评估工作以政府项目的外包合同形式，通过委托或招标交由学校、研究机构或社会组织负责实施。此外，还应将评估报告向社会公开，以确保评估过程的公开、公平、公正。

### （二）贵州省应急机构的经验与思考

#### 1. 政府应急办的权威性不足

权威性是政府部门顺利开展工作的重要保障，这通常来自两方面：其一是行政权威，这或是自身拥有较高的行政级别，或是与行政权力核心的关系密切；其二是制度权威，拥有法律法规赋予的行政执法权力。从调研来看，贵州省应急管理体系所面临的重要问题之一，就是常设性应急机构缺乏足够的权威性。

作为领导指挥机构的各级政府应急管理委员会，在紧急状态下，确实是拥有不可置疑的权威性。在2008年抗凝冻灾害中，贵州省“以块为主”的应急管理体系，充分印证了“统一领导”的行政高效和“综合协调”的创新能力。特别是，由人民政府与党委共同组建的应急委（指挥部），不仅能有效调配党政系统的各项行政资源，而且还能充分调动共产党员的积极性和主动性，从而在抢险救灾过程中发挥更大的先锋模范作用。尽管《突发事件应对法》规定县级以上人民政府是应急的主体，但由于市（县）委和党委的班子有不少是兼任的，因此在实际工作中，不仅应急指挥部的组成人员通常是跨越两套班子，而且很多抢险救灾的重要通知和要求，也都是市（县）委和党委共同下发，从而具备了很强的行政权威性。相对而言，省委直接参与应急管理要少一些，但也会给省政府领导的应急工作以强有力的支持，通过联合发文的方式，增强应急决策的行政权威性。

但是，问题在于，应急管理委员会（指挥部）并不是常设机构，日常的应急管理、建设和处置工作，还是要由应急管理办公室负责，而后者的权威性，却是存在明显的缺陷。

一是行政级别问题。从全国来看，30 个省级应急办中，正厅级机构 7 个，副厅级机构 13 个，正处级机构 10 个；在 20 个正、副厅级应急办中，13 个应急办的负责人由省政府秘书长、副秘书长或办公厅主任、副主任兼任，另外 7 个应急办主任为专职；在 10 个正处级应急办中，主任全部为专职。[①] 虽然横向而言，贵州省应急办的行政级别还是相对较高的，但在实际工作中，要想有效地协调各同级职能部门的应急管理工作，却依然是力不从心。事实上，尽管从应急管理体系的基本架构和发展趋势来看，“以块为主”正在逐步取代原有的“以条为主”，但长久以来形成的部门分治格局，并未从根本上得到解构和重组。目前在常态之下，依然主要是由各职能部门自行管理应急相关工作。

二是制度授权问题。根据中编办的批复，国务院应急办的职责在于“协助国务院领导处置特别重大突发公共事件，协调指导特别重大和重大突发公共事件的预防预警、应急演练、应急处置、调查评估、信息发布、应急保障和国际救援等工作”。概括而言，即“值守应急、信息汇总、综合协调”。贵州省各级政府应急办的职能设置，与国务院应急办基本一致。这就从制度上对应急办的行政权力形成了牵制，使之难以在日常的应急管理和协调中自主决策，而是要依托于政府主管领导的批示与临时授权。由此，应急办也就丧失了自身独立的权威性，而仅仅成为政府主管领导的权威性的折射棱镜。

---

① 国务院发展研究中心课题组：《我国应急管理行政体制存在的问题和完善思路》，《中国发展观察》2008 年第 3 期，第 5 页。

近年来，随着政府应急管理任务的日益繁重，切实提高常设应急管理机构的权威性，已成为当务之急。解决之道应该包括：

第一，分步骤推进应急办的独立建制。

从长期建设来看，“以块为主”的应急管理模式是大势所趋，因而有必要设置独立的应急管理办公室，作为应急管理体系的权威性办事机构。同时，也要充分认识到不同层级政府之间的差异，不宜搞部门设置的“一刀切”。

对于市（州）县政府，尤其是县级政府，率先设置独立的应急办，有助于整合行政资源，提高办事效率，确保应急工作不因领导注意力的转移而下降。但是，对于省政府，短期内不宜推行应急办的独立建制。一方面，省级部门应急资源的总量较大，所涉及人、财、物的问题较多，直接由新设的应急办负责整合，有可能引起摩擦与反弹，从而影响既有的以议事协调机构为主体、依托专业部门的应急管理反应机制的有效运作；另一方面，省政府办公厅的行政资源相对充裕，其他工作对应急管理工作的挤出效应并不明显，应急办独立建制的要求也不如基层部门迫切。

因此，可以考虑首先以试点的方式，在选定的基层政府推行应急办独立建制，逐步整合各专业部门的行政应急资源，同时推广应急管理“以块为主”的宣传教育，使各职能部门在认识上有所提高、在心理上有所准备，而后在条件成熟时，构建以独立应急办为枢纽的一体化的政府应急管理体系。

此外，可以在应急办独立建制之前，提升主管领导的行政级别，由现在的秘书长或办公厅（室）主任兼任，提高到由副省（市、州、县）长兼任，从而赋予应急办以更高的行政权威，便于其开展应急管理工作。

第二，增强政府应急办的各级别、各地区之间的交流与合作。

面对突发性事件，尤其是重大灾害，很多情况下仅靠事发地政府的行政资源是难以应对的，需要上级政府以及其他地区政府的支援与协助，而在这一过程中，应急办能够起到重要的枢纽作用。比如，在 2008 年的凝冻灾害中，贵州省应急办通过与国务院应急办的沟通，得到副总理批示后，从铁道部争取到了车皮，缓解了运力紧张的问题；贵阳市应急办通过与上海市应急办的联系，从上海调拨了紧缺的民生物资；安顺市应急办通过与周边县市（包括临近的广西地区）应急办的协调，紧急采购征调了燃料和发电机组。可见，通过纵横交错的全国应急办网络，将有助于“综合调度资源，共同应对危机”。

不过，需要看到的是，目前全国应急办网络的运作并不顺畅，未能有效发挥网络的多节点功能。究其原因在于，政府应急办的建设具有封闭型特征，使得各节点之间的交流受阻。最为明显的是，应急办工作人员基本都在当地政府内部流动，无论是与上级政府，还是与外地政府之间，都缺乏深入的交流，彼此之间缺乏了解与信任，因此在危机期间，急需上级应急办或外地应急办协助时，也仅能通过公文形式求援，难以达到“应急”的效果。

对此，有必要推动全国应急办之间的横向交流与纵向联动。从横向来看，由上级部门牵头，定期开展相邻地区（同级）政府应急办管理人员的行政培训和党校学习，这不仅有利于提高工作能力和政治素养，同时也能够增进彼此间的了解与认同，有利于危机时的相互配合与支持。特别是全国范围内的省级应急办和各主要市级应急办之间的交流，具有重要意义。对此，贵州省人民政府在《关于全面加强应急管理工作的实施意见》中提出“从 2007 年起，以三年为一个周期，将所有应急管理人员轮训一遍”，建议可以将之形成制度性的定例。

从纵向来看，实行下级应急办工作人员到上级应急办的跟班学习，比如贵州省政府应急办所推行的定期跟班学习制度，就有助于下级应急办对上级部门工作程序和相关领导的认知，从而在危机时，能更明确、更有效地呈报求援要求和相关信息。

不可否认，这种全国应急办网络的建设，在很大程度上具有传统人治的特色。因为，从人事编制和预算管理来看，各级应急办很难在现有体制下形成统一的网络，故而，这种网络的存在，主要依靠的是应急办主管人员之间的相互信任与认同。但必须看到，在紧急状态下，人治有时能够发挥重要作用，成为突破部门利益、地区利益限制的有效手段。同时，全国应急办的互动与联合，也有助于将应急办系统“拧成一根绳”，从而在整合其他部门应急资源的过程中，更具权威性和话语权。特别是在应急办协调同级部门受阻时，将能更有效地寻求上级应急办的协助与配合。因此，在进一步完善制度建设的同时，也应充分认识到构建互信网络的重要性。

第三，赋予应急办在应急工作协调方面的相应行政权。

对于突发事件特别是社会公共事件而言，快速、准确、高效的处置行动是控制局势的关键所在。这就要求应急办作为第一响应主体，拥有综合调配各项行政资源的较高权威。对此，我们认为，有必要通过法律的条文形式，赋予应急办在应急工作协调方面的相应行政权。可以考虑以《突发事件应对法实施细则》或其他政策法规的形式，明确规定，“在应急处置过程中，应急办有权要求相关部门实施特定层级的响应处置，相关部门应当严格执行，但应急办的要求有违法律规定，或是相关部门已实行更高层级响应处置措施的除外。处置措施实施后，相关部门有权要求评估应急办处置意见的合理性，如果失当，可请求政府主管领导撤销处置措施，并追究应急办的行政责任”。从而实现应急办职能的权责统一，避免出现因各部门扯皮而延误应急处置最佳时机的不利局面。

**2. 应急办的行政职能不足**

从贵州省应急管理体系的框架设置来看，除重大突发性事件中的“应急处置与救援”由应急管理委员会（指挥部）直接负责以外，其他的应急工作，理论上都由应急办负责管理和实施。但事实上应急办的工作职能，主要是“值守应急、信息汇总、综合协调”，具体的应急管理工作，仍是各部门自行负责。比如，在救灾善后中，对于救灾人员的奖励，通常是由党委组织部和宣传部负责，贵阳市应急办在评审时有一票，但不起决定作用，而贵州省应急办本身就是参与评选的单位。事实上，救灾善后的相当部分工作是与应急管理机构密切相关的，因为灾害“潜伏—爆发—平息—潜伏”的周期性特征，决定了应急管理必须以连贯的方式介入，才能取得最好的成效。其中，灾害应急预案的评估与修订，灾民的心理辅导，防灾系统的重建安排，救灾人员的奖惩等，更是直接影响下一次抗灾的成效。从长期发展看，各级政府应急办的功能弱化，将不利于“以块为主”应急管理模式的建设与完善。

对此，应当尽早通过立法的形式，比如在《突发事件应对法实施细则》中，明确规定应急办在应急管理中的主体地位，使之取得在常态下承担县级以上政府的应急管理职能的法律依据。这将有利于推进“统一领导，综合协调”的应急管理体系建设，有助于应急管理行政资源的整合与调度，提高应急管理的成效。

3. 应急办的行政资源有限

作为常设性的政府应急管理机构，人、财、物是应急办履行职责的基本保障，但从目前来看，应急办的行政资源依然面临不少问题。

（1）人才储备问题

近年来，随着社会突发性事件的逐渐增多，各级地方政府应急办的工作量也在不断增加。从调研来看，目前仅是相关信息资料的收集、整理、汇报，就已基本占用贵州省各级政府应急办的全部人力，使其疲于应付，成为“应付办”，难以开展其他更具建设性的应急工作。因此，增加政府应急办的人员编制已成为现实需要。从职能安排来看，应急办的下设机构与人员构成，应包括预案编制与演习部门、公共宣传与培训部门、应急处置与工作评议部门、信息汇总与编报部门、综合协调与事务部门等，从而能更为有效地落实政府应急管理的职责。

同时，应急办的人员建设，不仅要有“量”的考虑，而且也要重视“质”的要求。应急管理尤其是应急处置工作，具有较强的专业性要求，需要较高的综合素养和临场经验，这就对应急办工作人员的素质提出了更高的要求。

因此，一方面应适当提高应急人员的能力门槛，确保综合素质的水平；另一方面应加强职业培训，包括上岗培训和定期培训。对于岗位培训，贵州省已根据国务院的要求，将应急培训纳入公务员培训的必修课程，内容主要包括对总体应急预案和《突发事件应对法》的学习。这对于提高一般公务员的应急意识具有重要作用，但对专职应急人员而言，显然过于简单，难以达到职业培训的目的。此外，贵州省应急办也在采取跟班学习的方式，对下级应急办工作人员进行培训。这种方式对于增进上下级之间的沟通与理解，提高下级对信息编报流程和规范的认知，具有现实的意义，但在应急处置方面，缺乏有针对性的培训，因为省政府较少直接参与应急事务的处置，而这正是基层政府所面对的主要问题。因而，专职应急人员的培训有必要系统化和专业化，从理论、技能和法治的角度，全面提高专职应急人员的综合素养。

（2）物资经费问题

应急管理是一项需要持续投入的建设性工作，预案体系建设、预案演练与评估、宣传教育、应急平台建设与维护、应急物资储备与管理、应急救援队伍建设、风险隐患普查与监控、应急防范、处置与调查评估、应急管理培训、对外交流等，都需要大量的经费支持。尽管这种投入在常态下看不到现实收益，但从防范、化解、缓和危机风险的角度来看，其潜在收益却是相当可观的，甚至有“一分预防投入，十分减灾收益”的观点。目前，贵州省各级政府已根据《中华人民共和国预算法》的规定，在财政预算中设置了预备费，用于年度自然灾害救灾开支及其他难以预见的特殊开支。比如，2008 年贵州省级财政预留是 3.7 亿元，占到省级财政一般预算支出的 2.21%。不过，对于应急管理经费，尽管已在《全省 2008 年应急管理工作要点》中提出，“将应急管理费用纳入各级公共财政预算，给予优先安排和保障”，但从实际执行来看，基层政府通常还是采取“一事一议”的审批方式。

从访谈来看，贵州省各级应急办普遍面临经费紧张的问题。其中，省政府应急办的情况相对宽松，因为省政府办公厅的行政资源较为充裕，但这也仅是日常事务经费，在开展应急专项工作时，比如应急预演、应急宣传、应急培训等，依然是经费审批困难。至于下级应急办，越是基层经费越是紧张。贵州省经济发展相对落后，地方财政时常捉襟见肘，因此基层政府在应急办的投入方面通常持“能省则省”的态度——预算投入经济建设的成果是自己升迁的政绩，受灾的损失则由上级政府和国家兜底，两者比较自然是择前舍后。安顺市西秀区应急办于 2007 年成立后，就一直面临办公设备、交通工具、日常经费的缺乏问题，不利于应急工作的正常开展。

对此，有必要在基层政府实行应急办的独立预算，如果暂时难以达成，也可考虑设置财政专项资金，以避免其他事务性开支对于应急建设经费的挤占。此外，对于基层政府财政确有困难的地区，省级财政和国家财政也有必要考虑给予专项资金的支持，毕竟从长期来看，在减灾效果方面，预防性建设所需投入的资金，要远远少于事发后的救灾费用。

4. 需要组建专家咨询团队

应急管理涉及诸多方面的专业性知识，仅靠政府自身的人才储备是难以胜任的，因此需要组建专家咨询团队，通过动员全社会的力量，共同应对突发事件的威胁。建立专家咨询团队是一个较好选择。首先，专家成员应涵盖社会科学领域。早先的应急工作，通常针对的是自然灾害或公共卫生事件，因此在访谈中，不少地方同志一提到专家咨询团队，首先联想到的就是自然科学专家和工程技术专家，比如气象、地质、传染病防治，以及建筑、电力、畜牧等，而很少考虑社会科学专家。但事实上，随着近年来社会突发事件的增多，相关社会问题在政府应急工作中的重要性正在日益上升。因此，基于全面推动政府应急工作的考虑，专家咨询团队在自然科学专家和工程技术专家之外，应当包括一定比例的社会科学专家，特别是法学家、社会学家、心理学家等，这对于缓和社会矛盾和依法执政具有重要价值。

其次，通过信息平台的构建，实现专家资源的共享。无论何时，专家都是稀缺资源，并且其分布还具有群聚效应，通常会在经济发达地区扎堆，经济落后或地理边远地区则很难留住人才。在访谈中，贵州省的同志就坦言，即使在贵阳也很难找到真正能起作用的专家。因此，通过搭建信息平台的方式共享专家资源，也就成为大多数欠发达地区的最可行方案，甚至可能是最有效的方案——安顺市应急办在访谈中曾提到，2008 年凝冻灾害中，邻近乡镇被冰雪封锁，应急救援根本无法进入，而恰好此时有病人需要手术，结果是当地医师通过电话方式，在贵阳市外科专家的指导下，成功完成了未曾尝试的手术，保住了病人的生命。因此，可以考虑由国务院应急办牵头，组建全国专家信息库（还可以邀请部分国外专家共同参与），作为全国各级应急办的智力支援，而省政府则负责组建专家行动组，承担第一时间的现场应急工作，同时加强信息平台的构建。

再次，专家咨询团队的管理体制。对于专家而言，时间是相当有限的，尽管在出现重大突发事件的情况下，专家们都会自觉自愿地参与应急支援工作，但在日常情况下，却不是总有时间参与应急管理的建设工作，特别是重复性的工作。因此，可以考虑设立“咨询助手”制度，由专职人员负责解答一般性的应急工作问题或已有先例可循的难题，经过这一层次筛选后，才将真正的难题提交专家咨询团队攻关。同时也要看到，作为专家咨询团队的成员，既是荣誉（通常直接与待遇挂钩），也是责任，因此必须有评价和退出机制，以公平、公正、公开的方式聘任常年咨询专家，从而确保专家咨询团队的素质与效率。

*5. 应急执行力量的部门联动与区域建设非常必要*

对于政府应急管理而言，最基本要求是“响应及时，决策果断，处置到位”。尽管经过长期实践，包括贵阳市在内的贵州省各主要城市，都已建立了相当完善的应急处置系统——110 报警服务台、119 火警台、120 急救中心、122 交通事故报警台、市长热线电话、市政府公共服务呼叫中心（环保投诉热线、旅游投诉、司法救助、市政管理、人事热线、青少年维权热线、物价投诉热线等）、城市公共安全（危险化学品）GIS 管理系统、城市防洪应急联动指挥决策支持系统、防震、防空以及水、电、气等公共事业应急救助系统等——基本覆盖了政府应急管理的各领域，但是，从实际效果来看，却是始终差强人意，部门分割、信息分享程度低、管理分散、低水平重复建设等问题一直困扰着应急处置工作的开展步伐。因此，有必要规划建设城市应急的部门联动体系。

需要指出的是，部门联动体系的建设并不是另起炉灶，而是主要依托和改造原有的网络架构。从城市统计情况看，80% 以上的紧急处置都与公安、消防和医疗救助有关，其次是环保、市政、民政、新闻等部门。[①] 而且，通常情况下，各地的 110 报警服务台建设都是相对最为完善的。因而，可以考虑依托 110 报警台的网络架构，经由信息共享开始，逐步将其

① 沈荣华：《城市应急管理模式创新：中国面临的挑战、现状和选择》，《学习论坛》2006 年第 1 期，第 51 页。

他应急网络并入110的系统，从而实现“统一接警，统一处置”的综合协调系统。同时，从一开始就必须明确的是，部门联动体系应由政府应急办负责管理和领导，这样才能切实贯彻《突发事件应对法》所提出的“统一领导”原则。

此外，值得关注的还有执行机构的“有效响应半径”问题。目前，中国政府应急管理执行机构的主体力量集中在大中型城市，对于小城镇、城市郊区以及广大农村地区支持力度不足，导致基层和边远地区应急资源准备不足，处置能力较低。而且，尽管我国的城市化率已从新中国成立初期的10.8%提高到2005年的42.99%，[①] 但农村地区依然是基层民众的主要聚居区，在经济相对落后的贵州省更是如此。因此，在强调提高中心城市应急救援力量的同时，也要重视小城镇、城市郊区以及广大农村地区的自救能力，毕竟仅靠中心城市的应急力量辐射，很难保障边远地区的安全。在2008年的凝冻灾害中，贵州省很多乡村的道路都被冰雪封冻，形成了一个个的孤岛，在灾害开始后的相当长时期内，中心城市的应急救援力量都无法给予有效的支持，基本是靠当地的乡村干部和互助自救队的努力，虽然无一人遇难，但由于缺乏必要的设备、资源和经验，受灾损失还是难免有所扩大。

对于加强基层应急救援能力的重要性，各级政府部门早有明确的认识。事实上，2007年中央提出的应急管理建设的重点，就在于加强基层工作，要求应急管理“进社区、进乡村、进基层单位”，国务院办公厅《关于加强基层应急管理工作的意见》（国办发〔2007〕52号）从目标、任务、措施等方面提出了明确的建设要求；贵州省人民政府在《关于全面加强应急管理工作的实施意见》第十四条中，也明确指出要“提高基层应急管理能力”。不过，从调研情况看，在具体落实方面，贯彻力度仍有所不足。

加强基层应急管理的建设，应作为政府应急管理的战略性目标予以重视，并在实施过程中应注意以下问题：

① 中国科学院可持续发展战略研究组：《2005中国可持续发展战略报告》，科学出版社，2005。

（1）应急队伍编制

从应急职责来看，基层应急队伍的主要任务是第一时间的现场处置，目的在于控制局势，防止事态扩大，至于真正解决问题，还是要依靠中心城市的专业应急救援队伍。因此，基层应急队伍的基本要求必须是“精干”——人数少，但专业性强；对于应急工作不需要精通，但必须具备较为全面的能力，能够自主地处置各类突发性事件，并能沉着地控制群众的情绪。为达到这一要求，在配置基层应急工作人员时，首先是要严格考核，把住“入口”；其次是要定期演练和集中培训，不断提高专业化水平；再次是要完善评定和奖惩机制，增强人员的责任感。

（2）应急物资储备

对于物资储备的规模，应当充分考虑当地与中心城市（物资储备中心）的距离和交通状况，因为在中心城市的救援抵达之前，当地需要依靠自身的储备进行自救。可以考虑以 8 小时、24 小时、72 小时作为基本分类标准，建立不同规模的应急储备。

（3）建设经费调拨

资金是实现基层应急管理建设目标的基本前提和根本保障。目前主要依靠地方财政的经费调拨方式，在经济发展相对落后的贵州省许多地区，形成了相当大的压力，不少地方投入不足，使得基层应急管理建设难见成效。因此，可以考虑由国家财政和省级财政给予专项资金的支持，由县政府应急办通过项目管理的方式予以使用，有重点、分步骤地提高基层应急管理水平。同时，还应重点加强项目实施的评估制度。这一方面有助于提高资金的利用效率，另一方面也有助于在实践中逐步完善基层应急管理的建设方案。

# 特大自然灾害中媒体新闻报道与舆情研究

## ——以2008年南方低温雨雪冰冻灾害新闻报道为例

尹韵公　张化冰*

近些年来，随着全球经济的高速发展，政治多极化、经济一体化、文化多元化的格局逐步形成，但同时环境污染、全球气候变暖等自然生态问题也日趋为人类所关注，其直接表现则是高频率、大规模自然灾害的不断发生和出现。全球不同种类的自然灾害事件频繁发生，影响广泛而深入，不仅仅针对物质破坏和损失，同时也针对全球治理、环境保护和社会关注。关于自然灾害事件，新闻传播学科研究的主要形式是将其与相关学科联系起来，研究其连锁反应。比如将灾害事件与传播学原理相结合，或者在政府的职能领域对灾害管理制度进行研究。但是在纯粹的新闻学研究范围内，对自然灾害事件的新闻报道本身进行分析的却寥寥无几。2008年南方雨雪冰冻灾害事件是我国近年来发生的重大的自然灾害事件之一，通过分析此事件，研究如何做好此类事件的新闻报道，以及在化解此类事件中新闻媒介发挥的作用，提出新闻媒体进行重大灾害报道的对策，是本研究报告的主要目的，这对于政府和社会来说是具有重要意义的。

---

* 尹韵公，中国社会科学院新闻与传播研究所研究员；张化冰，中国社会科学院新闻与传播研究所助理研究员。

2008 年 1 月中旬至 2 月初，我国黔、湘、鄂、赣等 19 个省份经历了一场罕见的、长时间的低温雨雪冰冻灾害，影响波及近 1 亿灾民，受灾地区乃至全国生产生活秩序和春运工作受到严重影响。全国上下进行了一场紧张有序的抗灾救灾行动，各级新闻媒体更以大量丰富而鲜活的新闻报道，及时传达党和政府的声音，准确反映灾情民意，为抗灾救灾提供了强大的精神动力和舆论支持。通过这场自然灾害，我国媒体对新闻报道过程中出现的问题进行了反思，尤其对媒体的自然灾害应急报道制度建设有着深刻启示。

## 一 雨雪冰冻灾害新闻报道的特点

2008 年伊始，突如其来的南方低温雨雪冰冻灾害造成全国 19 个省、市、自治区发生了程度不同的灾害，雪灾造成南方大面积电力中断、交通瘫痪、能源供应不足、大量人员滞留在车站、机场或被困在路上……在受灾省份里，湖南、湖北、贵州、广西、江西、安徽六个省区灾情最为严重。[①] 据民政部统计，截至 2 月 23 日，因灾死亡 129 人，失踪 4 人，紧急转移安置 166 万人；农作物受灾面积 1.78 亿亩，倒塌房屋 48.5 万间，因灾直接经济损失 1516.5 亿元。

一场“瑞雪”造成如此大的损失和破坏，与自然灾害有关，但与应对自然灾害的应急机制也不无关系。好事可以变成坏事，坏事也可以变成好事，这次雪灾给我们很多启示，尤其是对自然灾害应急机制建设带来了很多宝贵经验，同时对于新闻媒体在自然灾害事件中的报道也予以巨大反思。在这场特大自然灾害的新闻报道中，各级媒体进行了大规模、大力度报道，取得了自然灾害新闻报道的重大突破。其中体现出一些显著特点。

第一，媒体反应迅速、及时，报道全面、客观，刷新了重大自然灾害新闻报道的模式。

以中央人民广播电台、中央电视台为代表的新闻媒体，在第一时

---

① 高安宁等：《2008 年广西罕见凝冻灾害评估及思考》，《灾害学》2008 年第 2 期。

间启动了对雨雪冰冻灾害的高强度聚焦式报道，为抗灾救灾工作发挥了积极的推动作用。从1月21日7时起，中央人民广播电台新闻综合频道打破原有节目编排，推出特别直播节目《爱心守望，风雪同行》，关注受灾群众和滞留在路上的旅客，积极联系各级政府部门实施紧急救援，并及时向国家应急管理办公室汇报灾情。广播在这次雨雪冰冻灾害中的表现充分说明，无线广播或许是应对自然灾害、保障现代社会信息传递和沟通的最后一道防线，是提高现代社会信息传播可靠性和安全性的重要手段。在“5·12”汶川大地震中，广播媒体的表现再次说明了这一点。

在雨雪冰冻灾害期间，中央电视台综合频道和新闻频道每天进行长时间现场直播《迎战暴风雪》节目，通过卫星信号将各灾区的灾情及时传递出来，为维护社会稳定和推动抗灾工作发挥了积极作用；还推出《抗击冰雪，情暖中国》系列节目，弘扬英勇无畏的抗灾精神，给灾区群众提供精神支持。相关统计显示，央视《新闻联播》从2008年1月11日~2008年3月2日的52天之中，共发布了274条“雪灾”相关信息。[①] 其他各省市电视台也都积极投入报道，如湖南卫视率先宣布取消春晚节目和推迟了一些娱乐节目的播出，推出新闻直播节目《突围冰雪线》，并以每天6档的强度滚动播出；其他还有浙江卫视《新闻超视0130抗击雪灾》报道，安徽卫视《第一时间》的抗灾报道，贵州卫视《2008抗击冰冻灾害专题报道》等，全面深入地报道了灾情。

以新华网、新浪网为代表的各大网络媒体，也通过快速、全面、有效的报道为抗灾救灾提供强有力支持。各大网站纷纷开设抗灾专题，整合了大量来自各级广播、报纸、电视和网友提供的信息，为抗灾救灾搭建了一个高效的信息传播平台。一些新兴的视频网站也加入这次抗灾行动中，优先将来自灾区的网友拍摄的视频放在网站首页上，让更多的人能够通过网络了解灾区人民的生活情况。手机媒体利用自身的特点也发挥了重要作

① 徐占品等：《管窥新闻联播2008年冰冻灾害报道》，《防灾科技学院学报》2008年第2期。

用，如中国移动手机报每天向超过2000万的用户发送救灾报道，并向灾情特别严重的地区定向发送抗灾救灾信息。①

以《人民日报》为代表的纸质媒体也进行了全方位、多篇幅的报道。1月18日，《人民日报》率先在第5版的《热点解读》栏目中刊登题为《大雨雪考验交通应急》的报道，还有《体验·风雪一家人》《今日谈》等栏目的大量报道。《光明日报》刊载的《冰雪中的生命绝唱——追记三烈士》等通讯报道给受众留下了深刻印象。《南方周末》则通过系列报道将雪灾发生后的一些情况进行分析和说明，如2月7日的报道《暴雪冻雨为何频现南方》和《这是全球变暖的另一种表现形式》，对造成南方雪灾的气候原因进行了分析。《广州日报》《南方日报》分别开辟“风雪归途”“万众一心抗冻灾”专版，《羊城晚报》《南方都市报》等也开始在头版、要闻版等进行较大规模的雪灾报道。

第二，媒体紧紧围绕中央关于抗灾救灾的重大决策部署进行深入宣传报道。

在抗灾救灾中，新闻媒体准确反映灾情民意，努力做好信息传递和舆论导向工作，彰显了新闻媒体高度的社会责任感和舆论引导能力，为抗灾救灾工作提供了强大的精神动力和舆论支持。灾情面前，媒体成为一个上情下达、下情上达的信息纽带。各级媒体协调、配合各级政府部门进行紧急救援与疏导，解决受困群众的实际困难，使党和政府的声音直贯基层，成为百姓了解政府救灾措施的主渠道。如胡锦涛总书记主持召开中共中央政治局会议部署救灾工作，温家宝总理给受灾群众拜年、亲赴灾区指挥抗灾救灾等消息在广大媒体刊登后，群众深受鼓舞，备感温暖。

畅通的信息传播，使公众不仅很快知道雪灾的情况，也迅速了解到政府果敢、及时、科学、人性的救灾行动。中国媒体吸取了以往的教训，实现了对灾难报道的新突破。从SARS到2008年雨雪冰冻灾害，我们清晰地看到中国媒体从“集体失语”到“我在现场报道”的嬗变历程。一方

① 千龙新闻网：网评会表扬新浪等北京网络媒体抗冻救灾报道，http：//news. sina. com. cn/ c/ 2008202225/ 180515015115. shtml。

面，这种嬗变不仅保障了公众的知情权，让广大受众及时、准确、全面地了解事实真相，同时也帮助政府向社会和民众传递了一份明确无误的坚定和自信，从而凝聚民心，激励全国人民众志成城，抗灾救灾；另一方面，灾难引发的不安社会情绪也在政府信息公开，媒体无缝隙、全覆盖的报道中得到平复。

为了让更多受众及时获悉中央的各项政策措施和重大决策部署，中宣部、国家广电总局赠送5万台收音机给贵州、湖南、江苏、陕西、安徽、广西、四川等灾区，使受灾群众能够及时了解党中央、国务院抗灾救灾安排部署，掌握天气信息。雪灾致使京广铁路全线中断并导致数十万旅客滞留广州火车站，为让这部分旅客及时了解灾情信息和政府抗灾部署，缓解旅客的心理压力，《羊城晚报》每天将500份报纸免费发送到火车站。广东电台新闻中心每天安排4名记者在春运指挥部值班，重要新闻都在第一时间发出，及时有效地向公众发布了抗灾救灾信息，加深了民众对政府的信任感，增强了政府对民众的凝聚力。

从本次雪灾的宣传报道可以看出，大众传媒作为社会系统中一个具有自我特点和结构的子系统，它的变化与发展，深受社会系统的变化与发展的影响，社会系统中政治、经济、文化、科技等各方面均与之存在相互联系、相互作用、彼此吸引的互动关系。在现实中，任何一个国家的主流传媒体系无不体现其所属国家的政治体系的价值取向。我国《政府信息公开条例》的实施，不仅从法律上对政府公开信息做出明确要求，也为进一步的新闻开放提供了法律保障，更为媒体充分发挥传播功能提供了积极作为的空间。

第三，媒体集中推出一批抗灾救灾工作中的先进典型。

突出报道典型人物，强化宣传典型人物，是我国新闻传媒体制的特点和特色，也是我国新闻工作的政治优势和宣传优势所在。几十年来，在典型人物的报道和宣传方面，我们的理论武器越来越成熟，我们的运作实践也越来越娴熟，逐渐摸索和形成了一套比较全面、完整的理论与实践体系。在雨雪冰冻灾害报道中，各级媒体紧扣抗击雨雪冰冻的主旋律，大力宣传报道一线抗灾人员和人民群众中涌现出来的感人事迹、先进典型，从而增强了全社会抗击雨雪冰冻灾害的信心，稳定了社会情绪。各大媒体综合运用了消息、通讯、言论等新闻体裁，以较大的容量和丰富的表现形式，达到了服务党和政府，服务社会和人民的目的。

《人民日报》突出报道了抗灾救灾中涌现的英雄人物和英雄事迹，如1月30日头版对因工牺牲的三名国家电网公司湖南籍职工的通讯报道，鼓舞了全国人民的信心；从2月14日起在第4版推出“抗冰雪英雄谱”专栏，记叙了38个英雄人物和团体有血有肉、感人肺腑的英雄事迹。新浪网等媒体以图文方式报道了广东交通部门连日来24小时在京珠公路上除冰，湖南交警徒步16千米解救天然气储运车，武警战士用血肉之躯在广州火车站筑起人墙维持秩序等多方面的新闻。还有电力部门冒着冰雪抢修电网的事迹，餐饮企业、食品企业、通信企业、卫生部门等社会各界对受灾群众的关爱，都在中央电视台及全国各地的媒体上得到了及时充分而且感人至深的体现。

20世纪80年代以后，新闻学术界曾经对典型人物的报道和宣传的必要性以及市场需求，进行过热烈的探讨。有人主张削弱甚至取消典型人物报道，认为这种报道方式已经过时；也有人主张应当改进典型人物报道，拓展新空间，认为这种报道方式今天仍有存在必要。从后来的情况看，后一种观点显然占了上风，因为媒体上关于典型人物的报道和宣传仍然非常活跃，依然影响很大。列宁曾经说过：报纸是集体的宣传者，集体的鼓动者和集体的组织者。通过典型人物的报道宣传，党和政府组织民众、团结民众、号召民众的能力大为增强。同时，通过典型人物的报道宣传，也使广大媒体切实起到了引领社会舆论，增强报道效果的作用。这次雨雪冰冻灾害中的典型宣传和报道再次证明了这一点。

第四，媒体把坚持正确导向和提高引导水平统一于抗灾救灾宣传报道实践。

1986年，德国社会学家乌尔西里·贝克（Ulrich Beck）就提出“风险社会”（Risk Society）的预警。由于现代社会要素的不断增多，社会关系的日益复杂，风险和危机发生的概率日益增大，产生的后果也日益严重。按照发展传播学的观点：“传播系统是整个社会系统发生变化的晴雨表和推进器。"[①] 在一个国家的建设发展进程中，大众传播媒介担负着重大的社会责任，扮演着重要的社会角色。问题在于，面对这样一个随时可能出现灾害风险、爆发危机的现代社会，我们应怎样重新审视大众媒介的定位、功能和责任？

在自然灾害事件的新闻报道中，新闻媒体的职责不应只是反映情况，更重要的责任是正确引导舆论，营造有利于社会稳定和人心安定，有利于事件妥善处理的良好舆论氛围。在本次雨雪冰冻灾害报道中，为贯彻落实党中央关于加强媒体在雪灾报道过程中舆论引导作用的指示，各大媒体以密集的社论和时评为奋斗在第一线的人们、为在风雪中饱受煎熬的人们，及时送去了党和政府的深切关怀，同时也向世界和国人展现了一幅幅众志成城、奋力抗灾的集体英雄主义壮彩图卷。中央电视台组成庞大的报道网络，第一时间传播党中央对灾区人民的关心和关爱，实时报道各地救灾最新进展，大力倡导互助精神，充分起到了主流引导、稳定民心的作用。

新闻媒体除了大力宣传党中央、国务院和各地政府关于抗灾救灾的重大部署和具体措施，宣传奋战在第一线干部职工的感人事迹外，还对如何增强自我抗灾能力、缓解社会压力等紧迫的现实问题进行了引导。如针对受灾地区缺乏对冰雪灾害的了解、缺少抗灾救灾经验的实际情况，《中国气象报》刊登系列文章，对暴雪、冻雨、雪凝及其预警信号进行科普解释，邀请气象专家进行网上访谈，增强民众的防御意识和能力。为缓解广大群众的紧张心理，中央电台推出"大爱有声：为回家的人祈福"节目，将听众留言通过广播传递给风雪第一线的亲友。中央电视台新闻频道就"你那里下雪了吗"这一主题征集互动话题，动员社会各界共同支援受灾群众，起到了很好的社会引导效果。

在2008年雨雪冰冻灾害中，主流媒体和草根媒体之间出现了良好互动，为新老媒体联合把握社会热点和问题、提高引导能力做出了探索。在灾害新闻的报道中，任何虚假或者偏失的新闻内容都会对救灾工作产生消极的影响。在本次冰冻灾害的报道中，主流媒体之外的一些草根媒体发挥

① 张国良：《20世纪传播学经典文本》，复旦大学出版社，2003。

了传播真相的作用，灾区或者了解灾区情况的受众主动充当传播者的角色，及时传播社会公众须知、欲知而未知的信息。他们虽然是一批非专业的新闻人，但是凭着基本的新闻良知在履行着新闻媒体的社会责任。正是这些草根媒体的原生报道，补充了主流媒体报道的不足和缺失。对于主流新闻媒体而言，传统的领导监督和媒体自我监督往往发挥作用有限，一般受众对于媒体的监督也过于缓慢，草根媒体灵活机动的作用机制为主流媒体提供了参照，在网络平台上，草根新闻可以迅速地以自己的方式对主流媒体报道的偏差做出反应，而主流媒体可以在草根新闻的反馈中做出及时有效的调整。

## 二　自然灾害与社会舆情

反思南方雨雪冰冻灾害，我们可以预测：在全球气候变化的背景下，极端天气所导致的特大自然灾害将是未来应急管理所必须面对的一个严峻挑战。对于自然灾害突发事件的处理，不仅要在政府和社会应对机制建设方面有所完善，还要注重对舆情监管和引导的研究。2006年《国务院关于全面加强应急管理工作的意见》中就指出："要高度重视突发公共事件的信息发布、舆论引导和舆情分析工作，加强对相关信息的核实、审查和管理，为积极稳妥地处置突发公共事件营造良好的舆论环境，充分发挥中央和省级主要新闻媒体的舆论引导作用。"党的十六届四中全会把建立和完善舆情信息汇集和分析机制写入了《中共中央关于加强党的执政能力建设的决定》，标志着党在提升执政能力的过程中对舆情研究重要性的进一步认识。目前，国内的舆情研究尚处于起步阶段。

我国学者认为，"舆情"一词的含义有狭义与广义之分。从狭义上讲，所谓的"舆情"是指"在一定的社会空间内，围绕中介性社会事项的发生、发展和变化，作为主体的民众对作为客体的国家管理者产生和持有的社会政治态度"，它包括"情、知、意"三个方面的因素，即情绪、认知和行为反应倾向。从广义上讲，舆情包括民情、民力、民智、民意四大要素。[1]

党的十六大报告曾明确指出，要完善深入了解民情、充分反映民意、广泛集中民智、切实珍惜民力的决策机制，推进决策科学化和民主化。党的十六届四中全会通过的《中共中央关于加强党的执政能力建设的决定》也提出“建立社会舆情汇集和分析机制，畅通社情民意反映渠道”。近年来，我国在落实科学发展观、构建和谐社会、建设服务型政府的过程中，以人为本的执政理念不断深入，舆情成为政府科学决策、民主决策的重要依据。党的十六届六中全会通过的《中共中央关于构建社会主义和谐社会若干重大问题的决定》提出，要“依法保障公民的知情权、参与权、表达权、监督权”“拓宽社情民意表达渠道”“健全社会舆情汇集和分析机制”。在党的十七大报告中，胡锦涛同志提出要“推进决策科学化、民主化，完善决策信息和智力支持系统，增强决策透明度和公众参与度，制定与群众利益密切相关的法律法规和公共政策原则上要公开听取意见”。

随着经济全球化进程的快速发展，影响国家安全与公共安全的不稳定因素日益增多，自然灾害、事故灾难、公共卫生事件、社会安全事件发生的频率高、危害的程度大。种种迹象表明，人类已经进入了风险社会。同时，我国正处于社会转型时期，经济发展不均衡，社会矛盾积聚，各类危害公共安全的突发事件屡有发生。

在这种国际国内形势下，突发事件应急管理受到了各级政府的高度重视，各种应对突发事件的预案纷纷出台。在紧急情况下，迅速、有效地调动一切人力、物力和财力，化解、应对、处置风险和危机，确保社会公众的生命与财产安全，这是一个服务型政府贯彻“执政为民”理念、履行公共服务与社会管理职能的具体体现。一方面，随着我国现代化建设事业的不断发展，社会公众的民主意识、参与意识、知情意识、维权意识日益增强；另一方面，影响公共安全的突发事件不断发生，大有常态化的倾向。再加上，在信息时代，高技术手段为表达社情民意提供了更加广阔的空间。因此，我们在突发事件应急管理中要特别关注舆情问题。具体针对

---

① 李莹：《信访工作的舆情机制》，《前沿》2007 年第 5 期。

自然灾害而言，为什么要重视社会舆情？在特大自然灾害发生后，进行舆情监管的必要性又在哪里呢？

第一，特大自然灾害发生后容易发生群体性事件，通过舆情监管可以预防群体性事件的发生。

自然灾害位于我国四大类突发事件之首。由于所处的自然地理环境和特有的地质构造条件，我国是世界上遭受自然灾害侵袭最为严重的国家之一。灾害种类多，分布地域广，发生频率高，造成损失重。中国70%以上的城市、50%以上的人口分布在气象、地震、地质、海洋等自然灾害严重的地区……特大自然灾害的发生给社会、生活造成了巨大的损失，对公众的生命、健康与财产安全提出了严峻的挑战。

从舆情研究的角度看，特大自然灾害的损害严重、影响广泛的特点，是需要政府重点监控的突发类事件。其原因在于：当前是我国社会矛盾和问题处于高度集中的时期，特大自然灾害有可能成为矛盾爆发的导火索。媒体作为社会的守望者和环境监测者，更应该积极介入社会风险的预警和治理，这是媒体义不容辞的社会责任。舆情监管一旦发现群体性事件的苗头或倾向，媒体就能够及时、积极地引导社会舆论，为政府和人民之间搭起沟通的桥梁，为公共危机的化解搭建平台。

比如，在南方雨雪冰冻灾害中，十几个省区、多个城市的基础设施运行几近崩溃，贵州、湖南、江西等地因电力设施遭受损毁而出现大面积停电，京广铁路、京珠高速公路等交通大动脉运输受阻，民航机场被迫封闭，大批旅客滞留，一些城市的供水管道被冻裂，通信不畅，社会公众的生活必需品一度出现匮乏等。在这种情况下，一旦社会公众的情绪失控，极易引爆各种蛰伏的社会矛盾与冲突，引发社会动荡和骚乱。因此，媒体及时进行舆情监管，一方面可以准确把当时的问题矛盾所在和社会公众心态，及时反馈给相关部门；另一方面可以通过发挥媒体的舆论引导作用等功能，有效化解矛盾，使问题朝着有利于解决的方向发展。

媒体的舆情监管目的在于避免引起群体性突发事件，避免引起社会恐慌和动荡，但这并不意味着要刻意粉饰太平。因为有很多时候，媒体上打的“保票”并没有兑现。说防汛工作做到了“万无一失”，结果发生了溃坝；说对建筑的抗震强度进行了检查，结果发生了垮塌。2003 年非典前期，有关政府部门和某些媒体拼命说北京、广州等地如何安全，但是因为当时对防控非典并没有采取有力措施，所以疫情还在蔓延，最后世界卫生组织还是把北京列入了疫区。政府和媒体的信誉都受到严重损失。安定人心不能靠粉饰太平。避免社会恐慌的最好办法，就是实事求是地说明形势、说明危机，同时让公众了解针对这样的危机应该如何行动。松花江水体污染造成哈尔滨水源危机后，当地政府最初试图以“检修设备管网”来遮掩松花江水体污染的事实，反而导致谣言四起和抢购狂潮；说明真相之后，公众情绪迅速平定。这个典型案例说明了舆情监管和引导必须实事求是的重要性。

第二，及时有效的舆情监管可以破除灾害发生后极易产生的谣言传播。

近几年来，已经有很多起突发事件证明，紧随其后的是谣言的飞速传播。在特大灾害事件中，社会生活遭到突如其来的破坏，产生环境危机，随之导致人心浮动。惊恐、猜测和忧虑成了主要的社会情绪，这为谣言的产生提供了“温床”。自然灾害发生后，人们置身于非常态的特殊环境，情绪处在持续的不稳定状态之中，一有风吹草动，就可能让人产生某些联想或误解，有的就形成了谣言并传播开来。自然灾害常常导致各种各样的传闻、谣言在坊间传播，并在人群中制造出不同程度的恐慌，甚至引起社会秩序混乱。如何正确应对和处置自然灾害中的谣言，无疑是政府有关部门面临的一个严峻考验。政府有必要建构社会舆情监管机制，针对涉及重大突发事件的谣言，政府或新闻媒体必须全面、稳妥地报道事件真相，及时戳穿谣言，减轻人们因不明事态真相产生的社会心理动荡。

尤其是置身互联网时代，一旦谣言出现爆发端倪，就会在短时间内出现“井喷”式扩散，给社会和民众带来极大负面影响和破坏。互联网具有快速即时、匿名隐身、跨地跨国界等特点，任何人、任何组织都可以不受过多限制地发表意见和观点，这就给民众提供了一个便捷的信息交流平台。在网民活跃的论坛、社区以及博客等中，一些帖子通过反复转载，或者通过即时聊天、电子邮件等方式传播，就会形成网络舆情。一旦有别有用心的人蓄意利用网络大规模发布、传播谣言，就难以控制。往往还会误导民众，对事件的发展起推波助澜的作用。

由于网络的开放性、匿名性特点，现有的技术手段只能够将内容进行部分过滤，这就使得网络舆情内容难以进行有效控制。网络舆情的难以控制，极有可能导致网络信息混乱、错误，容易在民众中引发各种猜疑、谣传甚至恐慌，给自然灾害等突发事件的处理带来不利影响。针对此种情况，需要政府大力治理网络空间，立法是政府控制的重要手段。我国相继颁布了《关于维护互联网安全的决定》《互联网信息服务管理办法》《互联网站从事登载新闻业务管理暂行规定》《互联网电子公告服务管理规定》等一系列法律、法规。相关政府部门应通过强有力的行政手段保障这些法律法规的执行，加强对网络媒体的准入许可、监督管理和违规处罚，以规范网络空间良好发展。

在自然灾害事件的发生、发展、处理过程中，互联网和大众传媒起到了至关重要的作用，政府可以针对两种媒介的不同特性分而治之。首先，针对网络媒介的特点，政府应加强对网络信息的把关，明确网络经营者的职责。网络经营者应按照“谁经营、谁负责，谁主管、谁负责”的原则，运用各种技术手段对有关自然灾害事件的虚假信息进行过滤，保证其管理范围内的信息传播的真实性；论坛管理员或版主推出发帖规则，对发布谣言的网民利用技术手段提出警告或者限制，对于相关帖子，应及时删除，维护论坛秩序。其次，报纸、广播、电视等大众传媒具有社会覆盖面广、社会公信力强等特点，自然灾害事件发生时，为消除网络上的不实报道、蓄意炒作和刻意渲染的影响，政府部门应当与大众传媒建立互动机制，及时将真实的情况反馈给相关新闻单位，充分利用这一容易控制的传统媒体，消除谣言，澄清事实，满足民众的真实信息需求。

2007 年 8 月 11 ~ 12 日，受热带风暴“帕布”的影响，广东省湛江市出现了百年一遇的特大暴雨。8 月 12 日，受灾严重的乌石、北和、覃斗等镇村四处流传暴雨将引发地震的谣言。广东省气象局得知这一情况后，通过气象短信平台发布免费短信 280 多万条，稳定了民心。

第三，特大自然灾害给社会生产生活带来严重损失，通过舆情监管可以了解民情，有的放矢地满足社会和公众需求，媒体报道在此过程中应体现人文关怀。

由于特大自然灾害使社会生产生活秩序被严重扰乱，政府是否能够有效地组合各种社会力量、成功地进行应急管理，这关系着社会公众的福祉，也考验着政府的执政能力。政府存在的主要意义之一就在于：履行应急管理的职能，确保社会公众的生命、健康与财产安全不受损害。一个负责任的服务型政府必须通过舆情监控，了解民情，倾听灾区公众的呼声。社会公众是特大自然灾害最为直接的承载主体，因灾致病、因灾致贫的现象屡有发生，需要政府实施有效的救助。舆情监管是下情上达的有效渠道之一。了解舆情信息，全力解民之难，可以最大限度地减轻特大自然灾害所带来的后果。在社会舆论结构中，公众舆论作为下层舆论，固然需要政府舆论的引导，但它是政府舆论赖以形成的前提，是政府舆论的源头和反馈系统。政府把握公众舆论，既要认识社会舆论的对流状态，又要从中了解重要民情和重大社会问题，以推动社会矛盾的解决。

媒体新闻报道在此类舆情监管中起着非常关键的作用，早就提出的“三贴近”原则——贴近实际，贴近生活，贴近群众可谓是对媒体最好的指导。尤其是在自然灾害的新闻报道中，广大传媒必须坚持以人为本，在灾害发生发展过程中体现出人文关怀，唯有如此，政府和社会才能更准确、更清晰地把握灾害对民众的生活影响情况这个重要的舆情，对症下药，迅速出台相应方针政策，救民于危难，救民于水火。由于新闻传媒具有的公信力和权威性，在灾害事件中就更显得公信力和权威性的重要，民众对大众传播媒介的期望值相当高。因而，在灾害事件发生的时候，大众传媒理应承担起肩负的社会职责。

灾难发生后人们感到痛苦、悲伤，还会产生不同程度的恐惧和焦虑情绪，灾区人民对重建家园表现了极大的渴望，广大群众对灾区人民也表现了极大的同情和关注。在灾难事故中，人类生命的损失相比其他损失要重要得多。因此媒体应该关注的首先是人，尤其是人的生命。报道要格外突出人文因素，新闻媒体除在报道灾情进展和善后工作以及对灾难产生的原因做出科学的分析之外，还应身体力行，怀着一颗赤子之心，去体验灾难带给人们心灵上的创痛，时时不忘倾注一种人文关怀。直接参与对普通灾民的关怀，为受灾群众寻求社会的帮助，如公布慈善捐款热线、热心组织义演义卖等社会善举。媒体高扬人性真善美的旗帜，对于理顺、疏导灾民的情绪和情感，增强他们对党和政府的信任感、认同感以及稳定人心，都能起到不可估量的作用。

灾害事件虽然是突然发生的，但其发展和结束还有一个过程。灾害的发生，对整个社会是一场考验，对媒体也是一场艰巨的挑战。新闻的力量不仅在于报道事实，同时还要有利于党和政府的工作大局，有利于事件的妥善处理。比如报道灾情，既要客观真实反映，又不能刻意渲染，随着事件的进展，要在加强组织领导的同时，科学、全面、准确地努力做好抗灾、救灾的后续性和深入性报道。还要善于从新闻事实中发现新的社会动向，提炼新的启发性思路，引起社会对新闻的深入思考。

还有一个值得注意的现象，一些媒体和记者为了一时的轰动效应，在灾害新闻报道上大做文章，不惜采用血腥的标题，在文字上对灾害极力进行残酷的渲染，把灾害新闻变成骇人听闻的“恐怖片”，严重影响受众的心理，极不利于抗灾救灾工作的开展，妨碍整个社会的健康及和谐发展。不论是自然灾害还是人文灾害，任何国家、任何时代都会出现，作为有社会责任感的媒体都应该做到真实、及时地报道灾难，理智科学地分析灾难，从社会进步、人文关怀的角度进行报道，提供有社会价值的思考，时时刻刻保持大局意识、责任意识，既努力做到让群众的“知情权”得到保证，又有利于政府对灾难事件的处理，充分体现报道的建设性。

第四，舆情监管有利于政府发现应急管理机制的不足，及时矫正特大自然灾害应对过程中的失当行为，保证应急决策的科学性和准确性。

特大自然灾害来临时，政府在资源和信息紧缺、时间紧任务重的形势下开展应急指挥与决策，难免百密一疏。通过舆情监管，政府可以获取大量一手信息和资料，发现应急管理工作中的盲点和死角，及时矫正和弥补不恰当或不足的应急行为。我们认为，舆情监控应贯穿于特大自然灾害应急管理的全过程。也就是说，事前、事中、事后的减缓、准备、响应与恢复各个阶段都要进行舆情监控。不仅如此，舆情监控还应成为应急管理常态与非常态结合的重要表现，应成为完善应急管理各项机制建设的重要环节和内容。

我国应急管理的发展围绕着“一案三制”展开。其中，应急体制建设具有一定的刚性，决定着应急机制；应急法制建设是应急体制与机制建设经验的固定化与法律化，必须通过繁复的立法程序；应急预案是具体的应急预案，具体地反映了应急机制的要求。而应急机制是一种应急的工作方式，在“一案三制”中处于承上启下的中观层次，具有很强的灵活性，创新空间比较大。因此，建立健全机制是目前我国应急管理建设的重中之重。在机制建设的过程中，舆情监控的作用尚且需要得到充分的发挥。

在特大自然灾害的预防与应对过程中，政府部门可以通过舆情监控，主动获取有关突发事件的信息，并进行比较、甄别、梳理、分析，形成舆情信息快报，为科学决策提供一手资料。从这个意义上看，舆情可以说是社会公众对突发事件信息未加筛选、整合的“报送”。因此，如果把信息报送与舆情监控结合起来，以舆情来印证、修正所报送信息，应急决策的科学性与准确性则将更有保证。

当特大自然灾害发生后，应急管理部门需要在时间紧急、资源有限和事件不确定性的情况下，根据掌握的信息尽快做出决断，选择应对方案，采取应对措施。通过舆情监控，我们有可能在短时间内获取有关突发事件及其应对的信息，减少突发事件的不确定性，增强科学决策、高效处置胜算。在特大自然灾害的应对过程中，舆情监控可以吸纳民智，形成群策群力、共赴危难的局面。特大自然灾害具有很强的突发性和不确定性。由于政府组织结构是纤维状的，加之试错成本太高，政府应急的创新能力差，灵活程度低。舆情监控可以汲取民众智慧的养料，有助于我们做出科学决策，高效率地应对突发事件。此外，舆情监控还能够使我们及时判断初次信息发布的效果，并根据社会公众的需求，进行补充发布或后续发布，实现信息发布的动态化与持续化。

我国是一个政府主导型的社会。应急管理存在着单纯以政府为主的倾向，企业、第三部门的力量未能得到有效整合。通过舆情监控，政府汇集分析采纳有关特大自然灾害的信息及应对建议，博采众长，形成政府与公众之间的交流与互动。这有助于调动社会公众参与应急管理的热情，推动应急社会动员的深入发展。应急社会动员的主要意义在于：一是降低应急管理的重心，提高应急管理的响应速度；二是降低应急管理的成本，珍惜民力又充分利用民力，实现藏资源于民间，寓保障于社会，寓实力于潜力。

第五，舆情监管有助于我们实现“预防为主”的原则，防止特大自然灾害的发生。

自然灾害的诱发因素与发生过程是自然的。但是，人类的活动对于自然环境的影响越来越大，导致了自然灾害的发生。而且，自然灾害的影响是社会性的。所以，舆情监管可以促使我们及时了解公众对人与自然关系的思考，及时发现人与自然的不和谐因素，贯彻人与自然合作而非对抗的思想，从根源上防止自然灾害的发生。南方雨雪冰冻灾害、汶川大地震，以及随后南方数省发生的暴雨洪灾，这一连串灾害，清晰地昭示了我国的灾害种类之多和发生之频，也使越来越多的人意识到防灾减灾的重要性。而在国家加强自然灾害监测和预警能力建设的过程中，媒体应该发挥怎样的作用，也成为摆在新闻人面前的一个重要课题。

媒体在防灾减灾中所能发挥的一个重要功能，就是加强灾害预警新闻的报道。有关灾害预警新闻报道的学术或业务研究，从国内到国外，能查到的文献很少，可见这还是新闻研究领域的一个空白。灾害预警新闻关系到人民生命财产的安危和社会的稳定，的确不容忽视，但是新闻媒体不是专门从事灾害研究的机构，不具备预报灾害的专业知识。因此，从专业角度上讲，新闻媒体没有预告何种灾害会何时来临的能力。

正是基于此，媒体应该侧重于舆情监管，它虽然不能成为第一权威信息源，但却可以为政府、社会、民众提供警示和预防信息。从时间上来说可以分为长期监管和短期监管。灾害有着很大的不确定性，有很多灾害，比如地震、海啸，我们的确很难预知它们何时会发生。虽然事先不能明确何时会发生，但是灾害的风险是一直存在的。基于这个事实，新闻媒体，尤其是不同地区的媒体，理应长期关注和本地区比较密切相关的自然灾害的舆情监测、预防和公众防灾意识培养及防灾知识普及等。

在一些异常天气或自然现象已经出现，但还未酿成更大的灾害之前，媒体也可以紧急行动，关注灾难的临时预警工作。这需要新闻人的常识和敏感。比如，当一些山区连日降雨的时候，如果我们警觉到这样的降雨有可能造成山体滑坡或泥石流，并就此向有关部门和专家了解情况，那么就有可能在灾害的临时预警方面贡献一点力量。媒体当然不可以直接发布降雨可能会导致山体滑坡或泥石流的预警新闻，但是可以询问有关政府部门：这样的降雨会不会造成灾害？政府部门有什么样的应急措施？假如政府部门的答复不能令人满意，还可以联系气象部门乃至对这个问题有研究的专家，请他们发表意见。他们虽然可能没有发布预警的权力，但是可以告诉我们如何判断和规避这类灾害，这些信息，对公众来说也是非常需要的。

有些问题，媒体一直在跟踪监督，却依然未能避免。这方面的典型案例如2007年5月太湖水域大面积暴发蓝藻，影响无锡200万人口的水供应将近一个星期。在这之前，媒体对太湖治污不力的问题做过大量报道，而收效甚微，太湖污染依然严重，直到灾害发生。对此，媒体虽然无奈，却不必悲观。有时候，只能让事实给人以教训。同时，我们也应该看到，在这样的环境灾害发生后，一些补救性措施和新的政策相继出台，坏事确实开始转化为好事。而新闻媒体需要做的，就是继续监督，促进和巩固这样的转化。

那么，在自然灾害发生后，应该如何最有效地进行舆情监管？

第一，提高对自然灾害舆情的重视程度，加大政府信息公开力度。

在协调灾害报道的新闻价值与社会效果的过程中，政府的角色起着至关重要的作用，政府观念的更新和政府机制的完善，远远比单靠大众传播媒体的力量来得更有实效。在一个民主、现代的社会中，政府有义务向民众准确及时地公开政府工作信息和社会公共信息，这也是维护社会稳定的有效方式和重要手段。作为政府机构，选择适当有效的渠道发布信息，表明态度，同时引导社会舆论朝健康良性的方向发展，这是关系政府形象和展现信息透明度的关键举措。从目前来看，新闻发言人制度和新闻发布会是政府向社会公布信息的主要方式和有效手段。除此以外，政府还应该在政策上完善相关法律法规，在机制上设立完善的预案制度，及时有效地应对灾害新闻事件。

如何在新的媒介环境下正确处理信息发布和公开，是考验我国政府和传媒的一项严峻课题。正如埃弗雷特·E. 丹尼斯所描述的那样："我们所拥有的应该是一个社会责任的体制。在这个体制中，新闻业享有某些权力，同时也承担责任和义务。"① 我们反对新闻媒介放任自由的做法，但绝不能为了某种企图而损害公众的知情权，况且这种做法已经越来越行不通了。政府应该主动地去促进传播的畅通，必要时，政府应与公众、媒体三者协同一致，共同发挥传播的功能。作为政府，要做到信息公开，牢牢掌握灾害信息传播的主动权；作为大众媒体，要充分发挥自身的优势，利用多年来树立起的媒体权威性和影响力第一时间如实报道灾情，进行合理的舆论引导，搭建好政府与公众之间沟通的"桥梁"。灾害新闻宜"疏"不宜"堵"，受众的心理承受力远非想象中那般脆弱，一听到灾害事故发生就惊慌失措，表现出非理性的行为；相反，由于没有得到政府和主流媒体的确切信息，导致谣言四起，才会让公众感到恐慌和无助。

在特大自然灾害应急管理中，只有做到舆论监督与信息公开并重，才能更好地处理社会问题，化解社会矛盾，推进和谐社会的构建。在当今这样一个信息发达的社会，捂住负面信息已经越来越难，因为互联网、手机等通信手段的发展，获取信息的渠道越来越多，也越来越便捷。在面对重大社会问题时，政府应该及时做出反应，建立畅通的信息传递机制和有效的信息反应机制，这是处理社会问题和社会矛盾所必需的制度建设。在特大自然灾害应急管理中，舆情监控可以使政府及时掌握社会公众的心理动态，调整信息发布的侧重点，有针对性地对公众及时加以引导，使流言与谣言止于信息公开，防止出现不必要的恐慌。

第二，进一步畅通和拓宽社情民意渠道，建立和巩固多层次舆情反映网络。

---

① 埃弗雷特·E. 丹尼斯、约翰·梅里约：《媒介辩论》，（英国）朗曼出版社，1991。

舆情的表达方式强调的是舆情的表达通道问题，在舆情的主客体之间存在着态度的“直接表达”和“间接表达”两种基本方式，而在这两种基本方式中，又包含着很多具体的形式，各种具体的舆情载体也处在不同的地位上和发挥着不同的作用。研究民意的学者曾经提出，在民意的表达中，其直接表达包括两类，即主动表达（含投书、游说、申诉、请愿、示威等）和被动表达（含民意调查等）；其间接表达也包括两类：即正式渠道（含选举等）和非正式渠道（含政党、利益集团和大众传播媒体等）。[①] 此外，作为舆情的社会政治态度，其表达并不总是完整的和全面的。按照“沉默的螺旋”的认识理论，那些处于所谓“劣势”的社会政治态度有可能被主动或被动地加以“掩盖”，从而出现一些社会政治态度得不到表达的情况。

舆情作为民众的社会政治态度，是在诸多因素的影响下产生的。从理论上说，只要出现了具体的中介性社会事项，就会相应地产生舆情。在事件的发生、应急和预防的不同阶段，舆情都以不同的状态存在和变化着，反映了舆情的发生、发展和结束的不同过程。在现实生活中，舆情在其出现的过程中，常常附着在一些特定的载体之上，以文字、口传、议论、体态语等在公开和非公开形式下表达出来。在自然灾害的发生和发展过程中，需要通过收集和分析不同阶段的内容来揭示舆情的不同状况。在各个阶段，舆情的汇集和分析都非常重要，尤其是那些具有对立倾向的舆情，如果不及时发现和解决，极有可能爆发群体性突发事件等。

舆情信息具有政治性、群体性、演变性、互动性和偏差性的特点。在特大自然灾害中，舆情信息的政治性主要表现为社会公众对政府应急管理政策、措施的政治态度；群体性主要表现为舆情信息是一定数量社会公众对灾害预防与处置的情绪、意见和要求；演变性表现为舆情信息是变动不居的，有一个产生、发展和削弱的过程；互动性是指社会公众通过因特网等媒体就特大自然灾害及应急管理发表见解和意见，相互探讨、鼓励、碰

① 余致力：《民意与公共政策——理论探讨与实证研究》，（台北）五南图书出版公司，2002。

撞与交锋；偏差性就是指社会公众关于特大自然灾害的观点未必是突发事件及应急管理的科学认识，需要我们进行去粗存精、去伪存真，进行仔细的比较、分析与鉴别。这些都有赖于我们建立和完善多层次的舆情反映网络。

在可能发生特大自然灾害或特大自然灾害发生后，主要有以下几种方式及时、动态地了解和掌握有关舆情的最新进展：开展调查与访谈，关注报刊、广播、电视、网络等媒体，举行各种会议，接受群众信访等。特别是涉及“三敏感”（敏感时间、敏感地点、敏感事件）的舆情信息，要实施重点监测与收集。同时，我国还具有西方国家所没有的独特舆情反映渠道，一是党政部门内的情况汇报，包括信访办、公安、纪委等部门；二是传媒系统和研究机构的内参。政府部门通过构建舆情反映网络，可以大量获取有关突发事件的翔实信息，进行比较、甄别、梳理、分析，形成舆情信息快报，为科学决策提供重要参考。

值得注意的是，当前新的媒体层出不穷，网络媒体、手机媒体、数字电视以及“博客”等新型网络传播形式对传统媒体造成了前所未有的冲击和压力，也在很大程度上颠覆了传统的信息传播模式。多种形式新媒体的出现，使我国的信息传播渠道由单一型向多元化发展，原先的信息传播格局已经彻底改变，从某些角度来说，新兴媒体甚至可以和传统媒体分庭抗礼，各占翘楚。因此，要畅通和拓宽社情民意渠道，建立创新性的多层次舆情反映网络。

第三，适应信息社会发展，提高舆情信息汇集和分析的方法手段。

当前，我国正处在社会转型期，社会深层矛盾逐渐暴露，社会表面张力明显增大，稳定性降低，各种突发性事件则是社会张力加大和不稳定现象的突出表现。突发性事件由于采取集结力量的态势，这种矛盾的发生对社会影响大，冲击力强，且处理难度大、遗留问题多，不仅直接导致社会经济生活的重大损失，加大各级政府行政管理的难度，而且对社会的稳定发展危害极大。舆情，或者说民众的社会政治态度，在本质上是民众所持有的以民众和国家管理者之间对立与依存的利益关系为基础的基本态度。因此，舆情不可避免地成为对国家、社会稳定和发展产生影响的因素，是一件不容忽视的“大事情”。满足最广大人民群众的根本利益，是预防和处置突发性事件的最有效的办法。因此，在自然灾害事件中对舆情信息进行汇集和分析，显得尤其重要。

舆情信息汇集和分析的一般方法主要有以下几种：

（1）文献研究。这是一种比较传统的信息收集方法，即根据研究主题收集相关文献资料，从中发现需要研究的有关信息。而在舆情信息汇集中的文献研究方法又有其特殊性，这种特殊性来源于舆情信息本身是一种特殊的信息，具有极强的时效性，同时一些舆情信息也不适宜公开。因此，能够及时、准确地反映舆情信息的文献资料很有限。主要的文献资料是中央以及地方党政部门编发的舆情刊物以及各种反应舆情动态的调研报告和专门材料。这些刊物对于舆情汇集工作的意义极其重要，其内容一般具有很强的针对性和时效性，通过收集和筛选，可以及时发现和了解有关突发性群体事件的一些苗头性信息。

（2）社会调查。社会调查是汇集舆情信息最基本的方法。它可以分为以下几种形式：第一，现场调查。即舆情工作人员深入现场，如参观考察、参加会议等。通过现场获取的信息大部分都是第一手的，具有直观、形象、可靠、真实、生动的特点。第二，访问调查。即通过向受访者询问以获取所需信息的方法。访问调查的传统方式是面谈，即面对面的交流，也可以是电话访谈。一般说来，如果要讨论的问题比较复杂，需要双方反复交流，则最好面谈；如果问题简单而且明确，或者与受访者距离较远，则应该选择电话访谈。第三，问卷调查。这是舆情调查的主要方法。即舆情工作人员向受访者发放格式统一的调查表，并由被调查者填写，通过调查问卷的回收获取所需信息。问卷调查的质量和效果主要取决于调查问卷的设计质量和工作效果。

（3）计算机辅助电话访问调查。即 CATI 技术（Computer Assisted Telephone Interview）调查，它是传统的调查技术与近年来高速发展的通信技术及计算机技术相结合的产物。由于与传统的面谈调查相比，很多方面都显示出无可比拟的优越性，所以问世以来得到越来越广泛的应用。CATI 系统，主要由微型计算机或计算机网络硬件系统和 CATI 软件系统组成。硬件系统与电话连接，可以进行随机拨号；软件系统一般包括调查问卷设计生成系统，用来产生某项特定调查的问卷。其中，统计分析系统，用来对已经输入的数据进行比较简单的统计分析，随时掌握样本构成情况，以便对配额进行控制；访谈监控系统，用来对访谈员的访问情况进行适时监控。CATI 系统一般是一个相对集中的系统，很多访问员可以同时工作，每位访问员坐在一个计算机网络终端前，根据屏幕上出现的问题对被访者进行提问，并将答案通过键盘或鼠标输入计算机。调查监控人员可以通过监控系统对调查进行质量控制，并协助处理可能出现的各种问题。

舆情信息分析的任务就是运用科学的理论、方法和手段，在舆情信息汇集的基础上，透过由各种关系组成的错综复杂的表面现象，把握其本质内容，从而作出决策。分析方法一般可以分为定性分析和定量分析。定性分析的特点是采用一种比较开放的方式，广泛观察和了解研究对象的各方面情况，从中寻找启示。它将研究对象描述并理解为个案，使用小样本，形式灵活，无结构限制。较之定性分析，定量研究似乎更具有说服力和科学性，它将研究对象看做是一个总体的代表或样本来试验和测量，使用大样本，有固定的问卷格式。

随着信息技术的快速发展，互联网已经成为民众表达舆情的重要途径和舆情汇集的新场所。因此，重视网络舆情的汇集和分析至关重要。互联网是一个能够快速反映社会动态、民议热点和体现公众声音的地方，比较真实地显现了民众对现实的思想态度。如国内的几大网络论坛天涯等，曾一度成为民间舆情汇集的主要场所。同时，手机技术的发展也正在催生更加新型的舆论场，如手机短信、手机报等。关注新兴媒体的舆情汇集和分析，是信息社会舆情研究的全新切入点。

与此同时，在具体舆情分析工作中还要注意以下几个问题：①舆情分析意识还有待加强。有没有强烈的舆情分析意识，是不是经过深入的研究思考，直接关系到舆情信息内涵的大小、价值的高低。要强化舆情分析意识，并贯穿舆情信息的汇集、分析和监测的全过程，使突发性群体事件中的舆情工作成为一个“逐渐深化提高的过程”。②要明确舆情分析重点。加强舆情深度分析，总的来说，就是要“由点到面”“由形到势”“由问题到建议”。具体而言，就是要把大量零散的信息贯穿起来，找出普遍性、倾向性、苗头性的东西，拼出舆情信息的“素描图”；就是要通过判断舆情信息变化的基本特征，分析其态势，预测其走向；就是要揭示问题的实质所在，找出这些问题形成的根本原因，提出解决问题、引导舆论的对策建议。③加强舆情分析要避免“自我循环”。要定期邀请公安、安全、教育、信息产业、外宣、信访、社科、重点新闻网站等掌握某些领域重要舆情的部门，召开舆情分析联席会。要在各级宣传文化单位、高等院校、社科研究机构等聘请舆情研究员，请他们定期对社会舆情进行深入研讨。

## 三　中国灾害新闻报道发展历程

自然灾害历朝历代都有，新闻传播也是人类社会长期发展的产物，当人类进化到有着比较清晰的思维能力和语言能力，能将新闻事实概括为语言信息进行传递和解读他人传递的信息内容时，新闻传播就有了存在的可能。“旧石器时代后期，智人阶段的人类社交活动逐渐扩大，有声语言正在形成，最原始的宗教和艺术开始出现，标志着新闻传播条件的成熟，估计在此时，新闻传播活动开始出现。中国真正将文字作为面向广大人民群众的新闻传播手段，是秦始皇统一六国、建立中央集权制的统一国家之后。”[①]自此，新闻传播活动便日益频繁和成熟。那么，在中国的封建王朝，或在近代中国，灾害新闻又是以一种什么方式，作为什么角色进行传播的呢？为了从更宏观的角度分析我国不同时期灾害新闻报道的特点，我们以大量研究资料和案例为依据进行分析研究。虽然部分研究资料和案例的依据是除自然灾害之外的人为灾害等社会灾害，绝大部分研究依然建立在自然灾害分析的基础之上。

① 丁淦林等：《中国新闻事业史新编》，四川人民出版社，1998。

### 1. 中国古代灾害新闻传播

中国古代历朝历代统治者向来奉行的文化政策是“民可使由之，不可使知之”，非常注重对灾害新闻传播的控制，因为灾害新闻的传播毕竟对统治阶级威信不利。不过，在远古时代，一些统治者对灾害信息的传播还是比较宽容的，古文献中曾有记载，尧、舜时期首领们在公开场合设立过“进善之旗”“诽谤之木”，人们可以在那里传播负面的灾害信息，甚至还可以对统治者提出批评。

随着中央集权制的日益巩固，对灾害信息传播的管制也越来越严格。唐朝《唐律疏议》中，就有关于言论和出版活动的禁令，禁止传播不利于统治阶级的言论和信息。其中规定：“诸造妖言妖书者，绞。使用亦惑众者，亦如之。”于是，自唐以后的历朝历代统治阶级都禁止“妖言妖书”的传播，把“妖言妖书”写入各自的法典之中，成为了统治者控制言论和出版活动的专用术语。[①]

所谓“妖言妖书”，除了指对统治阶级不满的各类文学作品外，灾害信息也是其中一个主要组成部分，既包括人为灾害方面的信息，也包括自然灾害方面的信息。过去的封建统治者大都非常迷信，认为旱灾、水灾、地震、火山爆发、虫灾等自然灾害都是上天对统治者不满的警告和惩罚。因而在他们眼里，自然灾害就是自己统治不顺天意的信号，所以他们认为传播这方面的信息对其威望有损，会导致人心浮动，社会秩序不稳，甚至引起民众乘机造反。《宋会要辑稿》中曾记载，仁宗庆历八年，秘阁校书知相杨孜所言：“将灾异之事悉报于天下，奸人脏吏、游手凶徒喜有所闻，转相煽惑，遂生观望。京东逆党未必不由此而起狂妄之谋……自余灾情之事，不得辄以单状伪题亲识名衔以报天下。如违，进奏院官吏并乞科违制之罪”。[②] 另外，兵变、民间叛乱、少数民族武装反抗、农民暴动、官吏违法乱纪、百姓严重违法犯罪等与统治阶级统治直接相关的人为灾害的信息更不允许自由传播，以防发生连锁反应，加剧动乱，危及其统治。

---

① 方汉奇主编《中国新闻事业通史》第1卷，中国人民大学出版社，1992。

② 方汉奇主编《中国新闻事业通史》第1卷，中国人民大学出版社，1992。

中国历代统治阶级虽然利用种种手段禁止灾害新闻传播，但这类消息在民间小报上却得到了较多的报道。盛行于南宋的民间小报上刊载的灾害新闻就明显多于官方的邸报。因此，小报一开始就被斥为“造言欺众”“疑误群听”的非法出版物，遭到禁止。不过，统治阶级对灾害新闻传播的控制，重点还是放在官报邸报上，毕竟邸报的消息更为权威，影响更大。

**2. 中国近现代灾害新闻传播**

18世纪中叶，发生了深刻影响中国社会历史进程的鸦片战争，中国最后一个封建王朝清朝在鸦片战争后已是苟延残喘、摇摇欲坠。为了维护其病入膏肓的统治，对人民的控制更为严格、残酷，灾害新闻传播自然也在其重点控制范围之内。清朝对灾害新闻传播控制的严格程度本来就大大超过了以往朝代，鸦片战争后的这种控制更是变本加厉。1906年颁布的《大清印刷物专律》和《报章应守规则》就禁止灾害新闻报道，1908年正式颁布的《大清律例》中规定的“妖言妖书”就包括灾害新闻。灾害新闻等凡是不利于其统治的负面新闻信息都被斥为“悖逆”，禁止传播。从戊戌变法到武昌起义的13年间，至少有50种报刊被迫停刊或遭受其他处分，数十人被杀、监禁、传讯等，其中许多报刊就是由于报道了不利于统治者的灾害新闻而被妄加罪名任意查封的。[①]

辛亥革命后，以袁世凯为首的北洋军阀对新闻事业的迫害和摧残更是达到了历代统治者之最。报刊上只要刊登了对其不利的消息就会受到残酷的迫害，灾害新闻自然在其禁止之列。据统计，“癸丑报灾”期间，全国出版发行的报纸由500多家锐减到139家，少了2/3。开封《民立报》编辑敖瘦蝉仅仅因为写了一幅悼念宋教仁的挽联就被枪决。可以说，自晚清到北洋军阀时期，是中国新闻事业的低潮期，也是中国灾害新闻报道的最黑暗期。

国民党统治时期，国民党政府也对灾害新闻报道进行了严格限制，颁布了《出版法》《戒严法》《新闻检查标准》《新闻记者法》等一系列法

① 方汉奇主编《中国新闻事业通史》第1卷，中国人民大学出版社，1992。

令，对许多重大灾害新闻都禁止报道或隐瞒真相，有时甚至颠倒黑白，如“校场口惨案”“下关惨案”等重大社会灾害都禁止报道，对擅自披露真相者予以严惩。

中国共产党早期报刊的灾害新闻报道主要是围绕反帝反封建、唤起人民大众的觉悟、争取民族独立与解放而开展的。建党前夕中国共产党创办的一系列工人报刊，如《劳动界》《劳动音》《劳动者》上的灾害新闻报道就是一种教育工人、联合工人进行反帝、反封建的重要手段。1920 年 11 月 7 日创办于北京的《劳动音》在第一期就以醒目的标题《几十分钟内死工人五六百》，详尽报道了当年 10 月发生在唐山煤矿的瓦斯爆炸惨案，揭露、批判帝国主义者残酷剥削和压迫中国工人的罪恶事实，号召工人阶级联合起来，反对帝国主义，为争取自己合法权益而斗争。

中国共产党成立后，其机关报《向导》周刊、第一份日报《热血日报》等报刊也十分注重对灾害新闻进行报道。如创办于 1925 年 6 月 4 日的中国共产党历史上第一家日报《热血日报》就是为加强对“五卅”惨案的报道和宣传而专门出版的。《热血日报》从创刊起就通过发表《上海外国巡捕屠杀市民之略述》等大量新闻报道和评论文章揭露帝国主义者及上海外国巡捕房屠杀、压迫中国人民的血腥暴行，谴责了军阀政府勾结帝国主义破坏人民革命斗争的罪行，指出这次暴行是帝国主义侵略者的侵略政策造成的，号召中国人民联合起来反帝反封建。①

十年内战时期，中国共产党的报刊对灾害新闻报道的重点是蒋介石反革命集团采取种种血腥手段镇压革命而导致的惨案和国统区广大人民群众所遭受的各种灾难。抗战时期，中共的报刊则把政治和军事方面的灾害事件作为灾害新闻报道的主要内容，日本侵略者在中国大地上制造的无数惨案、国民党对当时进步抗日人士的迫害等灾害事实都在党的报刊上得到了较全面的报道。总之，新中国成立前中国共产党报刊的灾害新闻报道既是作为一种向人民大众传播新闻事实的信息传播方式，更重要的也是作为一种呼唤民众、团结民众进行政治斗争

① 刘家林编著《中国新闻通史》（下），武汉大学出版社，1995。

的手段和工具。

纵观中国近现代灾害新闻报道的发展历程，一个总的趋势是，近代报纸产生以来到新中国成立前，随着社会的发展、文明的进步，对灾害新闻报道的控制和镇压却越来越残酷。

**3. 新中国初期灾害新闻报道**

从新中国成立到改革开放前，出于对社会稳定等政治因素的考虑，中国政府对灾害新闻报道的要求是：对灾害新闻必须持特别慎重的态度，灾害新闻报道必须积极宣传为战胜灾害而采取的措施和取得的成绩，尤其是以成绩为主，要以抗灾、救灾为主体，有意忽视、淡化灾情的报道。

这种以抗灾救灾为灾害新闻报道主体的观念可从1950年4月2日中央人民政府新闻总署给各地新闻机关的“关于救灾应即转入成绩与经验方面报道的指示”中窥其一斑。“指示”要求“各地对救灾工作的报道，现应即转入救灾成绩与经验方面，一般不要再着重报道灾情”。[①] 这种灾害新闻报道的价值观念，从1950年一直延续到20世纪70年代中后期改革开放之前。这种灾害新闻报道只强调新闻的教化意义，要求新闻媒体站在与灾害作斗争的角度来充分肯定社会主义社会里人的崇高精神和巨大力量，从而赞扬社会主义。

中国20世纪百大灾难之一的1970年5月云南通海大地震，死亡人数高达25621人，损失情况仅次于唐山大地震，在很长时间内人们却对它知之甚少，关于死亡人数、造成多大损失等具体灾情更是一无所知。造成这种情况的主要原因：一是当时信息传播技术过于落后，二是当地交通也过于落后，三是当时政治气候不如现在开明，正处于“文革”之中。仔细查阅当时的各大报纸，对这场灾害最早的报道是地震4天之后的《云南日报》上标题为《我省昆明以南地区发生强烈地震，灾区人民一不怕苦二不怕死迎击地震灾害》的文章。在其后的《云南日报》上，又发现了几条相关新闻，但内容却是突出政治基调：“金家庄公社的社员揣着毛主席的红宝书说，‘地震震不掉我们贫下中农忠于毛主席的红心’”，“千条

---

① 沈正赋：《灾难新闻报道方法及其对受众知情权的影响》，《新闻大学》2002年夏季号。

万条，用战无不胜的毛泽东思想武装灾区革命人民的头脑是第一条”，“地震发生后，省革命委员会派专人专车，星夜兼程把红色宝书《毛主席语录》、金光闪闪的毛主席画像送到灾区人民手中——灾区人民激动得热泪盈眶。”灾害发生后，媒体首要关注的不是灾区人民的粮食、衣物、药品等救命物资，而是当时的政治宣传，这是那个时代所决定的。

1976年7月28日，河北唐山发生了震惊于世的唐山大地震，它既是中国20世纪百大灾难之一，也是20世纪全世界死亡人数最多的灾难之一。当时的报纸对这场重大灾难的报道比云南通海大地震时有了很大加强。地震第二天，《人民日报》就采用标题为《河北唐山、丰南一带发生了强烈地震，灾区人民在毛主席革命线路指引下发扬人定胜天的精神进行抗震救灾》的稿件，对这一重大自然灾害进行了报道。在新闻界长达半年的唐山地震报道中，仅新华社就发表公开稿件300多篇，内部参考1000多篇，还拍摄了几千张新闻照片。① 这些报道始终是贯穿着抗灾救灾的基调：《人定胜天》《唐山人民在战斗中前进》等，而对具体灾情的相关报道则相对欠缺。

直到3年之后的1979年11月17～22日，在北京召开我国地震学会成立大会之时，新闻媒体才首次披露唐山大地震的具体死亡人数，《人民日报》刊登了来自此次会议的新闻《唐山地震死亡24万多人》。这条轰动全世界的新闻可谓姗姗来迟，成了名副其实的“旧闻”。

**4. 粉碎“四人帮”后新时期的灾害新闻报道**

1976年10月，中共中央采取果断措施，一举粉碎了为害多年的“四人帮”，中国社会的发展终于又回到了正常的轨道。粉碎“四人帮”后，我国新闻事业也从多年的禁锢中解放出来了，那种对待灾害新闻的“新闻、旧闻、不闻”和“灾害不是新闻，救灾抗灾才是新闻”新闻理念有了较明显的改变：读者对灾害新闻具有知情权被提及；报纸上的灾害新闻逐渐多了起来，甚至出现在一些重要报纸的头版头条；时效性也有了一定的提高；具体灾情虽然不甚详细，但已不是讳莫如深的内容。

---

① 李莉：《逃避与警醒——灾难报道纵横观》，《人大复印资料·新闻学》1990年第4期。

1978年党的十一届三中全会后，中国社会发展进入了一个全新的时期，但由于积重难返，改革开放初期中国的灾害新闻报道还没能彻底跨出时效性差、以抗灾救灾报道为主体的新闻基调。

1979年11月25日，发生了我国石油系统在新中国成立以来最重大的死亡事故——渤海二号钻井船翻沉事故，而事故见于报端、公之于众则是事故8个月之后的1980年7月22日。自1980年7月22日起到8月29日，《人民日报》共刊发关于该事故的各类新闻稿件20篇，其中灾害发生经过报道一篇，中央对事故处理意见一篇，相关责任人责任追究一篇，读者来信批评媒体没有及时保证人民群众知情权一篇，其余16篇全为由事故引发的各方面的评论。评论都集中在认为此次事故是有关领导人头脑发热、急于求成，不讲科学、盲目蛮干，自以为是，独断专横的后果，并对这些错误思想进行批判。这次对渤海二号钻井船翻沉事故的报道与其说是灾害新闻报道，还不如说是由此次事件引发的对干部作风、工作作风的大讨论、大批判。应当注意到的一点是，灾情在这次报道中虽然还处于十分薄弱的地位，但毕竟有所涉及，对死亡人数、事故经过、财产损失数等基本灾情不再秘而不宣。

1982年4月26日发生在广西桂林上空的“四·二六”空难，不幸遇难乘客104人。空难发生后，从4月28日始，《南方日报》对相关事宜进行了追踪报道，到5月22日止共发稿19篇，但除了5月2日的《中国民航广州管理局公布“四·二六”空难遇难者名单》外，其余18篇全是关于政府如何救灾、处理善后事宜、表彰救灾人员的报道。这次空难的具体死亡人数只有在4月28日的《万里副总理召集有关部门负责人举行会议，研究民航二六六号客机失事的善后处理问题》一文中可以见到，而财产损失等则一直未曾报道。可见，这也基本上是一场“灾难不是新闻，救灾抗灾才是新闻”的报道。

这一时期的灾害新闻报道还有一个明显的特征就是对自然灾害的报道比较全面，时效性也比较强，而对人为灾害，尤其是情节严重、伤亡惨重的人为事故灾害的报道很少，或即使有报道也往往是一笔带过，内容简单，时效性也差。《南方日报》1980年报道的各类灾害新闻共有86篇，但从标题分析，报道了灾情的仅仅 7 篇，报道时间与灾害发生时间间隔平均为 3.2 天，有些竟然没有具体灾害发生时间。

1980 年 10 月 29 日，北京火车站发生了导致 9 人死亡，81 人受伤的爆炸事故。《人民日报》仅仅刊发了两篇相关报道，简单地报道了爆炸的经过、人员伤亡情况和事件的性质，而对伤者是否康复，善后情节如何等群众迫切希望了解的情况未作任何公开报道。《南方日报》也只在转载这两篇新闻的基础上加发了一篇《坚决打击犯罪分子》的本报评论员文章。

可见，新时期初期的灾害新闻报道虽然在时效性、报道内容、报道版次等方面相比于新时期以前有了一定的改变，但这种改变还是非常有限的，并且主要是相对于政治性较弱的自然灾害而言的。

**5. 改革开放中后期灾害新闻报道的发展**

20 世纪 80 年代中后期，随着我国改革开放的逐步深入，民主与法制建设日益健全，受众的知情权逐渐得到党和政府的重视，新闻媒体的灾害新闻报道也有了翻天覆地的变化。这些变化既是中国社会发展的客观要求，也与当时新闻界在灾害新闻报道实践中取得的成就等背景密切相关。

1987 年 5 月 6 日始，大兴安岭一把大火，持续了 25 天之久，使 5 万同胞家园被毁、流离失所，193 人罹难，85 万立方米木材化为焦炭。这场世纪大火不仅迫使人们开始正视人与自然的关系，也对当时中国灾害新闻报道观念和机制提出了挑战，促进了灾害新闻报道的历史性重大突破。大火发生后，我国有 180 多位新闻记者勇赴现场，克服重重困难，及时、准确地报道了这次火灾的原因、人员伤亡、财产损失、受灾面积等灾情，也追踪报道了扑火过程和处理结果，同时又无情地揭露了一些在火光的映照下显得丑恶无比的灵魂，更为重要的是还引导人们思考：人类究竟应该怎样和自己赖以生存的自然处理好关系？在《南方日报》当年 5 月 12 日到 6 月 8 日的近 50 篇新闻报道中（其系列报道《大兴安岭火灾纪实》未包括在内），《大兴安岭森林大火仍在蔓延》《大兴安岭森林火灾示意图》等纯粹性灾情报道新闻稿或图表就有 12 篇，占报道总数的 20% 以上。这在中国灾害新闻报道史上是不多见的。

由于中国政府采取了及时全面公开报道的策略，这场伤亡惨重的灾害得到了全国人民和世界人民的关注和同情，党和国家也因此树立了民主、勇于承担责任、敢于追究责任、尊重人民群众知情权的正面形象。这次成功的报道使党和政府觉得，以前那种报喜不报忧、报抗灾救灾而不报灾情的灾害新闻报道观念和模式存在严重的缺陷，于是对灾害新闻应该如何报道进行了深刻的反思，并做出了一些影响深远的决定。1987 年 7 月 18 日，中宣部、中央对外宣传小组、新华社在《关于改进新闻报道若干问题的意见》中明确提出，“突发事件凡外电可能报道或可能在群众中广为流传的，应及时作公开连续报道，并力争时效赶在外电、外台之前”。[①] 1989 年，国务院办公厅、中宣部《关于改进突发事件报道工作的通知》再次提出，“对空难、海难、铁路公路交通等国内发生的恶性事故，中央新闻单位要抢在境外传媒之前发出报道。”[②] 江泽民同志在 1999 年全国对外宣传工作会议上又进一步指出“对我国发生的一些突发事件，西方国家往往道听途说，抢发新闻、大肆歪曲，在国际上闹得满城风雨，造成一种先入为主的局面。这时我们再发布消息进行解释，就显得被动了。”[③]

这种始于 20 世纪 80 年代中后期的不再隐瞒灾害事实真相、及时积极主动报道重大突发事件的规定、做法不仅大大提高了灾害新闻报道的时效性，而且使灾情成为了灾害新闻报道的主体内容之一，被一些媒体和相关人士称为“一个重大的进步”。

得到政府的鼓励和支持后，我国新闻媒体均加大了对灾害新闻的报道和革新力度，20 世纪 90 年代到 21 世纪初，灾害新闻报道取得的进步有目共睹。主要表现为：灾情成为灾害新闻报道的主体内容，灾害原因、背景、相关责任人的处理也越来越受到重视；报道导向准确，报道质量和时效明显提高；报道对象上人为灾害占据了主体地位；报道机制上越来越重视；竞争比较激烈，影响和引导国际舆论能力增强；新闻单位自上而下建立了比较健全的应对突发灾害事件的组织体系，新闻发布和报道要求比较明确。如果说 20 世纪 80 年代中后期以前灾害新闻报道内容是以灾害事件

---

① 徐学江：《提高突发事件报道总体水平的关键》，《中国记者》2000 年第 2 期。

② 刘一平：《试论九十年代灾难新闻报道机制》，《新闻大学》2001 年春季号。

③ 沈正赋：《灾害新闻报道方法及其对受众知情权的影响》，《新闻大学》2002 年夏季号。

引发的政府和社会行为为主的话，那么此后的灾害新闻报道更侧重于对灾害事件本身、原因和受害者进行报道。

这种变化在《南方日报》1980年和1992年的灾害新闻报道比较中体现得很是明显。1980年《南方日报》共报道灾害新闻86篇，其中绝大部分新闻的内容是灾后政府和人民如何抗灾救灾、取得什么样的成果、对灾害事件中英雄人物的表彰等由灾害事件引发的政府和社会行为。从标题分析，直接报道灾情的仅有《开平县部分地区遭受龙卷风袭击》《陕西省汉中地区暴雨成灾》等12篇，只占同期灾害新闻报道总量的13.8%；其中自然灾害新闻8篇，人为事故灾害4篇。有具体人员伤亡或财产损失情况报道的仅《陕西省汉中地区暴雨成灾》《遂溪县昨天发生一宗严重事故》等5篇；有具体灾害发生时间的为10篇，其报道时间间隔灾害发生时间平均为6.2天，还有2篇没有具体的灾害发生时间。《南方日报》1992年共有灾害新闻报道81篇，从标题分析是对灾害事件本身进行报道的有《59次列车发生重大事故，旅客9人死亡、5人受伤》《两车相撞，三死六伤》等43篇，占同期灾害新闻报道总数的53.1%，其中自然灾害仅4篇，大多为人为事故灾害；绝大部分有详细的灾情报道，人员伤亡或财产损失情况往往出现在新闻的标题或导语中，如《两列火车迎头相撞，浙赣线上酿成惨剧，已查明九人死亡、三十四人受伤、三人失踪》；43篇以灾情为主体的新闻报道的时间与灾害发生时间平均间隔为1.76天。可见，20世纪80年代中后期以来的灾害新闻报道在灾情、时效性等许多方面都比20世纪80年代中后期以前有明显的进步。

这种变化同样体现在国内其他媒体上。1988年1月7日，广州开往西安的272次旅客列车在湖南永兴县境内的马田墟车站发生重大火灾事故，造成34名旅客死亡、26名乘客和4名路内工人受伤。火灾发生后，新华社于第二天就发出了相关灾情报道的新闻稿，《人民日报》也前后发稿3篇。《人民日报》在1月8日就刊登了题为《一列火车在湖南发生重大火灾，34人死亡、30多人受伤》的报道。这篇新闻共分三段，第一段为人员伤亡、财产损失等灾情；第二段为火灾原因及简单经过；第三段才用了近50个字简单交代相关部门已赶到现场进行善后工作。1月16日，

《人民日报》又刊发新华社稿件《272 次列车火灾暴露三大漏洞》，指出要从这次火灾中吸取采取严密防范措施杜绝旅客带危险品上车、严厉整顿运输部门内部纪律、加强铁路的消防救援能力三条教训，保障人民生命财产安全。《南方日报》也先后刊发了四条相关新闻，其中《272 次列车在湘境内起火》《272 次列车火灾续闻》《272 次列车火灾原因已查明》三篇为火灾发生、火灾经过、原因调查报道，只有《在熊熊烈火面前——272 次列车扑火侧记》才是救灾报道。这些报道不仅没有产生任何副作用，反而起到了正人视听、稳定人心的良好效果。

本文在这里强调自 20 世纪 80 年代中后期以来灾害新闻报道中抗灾救灾不再是新闻的绝对主体内容，而人们最为关注的灾情则受到重视，成为了报道的重点，这是一个巨大的进步。但这并不意味着抗灾救灾就不应该是灾害新闻报道的主要内容。在灾害事件中，尤其是在突发性灾害事件中，灾害一旦发生，灾情就相对比较稳定，不可能老是新闻报道的重点，并且灾害发生后，抗灾救灾事实上也成了人们面对灾害的主要活动，对它们进行必要的报道既在情理之中，也是新闻真实性的体现。本文把这一阶段灾害新闻报道的特点总结为以灾情为报道主体并不是说关于灾情报道的新闻数量上一定占优势，而是说新闻工作者在面对灾害事件时，首先想到的、迫切需要了解的应该是具体灾情，而不应该是人们在灾害面前怎样“一不怕死，二不怕苦”。

6. 21 世纪以来灾害新闻报道的深入

进入 21 世纪的新中国，民主化、法制化进程呈现出加速的迹象。在此背景下，我国的灾害新闻报道也获得了越来越宽广的自由空间，并成为促进社会发展的又一支生力军。

回顾 21 世纪以前的中国灾害新闻报道，既走过了艰辛的历程，也获得了长足的发展，尤其是在中国改革开放以来取得的进步更是有目共睹。灾害新闻报道不再是“给社会主义抹黑”，灾情不再是讳莫如深的话题。但同时我们也应该看到，新闻媒介对灾害信息的报道基本上还是局限于灾害事件本身，报道内容主要还是灾情、抗灾救灾以及灾害导致的直接后果等较浅层次的问题，而灾害产生的深层次原因、灾害导致的较长期后果、灾害新闻报道本身给社会造成的影响基本上没有涉及。可喜的是，这种情况在2003年的非典型性肺炎事件报道中得到了较大的改观。可以说，从2003年的“非典”报道开始，中国的灾害新闻报道又进入了一个新的时期，这个时期最主要的特征就是重视对与灾害和灾害新闻报道有关的深层次问题的分析探讨。

2003年2月初到2003年6月上旬，发生了以广州和北京为中心、导致数百人罹难的非典型性肺炎事件。新闻媒介在这次重大疫情报道中，不仅为夺取抗击“非典”的最后胜利立下了汗马功劳，而且在引起社会各界反思陈规陋习、制定相关规章制度以促进社会进步和发展等方面也是功不可没。

从疫情后期开始，新闻媒体对政府、媒体、商家和民众在这次重大突发灾害面前的表现进行了深刻的反思。以广州三大报为例，从2003年2月15日起，《羊城晚报》就率先在头版连续推出了《民众知情有利于社会稳定》《对公众要有充分的信心》《风浪最能考验诚信》《探索管理新法，提高商家自律》《非典改变了我们什么?》等报道，展现出其对社会的深厚责任感。《南方日报》接连刊发了《从容应对大局——广东抗击非典型肺炎实录》《谣言止于智者》《用好这笔精神财富》等长篇报道和高屋建瓴的评论，全面反思了事件的全过程，有力地配合和推动了抗非大局。广州日报报业集团也邀请广州市政府有关部门的领导、企业负责人和专家学者召开座谈会，然后以《本报邀请社会各界献言献策》为题刊发了座谈会的内容。在这些专访和座谈会中，专家学者从学理的高度剖析了传言盛行和抢购风潮迭起的社会心理和管理体制等方面的原因和应对方略。他们提出：面对突发性灾害事故，政府应考虑建立健全预警、发布机制，媒体应及时地、大量地发布真实的信息以满足人民群众的知情权，民众也应该不断提高信息的辨别、理解和利用能力。在此过程中，《广州日报》的《百姓知情，天下太平》《引导要及时，整治要果断》《“反思”开始结“正果”》《危急关头更显诚信魅力》等系列评论，从传播者的角度对上述问题展开了全面的反思，其结果和《羊城晚报》《南方日报》异曲同工。①

---

① 蔡铭泽：《广州三大报“非典型肺炎”事件报道评析》，《中国记者》2003年第5期。

这些反思不再局限于疫情本身，而更主要的是涉及人类如何与自然相得益彰而不同归于尽、重大突发性灾害事件与政治改革、重大疫情与经济冲击波、恐慌与疾病谁更可怕、灾害与人民知情权、人类应该如何面对重大疫情等一系列深层次的问题。在媒体的引导下，“非典”对中国的影响将不可估量，也许会如中国人民大学制度分析与公共政策研究中心主任毛寿龙所说：非典不仅会影响中国社会、经济、政治的发展，还会为中国的发展提供新的契机。①

同时，“非典”时期的新闻传播活动也需要反思，尤其需要科学的和更深层次的本质反思。

首先，既要依法报道疫情，又要避免等待期间的媒体无法作为。对疫情报道，新闻媒体一定要知法、懂法、依法、守法，这是没有问题的。但从“非典”报道的经验教训看，当新闻媒体处于等待而无法作为时，社会上谣言满天飞，广大受众没有信息满足。那么，传媒今后怎样才能摆脱这种尴尬局面呢？目前，传媒已做了一些改进。譬如，人们注意到，1989年起施行的《中华人民共和国传染病防治法》第二十三条的授权规定，对建立快速反应与应急机制是不相适应的。“非典”时期的痛苦经历，使人们意识到必须改变“游戏规则”。国家卫生行政部门和法律专家也意识到因授权的缺陷而带来的媒体不便与报道虚空，他们共同努力，修改了甚为关键的第二十三条，并在其他条款方面做出了更为清晰、更加仔细的规定。2004年8月28日通过的新的《中华人民共和国传染病防治法》第三章第三十八条，对疫情信息公布作了新的规定，指出：“国务院卫生行政部门定期公布全国传染病疫情信息。省、自治区、直辖市人民政府卫生行政部门定期公布本行政区域的传染病疫情信息”。这里明确划分了在一般情况下，国家和地方卫生部门各自的疫情公布的权限范围，不存在权限的授受关系。规定又指出：“传染病暴发、流行时，国务院卫生行政部门负责向社会公布传染病疫情信息，并可以授权省、自治区、直辖市人民政府卫生行政部门向社会公布本行政区域的传染病疫

---

① 毛寿龙：《非典事件与治道变革》，《南风窗》2003年第5期。

情信息。公布传染病疫情信息应当及时、准确。”这里又明确规定了在特殊情况下即传染病流行和暴发时，国家和地区卫生行政部门的权限授受关系。这就是说，在特殊情况下，未经国家卫生行政部门的授权，地方卫生行政部门仍然不得擅自向社会公布本行政区域的传染病疫情信息。①

新《中华人民共和国传染病防治法》② 第三十五条规定：“中国人民解放军卫生主管部门发现传染病疫情时，应当向国务院卫生行政部门通报。”这条规定，是旧法所没有的，而制定这项条款，也是吸取了“非典”期间的经验教训。大家知道，“非典”在北京肆虐初期，大多数病人主要被军队所属的解放军总医院、武警部队总医院、解放军医院等收治，地方医院也收治了一些病人。由于收治病人属于两个不同的管理系统，而国家卫生部又只能公布卫生系统收治的 SARS 患者，这就造成了后来所说“瞒报、不报”的问题。实际上，即使当时卫生部掌握了军队医院收治 SARS 患者的人数，按当时的权限范围，它也不能对外公布，而应由军队系统的卫生部门公布。可是，当时又没有法律法规规定，谁可以授权军队系统的卫生部门可以对外公布，或者军队系统卫生部门可以授权国家和地方卫生行政部门对外发布消息。这个漏缺，由新《中华人民共和国传染病防治法》填补了。按照新法，军队医务系统发现疫情后，应当及时向国务院卫生部门通报，后者则可以向全国通报，这就等于打破了互不相属的系统壁垒，有利于疫情信息公布的全面、迅速、准确。

其次，继续完善重大突发事件的报道机制。新《中华人民共和国传染病防治法》的实施，为重大突发事件的新闻报道带来了一些转机。《突发公共卫生事件应急条例》也在 2003 年 5 月 9 日出台，该《条例》第五十一条规定“在突发事件应急处理工作中，有关单位和个人未依照本条例的规定履行报告职责，隐瞒、缓报或者谎报……对有关责任人员依法给予行政处分或者纪律处分……构成犯罪的，依法追究刑事责任”。这个条

① 尹韵公：《对“非典”时期新闻传播的科学反思》，《上海师范大学学报》（哲学社会科学版）2006 年第 4 期。

② 《中华人民共和国传染病防治法》（2004 年 12 月 1 日起施行），中国法制出版社，2005。

例的出台，不仅形成了对隐瞒、缓报、谎报等重大公共卫生事件行为的强大法律压力，也为新闻媒介在第一时间内报道重大疫情提供了法律依据。我国重大公共卫生事件的新闻报道必将进入一个崭新的时期。但是，也要看到，仍然有一些问题未获解决。譬如，当出现多种意见时，是报道还是不报道？假如都报道，以谁为主？如果报道失误怎么办？假如意见不统一，结论又未出，卫生行政部门要求媒体等待，而恰好此时社会上又是谣言满天飞，新闻媒体又该怎么办？又如，媒体可不可以把争论过程告知受众？假如科学家出于隐私和自尊不同意报道，新闻媒体又该怎么办？等等。

再次，新闻传播学者要以严谨、认真、务实的态度来研究重大突发事件。事实证明，“非典”时期的许多内幕是我们这些研究者当时并不了解的。因为不了解，所以出现观点失误。现在时过境迁，许多内幕逐渐显山露水，我们就可以发现过去哪些观点是对的或错的，对的继续坚持，错的就要改正。

通过对“非典”事件报道的反思，我国政府和新闻界在灾害性新闻报道的观念和内容上都有了一定的变化。在观念上，把促进社会进步和充分满足受众正当需要作为新闻报道的首要目的；在内容上，由灾害或灾害新闻报道引发的一系列深层次问题成为媒介关注的重点，甚至在灾害后期成为灾害新闻报道的主要部分。

对随后发生的2003年湖南衡阳“11·3”特大火灾事故和重庆开县“12·23”井喷事故的相关新闻报道就充分体现了这种变化。湖南衡阳“11·3”特大火灾发生后，《人民日报》从11月5日到12月30日共刊发相关报道14篇，对其进行了详细报道。报道内容除具体灾情、灾害经过、抗灾救灾、遇难者善后处理外，还有《“豆腐渣”工程与“豆腐渣”》《“11·3”火灾事故根本原因初步查明》《衡阳重大事务让百姓有知情权》三篇新闻报道，分析了特大火灾的间接深层次社会原因，以及当地政府思维方式的深刻变化。这些报道深刻、及时、准确、全面，成为国内外读者了解该事故的权威渠道，同时也发挥了引起社会反思、传播灾害信息、正确引导舆论的作用。

## 四 中西方自然灾害新闻报道比较

自然灾害与人类社会总是如影随形，在科技发达的今天它依然是人类生存的最大威胁之一，联合国减灾战略秘书处报告指出，全球每年发生的自然灾害都导致数万人死亡。据国际红十字与红新月联合会发布的《2007 年世界灾害报告》中称，2007 年全球发生了 405 次自然灾害，其中受影响人数超过 100 万的就有 18 次，受灾人数比 2006 年增加了 40%，达到 2.01 亿人。[①] 2005 年 1 月，印度洋大地震及其引发的海啸，在短短几小时内发生，导致近 30 万人丧生；2005 年 9 月，美国遭受“卡特里娜”飓风的袭击，随后导致洪水等一系列灾难，数万人家园被毁，千人遇难；2007 年 8 月，“圣帕”强台风突袭我国东南沿海；几乎与此同时，远在大洋彼岸的美国遭受了飓风“费利克斯”的肆虐；2008 年 5 月，缅甸的热带风暴造成了 10 多万人死亡，数百万人无家可归，而我国的汶川地震死亡 8 万多人，受灾人数更是达到 1000 多万。灾害不仅造成民众的巨大损失，而且影响社会秩序的稳定，因此各国大众传媒对灾害新闻的报道向来予以重视。面对自然灾害，中西媒体在新闻报道中却有着不同的思路和视角。

**1. 国内自然灾害新闻报道以正面报道为主，西方负面报道则占据较大比例**

灾害是由自然或社会原因造成的、妨碍人的生存和社会的存在和发展的社会性事件。灾害往往具有较强的冲突性、消极性，因而灾害新闻报道也可能具有一定的消极影响。灾害事件往往是舆论关注的重点、影响社会整合速度的因素之一，在灾害事件发生后，通过上情下达、下情上达来释疑解惑、舒心理气、增进理解更为必要。

在灾害新闻报道中，我国一直坚持以正面报道为主的方针，题材大体分为两类：一类为政策性的新闻，报道自然灾害来临前后及灾后重建中党

---

① 《2007 年全球发生 405 次自然灾害》，中新浙江网，2007 年 6 月 27 日。

和政府的应对政策和部署，以消息为主；另一类是客观报道，记述干群抗灾救灾场景或报道抗灾典型，以消息和通讯为主。这种报道方式有利于化消极因素为积极因素，凝聚全社会抗灾救灾的信心，维护社会稳定，消弭自然灾害给民众带来的心理影响。不过，在信息社会的灾害新闻报道中，正面报道的方式应该有所革新，应该是在信息公开、报道客观的基础上进行舆论引导，否则难以起到应有的传播效果。2003 年“非典”事件中就有这方面成功与失败的经验教训。

灾害新闻一般被视为不利于社会稳定、无益于鼓舞人心的题材，在相当长的一段时间，我国媒体面对灾害突发事件要么畏首畏尾、遮遮掩掩，要么熟视无睹、敬而远之。经过 2003 年非典事件之后，这一情况有了很大的转变，瞒报、缓报的情况大有改善，反映、揭露问题的深度报道开始进入媒体的视野，但正面报道仍是我国媒体的主流报道方式。在这种情况下，媒体必须坚持实事求是、客观报道的原则，如果报道盲目乐观，甚至因好大喜功而急于发布一些不确切的“好”消息，极有可能加重抗灾压力。

从美国的新闻价值观看，新闻价值的实质就是追求新闻的反常性和异态化，强调负面性是构成新闻的基本原则。因此，在报道自然灾害时，西方媒体往往突出灾害的可怕、对社区的破坏以及对人们生活的毁灭等沉重的内容。以 2005 年 8 月“卡特里娜”飓风新闻报道为例，美国 1000 多人死亡，损失了 300 多亿美元，是近年美国的严重灾害。《纽约时报》从 2008 年 8 月下旬到 9 月 24 日，刊登了 497 篇相关稿件，包括深度报道、解释性报道、调查性报道、预测性报道、服务性报道、气象新闻、读者来信、新闻分析、专栏评论、社论、图片等种类。相关统计分析显示，批评性内容占总数的 58% 以上，正面报道不到 10%。西方媒体的这种做法有利于呈现客观和真实的报道，但在发挥媒体的社会引导和人文关怀作用方面必将产生不利的影响。

之所以出现这种差异，与国家、社会、文化之间新闻理念的不同有很大关系。首先，从媒体职能定位上看，当代中国的新闻媒介是党和政府的喉舌，在国家运行和社会调控中担负着重要的角色。在党性原则的要求下，它的职能规定主要是舆论工具，传达党和政府的声音。因而在新闻报道中正面性大于客观性，时宜性强于时效性，特殊性多于普遍性。而在西方，新闻媒体在历史上形成了独立于政府之外的特点，其职能表现主要是信息内容的竞争，以适应市场信息传播与资讯服务的变化与需求。因而"传播"是其基本职能，在传播中，更多的是奉行新闻专业主义，突出的是资讯扩散、信息输送。

其次，新闻价值的差异决定了新闻选择角度的不同。不同的视角对新闻价值有不同的理解，中国目前衡量新闻价值的标准既是业务的又是政治的，要从事实中挖掘新闻价值，还要看该新闻是否有利于社会秩序，即事实能否成为新闻素材，不仅看它是否具有新闻价值，更要看它在政治上是否有利，强调其政治价值和社会价值的地位。因此，新闻绝大部分是"正面宣传为主"的角度，以发挥"喉舌"的舆论导向功能。从美国的新闻价值观看，新闻价值的实质就是"什么是新闻"，追求新闻的反常性，即"不寻常"和"冲突"等因素。其新闻价值观强调负面性是构成新闻的基本原则，发生的事件中负面因素越多，构成新闻的可能性越大。这就是为什么在传播飓风灾害时，《纽约时报》会突出灾害的可怕、灾害对社区的破坏、灾害对人们正常生活的毁灭等沉重的内容。

再次，新闻权利主张的差异决定了新闻言论不同。新闻的权利观是新闻理论中的另一个重要问题。狭义的新闻权利是新闻传媒享有的言论、出版和新闻自由，即新闻业界依法享有的职业权利。对新闻权利包含的出版自由、报道自由和言论自由大家都有共识。但在对于权利的理解和媒体的社会责任方面中西却有不同。

在中国的社会主义制度下，除了宪法和法律约束，新闻业还要遵守组织纪律才享有一定的自由，并且同社会责任也紧密联系。中国主流学者和业界认为：社会责任是新闻传媒对社会、国家、民众所应负的责任和所应承担的义务。[①] 因此媒体在灾害新闻传播中，把重点放在报道抗灾救灾，以稳定局势，安抚民心上；在新闻评论方面偏重政策解释，传播科学知识

---

① 童兵：《比较新闻传播学》，中国人民大学出版社，2002。

和颂扬抗灾典型。救灾中的新闻舆论是要坚持政府的导向，营造全国上下团结抗灾的氛围。西方的新闻传播业有着鲜明独特的背景和特征，即以三权鼎立为政治框架的“第四种权利”自居。媒体对政府官员进行批评的权利，是新闻自由的主要支柱之一，也是一条重要的原则。新闻媒体在对政府权力的监督、维护公众的知情权和公民自由表达意愿、信息决策公开透明、完善相应法规和政策等方面，都发挥着巨大作用。将这种权利运用到灾害新闻传播就集中体现两点：一是保证灾难发生后公众的知情权，二是对政府的乏力进行批评促使其采取有力措施。因此在灾害报道中及时报道灾情，保证公众的知情权，维护公民了解公共事务和与个人利益有关信息的权利，并监督政府的救灾行为，一旦发现行为有弊则毫不留情地批评，督促政府吸取教训，迅速采取补救措施。归根结底，中西方新闻理念的差异，源于不同的政治体制和文化价值观。在不同的新闻理念的支配下，各自所产生的传播效应自然也不同。

**2. 国内报道侧重凸显抗灾救灾主题，西方媒体则多关注灾害事件本身**

复旦大学王中教授曾概括新中国成立初期到改革开放前这一时期的灾害新闻报道观念为：“灾害不是新闻，救灾抗灾才是新闻”[①]；而“轻描淡写的抽象灾情 + 党和政府的关怀与指示 + 受灾人民团结抗灾的决心”又长期被看做我国灾害报道的传统模式。就目前情况来看，灾情“轻描淡写”及“抽象”的状况有了很大改变，媒体对受灾情况、损失程度、伤亡数字等不再闭口不谈，报道也相对翔实。但灾害新闻报道有时候还是会埋没在从“政府视角”出发的宏大主题当中。如国内媒体对雨雪冰冻灾害的关注点基本在“众志成城，抗冻救灾”的宣传主题上，各地抗灾救灾情况、官员灾区视察、军民团结一心抗雪灾等成为媒体主流。这有利于传达中央声音、凝聚人心，但有时也容易忽视对灾害事件本身的关注和平民化的报道视角。

诸多媒体虽然纷纷专辟“万众一心，众志成城，夺取抗击雨雪灾害

---

① 王益民：《中国当代精彩新闻评说》，武汉大学出版社，1987，第 88 ~ 89 页。

的全面胜利”“万众一心融冰，众志成城化雪”等栏目，但对领导参与救灾、慰问行动的报道占去大量版面，而对抗灾救灾现场的报道，则多从当地政府已取得的抗灾成绩、救灾工作人员的英勇表现等方面展开报道。以普通民众为主角、展现灾区群众的生活图景、市民对雪灾的感受反应、民间组织的救灾活动等内容则相对少了一些。

在以美国为代表的西方社会，媒体对灾害事件的报道主要采取的是“事件视角”，即“灾害”本身就是新闻事件的中心。记者的采访和报道总是围绕着灾害事件展开，没有站在包括政府在内的任何角度，客观叙述，冷眼旁观。据国外研究显示，在自然灾害中西方媒体关注点按显著程度排序，分别是伤亡人数、救援效果、危害程度及可能对所谓民主自由产生的影响。媒体甚至经常对因灾害造成的抢劫等暴力事件和影响社会秩序的骚乱事件进行大胆预言、推测和分析。

如在美国“卡特里娜”飓风灾害中，给受众留下深刻印象的是 CNN 记者从新奥尔良体育场的难民临时收容所发来的现场报道，描述了当地 25000 多名难民缺水、缺食品的情景，报道了难民临时收容所内充满便溺物的难闻气味，甚至还有一些破坏分子趁火打劫，进行强奸和抢劫的新闻。CNN 记者把这里称为“人间地狱”。

及时、准确、全面、恰当地报道灾害事件，是媒体传播的首要之责，也是历史责任和社会责任。同时，还要坚持灾害新闻报道要有利于国家、有利于社会、有利于人民、有利于世界和平的基本原则。因此，灾害新闻报道既不能忽视对灾情的客观报道，更不能缺少抗灾救灾的宣传鼓舞，二者应结合起来，相得益彰。在灾害新闻报道中，对灾害本身的报道不应过多过滥过于悲情，否则容易让读者形成满目皆灾的印象，导致灾区人民失去抗灾自救的勇气。有的西方媒体基于自身的新闻理念，明确抛弃了“灾难是记者的节日”的观点，对灾害新闻报道的版面做了严格的限制，比如美国规模最大的全国性报纸《今日美国》就基本不允许灾害新闻出现在头版，文字表述上也力求以正面肯定的形式出现；比如对 25 ~ 30 岁的人死亡率上升的报道，一些报纸以黑体字突出“死亡率上升”，而《今日美国》报的标题却是《除 25 ~ 30 岁，寿命有了提高》。

近年来，新闻工作要贴近实际、贴近群众、贴近生活是我们对新闻战线的一贯宗旨和要求。只有贴近群众、贴近实际、贴近生活的灾害新闻报道才是群众真正喜闻乐见的，才能使新闻宣传引导工作落实到实现人民群众根本利益的要求上来。人民群众是主要受害对象，也是抗灾救灾的主体力量。灾害事件发生后，抗灾救灾无疑是灾区的主要实践活动。因此，在灾害新闻报道中，以灾区人民如何在党和政府的领导下抗灾自救、重建家园为报道重点是“三贴近”原则的具体体现和实践。

在1998年抗洪救灾报道中，新闻媒介就很好地贯彻了客观报道、正面引导的原则。《南方日报》在1998年5~8月4个月的时间里，共刊出与洪灾有关的新闻302条，其中有《惊涛骇浪中的绿色长城》等195篇内容是以灾区人民如何众志成城抗击洪魔为主，占总数的65%；有《大堤决口五十米，九江市区告急》等客观报道灾情为主的66篇，占总数的22%，报道灾情、抗灾救灾为主的新闻占了绝大部分。在这次对灾情、抗灾救灾的全面报道中，贯穿始终的是老天无情人有情、灾区人民在张牙舞爪的洪魔面前表现出的团结与顽强等正面形象。在新闻媒介的正面引导下，面对百年难遇的洪灾，灾区人民、全国人民没有屈服，没有放弃，在各自的岗位上发奋图强。他们或是主动请缨亲临抗洪第一线，或是捐钱捐物帮助灾区人民，或是献计献策斗洪魔，不仅取得了抗洪救灾的决定性胜利，还形成了“万众一心、众志成城、不怕牺牲、顽强拼搏、坚忍不拔、敢于胜利”的抗洪精神，为中华民族的优秀文明添上了浓墨重彩的一笔。

**3. 在报道手法和语言上我国媒体讲求和谐、一致，西方媒体更倾向采用多样化的写作方式甚至是艺术方式同中求异**

在很长一段时期内，我国对灾害事件的报道有严格规定，媒体多遵循固定模式，运用渲染性语言、政治术语和述评性语言写作，缺乏普通人的故事、视觉化细节和具体感人的事实。近年来随着新闻改革的推进，媒体灾害报道也有了较大的操作空间，但在报道手法和语言上，还是有一个无形的框架规制。记者在报道灾情、现场以及抗灾救灾之中，一般都寻求比较稳妥的报道手法，语言文字、声音画面讲求和谐、一致。这在一定程度上凝聚了社会声音，但有些千篇一律，必然使得整体新闻传播效果有所减弱。

西方媒体在灾害报道中尽管也会有与中国媒体一样的惯常思维，包括灾害现场采访、原因背景分析、抗灾救灾等，但是它们更倾向于在具体写作中采取一些多样化的写作方式，甚至是艺术手法，以达到同中求异。他们非常注重和讲求新闻报道的处理方式，比如故事式的报道是西方灾害报道中惯用的手法，有时一大半以上的新闻报道都采用了这种报道手法。又如蒙太奇式的写作方式，西方媒体会通过不断转换空间、时间和角度，展现灾后方方面面的社会问题、社会现象。但西方媒体求新求奇的报道思路有时候会起到相反的作用，一些媒体或记者违背客观真实的新闻原则，片面追求刺激性和故事性，造成了新闻报道的不良风气。

在这里，我们既不能否定我国媒体报道的和谐、一致，也不能否定西方媒体的多样化写作方式，而是要强调在新闻报道中既要体现客观、真实，又要表现出个性、差异，同时还要注重和谐和人文。因为媒体的报道不仅仅要达到传播信息的功能，还要考虑传播效果、社会发展和公众情绪。媒体不仅仅是“传声筒”，还是社会之公器。

李普曼有句名言：“即使写街上发生的一起火灾，也要像写诗那样精雕细刻。”[①] 从审美层面来关照灾难新闻，不是颠倒美丑、粉饰美化，而是传播者以正确的价值理念来报道新闻。“新闻传播的内容应具有审美价值，这是社会发展的客观要求，也是新闻传播活动中传者与受者的共识”。[②] 由此可见，如果传者具有强烈的责任心，他不仅会以独特的视角去报道灾害新闻，还会体现出和谐的人文关怀理念，这才是新闻报道的升华，而灾害新闻报道也会产生积极的传播效果。

第一，新闻工作者应该积极改进报道形式，努力挖掘灾害中的人性光芒。也就是说，灾害报道不能仅仅只直面悲剧，还要从人性的角度审视灾害，关注灾害中的生命，给受众以强烈的震撼，引起他们的

---

① 郭小平：《灾难新闻的审美观照》，《新闻前哨》2002 年第 1 期。

② 陈利平：《负面新闻信息传播的多维视野》，新华出版社，2001。

共鸣。例如，曾获全国商报好新闻一等奖的《人性的光芒——从“10·3”看广西人的父母心》一文，作者从悲剧性的灾害中凸显出面对死亡时“山高水长般的父爱母爱”这一深刻而美好的主题，同时抓住了一位父亲面临死亡之前几秒钟将孩子高举过头顶的本能动作，把生的希望给予恐怖威胁中的女儿，把死亡的痛苦留给猝不及防的自己，使读者深受震动。

第二，对灾害新闻报道，新闻工作者应该设身处地地用真情去关注灾害与生命，去讴歌同灾害作斗争的时代精神，充分体现媒体的人文精神。对灾害新闻的报道既不能恶意炒作、哗众取宠，也不能仅仅就事论事，显得冷酷无情。新闻工作者不仅要报道灾害，而且还要“铁肩担道义”，谴责肇事者、哀悼遇难者、抚慰幸存者及受害者家属。《羊城晚报》对俄罗斯“库尔斯克号”沉船事件的系列报道，可谓是体现人文关怀精神的好作品。《羊城晚报》在俄罗斯“库尔斯克号”事件后，连续刊发了《俄罗斯等待复活神话》《情人：焦急、沉默和等待》《普京：眼中满是泪水》《118 名艇员全部葬身海底》《最后的家书》《俄罗斯哭了》等一系列稿件，新闻工作者对生命的关注与尊重、对灾难的痛惜、对遇难者的哀悼和同情跃然纸上。灾害新闻报道，应在其中融入人道的情感，体现出新闻工作者的关切之情和人文精神，这实际上也是代表社会大众对受难者的人性态度。

第三，在注重内容的同时，还应该关注灾害新闻报道在形式上的审美意义，在版面的稿件编排、色彩运用、图片选取、文字操作等方面体现人文关怀和审美关照。在灾害新闻报道实践中，有些媒体往往缘于物质利益的驱使，违背新闻传播的规律和原则，既损害了党和政府的形象，也影响了媒体的公信力，同时又伤害了受害者及家属，显示了对公众的不尊重，这主要体现在传播者的文字操作、声画运用、版面编辑等方面。灾害新闻不是灾情展览和新闻炒作，应该具有一种人文品格和审美内涵。2004 年 3 月 22 日，广州某报报道了巴勒斯坦精神领袖亚辛被以色列火箭炸死的报道，以 4 开报纸 2/3 版的面积刊登了亚辛被炸得支离破碎的遗体，清晰的前额和颅顶被炸掉的亚辛头颅令人触目惊心。根据心理学研究报告，不论是直接受灾、目睹灾难或参与救灾的人员，有30% ~58%的人会出现创伤后压力症候。对创伤事件的相关刺激或者受难者经验的不断重复，将强行唤起幸存者痛苦的回忆，出现恐惧、紧张、失眠、忧郁的症状，甚至产生自杀、精神病等问题。[①] 对一般受众而言，这种灾害新闻也将带来厌恶、不安的情绪，形成恐怖心理。时代的发展，要求传播者不断强化新闻报道的责任感，完善自我的世界观和价值观，才能不断适应社会公众的普遍心理需求。

第四，加强灾害新闻报道中的深度报道。关于灾害新闻报道，一般可以分为动态报道和深度报道两大部分。动态报道是对灾害发生的过程、产生的直接危害、人们采取的抗灾救灾措施、灾后家园重建、社会秩序重建等由灾害的发生而直接导致的一系列新闻事件所进行的报道。深度报道则是在对灾害进行广泛动态报道的基础上，对事件进行总体上的反思回顾，对灾害产生的原因、影响进行客观而科学的分析的报道。灾害，尤其是重大灾害往往具有突发性强、危害大、涉及面广、影响深远等特点，能产生众多的新闻题材，这是大范围、多角度、多层次进行报道的宏观事实基础，也为进行深度报道提供了不可多得的良好条件。一方面，丰富的素材有利于使反思性的深度报道做得充实、全面；另一方面，像合理利用自然资源、完善社会制度、协调人与社会自然关系等这些深层次问题也随之成为这一时期的社会热点，这时深度报道成为加强这方面宣传力度、取得良好社会反响的最佳传播方式。

人们对灾害新闻格外敏感和关注，不仅是因为人类天然具有“新闻欲”和关怀弱小、不幸的良知，更主要的是灾害一般都具有可重复性和可预防性，人们关注他人的灾难和不幸，实际上就是关注自己的生存状态和安全环境，为自己的行为提供指导，达到趋利避害的目的。因此，媒体在报道灾害新闻时，应该认真履行守望环境的职责，引导公众进行反思和总结，找出问题的症结所在，尽可能防止类似事件的发生。

---

① 周晓虹：《现代社会心理学》，上海人民出版社，1997。

## 五 关于自然灾害新闻报道的对策建议

### 1. 进一步依法报道自然灾害突发事件

在2008年低温雨雪冰冻灾害过程中，国家和地方政府都启动了应急预案，但也存在法律的缺失，存在不能用法律手段管理雪灾期间各种突发事件的缺憾。在涉及范围广、跨区域的突发公共事件，国外通常会宣布紧急状态，紧急状态下国家从平常的法律状态过渡到紧急的法律状态，可以用特别的法律授权采取各种应急措施，比如中断交通、临时管制等，都会有法律依据，我国还缺乏在此类公共突发事件中的法律运用机制。比如，2008年南方雪灾中，一些受灾严重的城市因为大面积停电停水而被冰封成“孤岛”，导致物价飞速飙升，出现了“萝卜论根卖”“鸡蛋十元一个”“粮食十几元一斤”“蜡烛五元一根”“方便面几十元一桶”等不正常的商品价格问题，但《价格法》等法律法规没有起到规范重大灾难时期与人民群众生活密切相关的商品价格的作用。还如巨灾保险制度的不完善，社会民间组织的缺位等，也是国家和人民财产损失扩大的原因。这些都集中体现了法律在重大灾难时期的缺失和不到位。

但要看到的是，伴随着近年来一系列自然灾害的频发，我国政府一直在不断完善相关法律法规以更好地应对突发事件。我国媒体在这个过程中不断走向成熟，更加深刻地认识到在自然灾害突发事件中的角色和定位，逐步学会依法报道自然灾害突发事件。2003年“非典”以后，我国相继颁布实施《突发公共卫生事件应急条例》《关于因自然灾害导致的死亡人员总数及相关资料解密的通知》《国家突发公共事件总体应急预案》《突发事件应对法》及《政府信息公开条例》等，使新闻媒体报道突发事件有了法律上的依据。如《突发事件应对法》第五十三条规定，“履行统一领导职责或者组织处置突发事件的人民政府，应当按照有关规定统一、准确、及时发布有关突发事件事态发展和应急处置工作的信息”。这意味着政府赋予了媒体更多自主报道突发事件的权利。但同时，该法也规定，“任何单位和个人不得编造、传播有关突发事件事态发展或者应急处置工作的虚假信息”，此类规定要求新闻媒体必须在法律的框架下报道突发事件。媒体只有自觉地履行法律赋予的责任和义务，做到满足人民群众的知情权，有利于社会稳定和民心安定，这样才能赢得政府和社会的尊重和认同。

因此，我国媒体尤其是传统媒体和大型公共网站必须树立高度的社会责任意识，进一步依法报道自然灾害突发事件，营造一个对社会发展有利的媒体环境。首先，媒体必须善于运用法律赋予的各项报道权利，尽最大可能把尽可能多的信息及时准确地传递给受众，保障公众的知情权。其次，媒体要通过发达的社会信息网络，把政府在突发事件中的作为，包括及时公布信息、制定的救灾措施、政府的立场和决心等快速、全面地传递给公众，从整体上为政府塑造积极应对突发事件的良好形象。再次，新闻媒体对突发事件的报道必须遵守非常时期的法纪规定，将信息传播纳入到法治运行轨道。如为了给人民群众提供信息保障，政府就必须对一些不负责任的传言加以限制。

**2. 进一步增强自然灾害报道中的“议程设置”功能**

在重大自然灾害发生的前期、中期、后期，媒体与公众之间，媒体明显处于强势一方，公众高度依赖媒体以满足自己的知情权。此时媒体的议程设置对于政府和公众都具有强大的影响力。作为主要传播信道的媒体，如何更加合理地进行议程设置来传播相关信息，对于政府的抗灾救灾和百姓的防灾减灾都具有重大影响。议程设置是一个过程，面对重大自然灾害事件，首先，媒体要把公众纳入自己的议程设置中，及时传播信息，使公众清楚地了解自然灾害的发生时间、危害程度等，使整个社会形成防灾抗灾合力。重大自然灾害的发生发展一般呈现为潜伏期、征兆期、爆发期、相持期和解决期，在不同的时期媒体都应该进行最及时的报道，从而真正起到应有的议程设置效果。如果传媒不能够以最快的速度将信息告知受众，势必造成传播链的断裂。

其次，媒体要区分“主要议题”和“次要议题”。“环境监视”是大众传媒的一大功能，正因为媒体的这一功能，受众对媒体具有依赖性。在重大自然灾害事件中，公众很需要媒体提供相关信息。如果此时媒体将相关事件从其议程设置中移去，那么在议程设置时间已经滞后的情况下，又不能触及核心内容，这样只能造成新闻传播链条的愈加断裂和信息的严重堵塞。

在某种程度上说，其实议程设置的内容是客观的，它就是重大自然灾害事件。然而，议程设置的内容又的确是议程设置的核心。这是因为在今天这个社会中，有比过去多得多的重大突发性事件不断发生，并且还有许多事件几乎是在同一个时间发生。对于媒体而言，在进行议程设置时，就需要区分哪些事件应该设为“主要议题”，哪些事件可以设置为“次要议题”。笔者认为，越是关系到公众切身利益的事件越应该成为“主要议题”。比如，“云娜”台风在我国浙江沿海登陆期间，正值雅典奥运会开幕，这二者都属于重大事件，“云娜”台风属于事关民生的事件，雅典奥运会属于重大国际事件。因此，对于二者的报道应该做到各有诉求点，各有特色。但同时，媒体应该更关注“云娜”台风的报道，因为事件本身的性质决定了它与百姓的生命财产息息相关。总之，媒体只有更多地将群众利益列为议题设置的内容主体，才能真正体现其社会价值。

再次，媒体要以最佳的报道方式进行议程设置，安全有效地搭建公众、媒体和政府之间的桥梁。对于议程，应该有一个最佳的报道方式，能够最好地传播信息。有许多学者认为，“灾难性事件报道也和其他新闻报道一样，宜疏不宜堵”，“灾难报道要凸显以人为本”等。在坚持正确舆论导向的前提下，最佳的报道方式应该符合“生态型”报道方式的原则。这主要体现为三点：①在报道的“量”上既不能“失语”，也不能“失控”，要把握一个“度”的平衡。这不仅要体现在一个点上，同时也应该体现在一个阶段和整个事件的报道过程中。②在质上，要把握“诚信”和“人文”原则。首先要进行诚信报道，做到真实、客观。对于自然灾害，要及时、充分、实事求是地报道灾情，力所能及地保障人民群众的知情权。同时，对报道的事件要予以人文关怀，关注公众的内心世界和事件的深层原因，不仅要表现出媒体的“理性”，同样也要表现出媒体的“知性”。重大自然灾害报道要确立“以人为本”的报道方略，以关注民生为主线，整个报道要力求贯穿人文关怀，提升报道的贴近性，稳定民心。③在自然灾害事件发生后，要做好反思性报道，增强人们的防灾意识，避免灾害的再次发生，传媒要将整个事件的过程、影响等深度信息分析给公众，让公众明白灾难之后我们要反思什么，从而增强防灾意识，更加懂得保护环境和可持续发展的重要。

3. 进一步重视新兴媒体和传播技术的应用

自然灾害来临时，极有可能对基础设施造成巨大损害，从而影响正常状态下媒体传播模式。如2008年南方雨雪冰冻灾害和汶川地震中电网均遭到破坏，通信设施也受到巨大影响，媒体在常态下的传播能力受到影响，仅传输信息就成为一个难题。因此，自然灾害新闻报道中传播技术的应用成为当前媒体传播的重要因素。我国媒体的传播技术在近年内得到飞速发展，但同发达国家相比，还有一定差距，亟需在这方面加大建设力度，从而为积极有效应对自然灾害提供保障。汶川大地震后从各级媒体的反思中更加证明了这一点。

以日本为例来看，日本是全球自然灾害多发的国家。日本媒体一个持续努力的方向，是不断提高灾害新闻报道的速度，而对新兴传播技术的凭借是其重要手段。为了应对时间、地点和强度都无法预测的突如其来的灾难，NHK在其位于日本各地的办公室里以及大量公共建筑物上安装了近500个遥控摄像机，以捕捉重要时刻的画面。这些摄像机和数字录像机相连，都装有备用电源，防备灾害发生时电力中断，它们同时具有快速回放功能，可以迅速找到灾难发生瞬间的画面。NHK还开发了便携式卫星SNG设备，在灾难发生时，NHK可以利用这套设备在交通工具难以到达的地方进行现场报道和信号传输。此外，NHK研制了通信卫星捕捉器(CS Catcher)，这是一个自动追踪通信卫星的装置，有了这套装置，即使在夜晚或者大雾中，卫星接收天线的方向也可以快速自动调节，加快接入通信卫星信道。

此外，互联网站、论坛、博客、手机报、短信等新兴传播媒介的出现为民众的意见表达、传播和合作提供了新的渠道，也使自然灾害新闻报道呈现出新特点。网络论坛、个人博客等在冰雪灾害中发表了不少很有现实针对性的反思性评论。如新浪博客在2008年1月30日发表言论《雪灾不仅仅是灾区的事》，中华网论坛2008年2月4日上载帖子《透过特大雪灾看中国国家战略的必要调整》，凯迪网络2008年2月4日上载原创评论《反思雪灾：灾前防范比灾后抗击重要》等，都提出了富有建设性的意见。如果传统媒体思想更加解放一些，选择性地报道网络媒体这一公共平台表达出来的民众意见，必能提高灾害报道的公共参与性和反思能力。

当前，在自然灾害报道中，一方面，要加强主流媒体与"市民记者"的通力合作。如在汶川大地震中，大量普通民众拍摄的视频、图片成为珍贵的新闻资料；印度洋海啸中也是诸多目击者和专业记者一起向世界报道了这一重大新闻事件。另一方面，各级媒体还要善于借用"他山之石"，通过传统媒体、新兴媒体及其他社会力量的合作，在采访资源、信息资源、社会资源等方面拓展自己的发展空间，实现资源增值、舆情把握和社会引导等。

4. 进一步完善自然灾害应急报道制度建设

灾难事件虽然在提前预测上有一定难度，但是在媒体内部建立一套完善的应对机制，一旦发生重大突发事件，立即启动、迅速反应、及时策划、做出预案，并且能够不断跟进事件的进展。以日本为例，日本气象厅在全国各地常年设有地震、火山、海啸等监测点，灾害发生时，日本气象厅将灾害发生地监测到的信息以警报信号的方式发送给NHK和NTT，广播电视和电话系统立即传播特殊信号，安有接收装置的收音机和电视机自动启动，中断正在播出的节目，插播警报消息。如地震发生时，气象厅5秒钟内将监测到的地震数据信息（震源、震级等）发送给NHK，NHK中断正在播出的其他节目，1秒钟后播报地震信息，电视节目附有地图和字幕，广播播送录音，并发出警铃声（这种警铃作为特殊警铃，全国专用），整个过程由计算机系统自动处理，自动播报。

因此，新闻媒体必须树立危机意识，在灾害发生之前，依靠自己敏锐的观察、理性的判断，通过新闻报道提醒公众危险的临近，从而使得整个社会能够及时采取对策，以避免危机的爆发或者减轻危机带来的危害。当危机事件临近的时候政府所做的每一项决策都必须建立在及时、全面、真实的信息基础上，作为新闻媒体，应该在第一时间传递信息，发挥媒体传递信息及时、便捷、有效的渠道。自然灾害发生后，新闻媒体要做到及时发布正确信息，为政府有关部门和广大群众争取时间，以采取更多的应对措施，尽可能降低危机造成的危害。新闻媒体必须尊重公民的知情权，及时报道事件信息。2008年南方雨雪冰冻灾害发生后，相关政府部门立即启动应急预案，组织抢险救灾，同时建立了透明的信息披露机制。媒体也充分发挥了喉舌、桥梁和纽带作用，及时、迅速报道灾情和抢险救灾情况，在政府和群众之间架起一座沟通的桥梁，既增强了政府的公信力，在很大程度上对控制危机、解决危机起到了积极的作用。

当前我国媒体自然灾害应急报道制度建设总体上不够健全，尤其是灾害预警。预警是灾害报道的首要一环，是应对灾害的先行手段。新闻媒体应该在灾害初现端倪之际就警觉起来，及时报道异常气象现象。在南方雨雪冰冻灾害中，我国媒体的预警报道就没有发挥应有的作用，在事后的反思中这一点表现尤为明显。雨雪天气乍现后，国务院根据气象局的预报发布了紧急通知；第二次雨雪天气出现时，气象局又与交通部联合发布了紧急通知。然而，全国绝大多数媒体都没有把这两次紧急通知作为预警讯号报道出来，让民众产生应有的防灾警觉。因此，新闻媒体必须树立危机意识，力求在灾害发生之前，依靠自己敏锐的观察、理性的判断，通过新闻报道提醒公众危险的临近，从而使得整个社会能够及时采取对策，以避免危机的爆发或者减轻危机带来的危害。

**5. 强化媒体在自然灾害知识传授和社会教育方面的作用**

从世界范围看，自然灾害是一个不容忽视的全球性问题。媒体作为一种宣传信息覆盖面极广的大众传播载体，是人们获取各种知识和信息的重要平台。然而，对于如何宣传这些自然灾害常识，提高人们防灾抗灾能力，从而减少自然灾害带来的损失，我们的电视、报纸等主要媒体做得并不理想。许多媒体极少宣传报道类似知识，以致每次自然灾害的发生，都给人类造成惨重损失。从一次次震撼人心的自然灾害教训中，我们越来越感受到了解和掌握应对自然灾害知识的重要性。因此，强化媒体对自然灾害知识的宣传作用，已经是一个十分严峻的现实问题，并且刻不容缓。

从传播学的角度看，媒体具有引导舆论、服务社会、指导生活、传授知识、普及教育等基本社会功能，具有传播范围广、传播速度快、社会影响大等特点。作为信息传播的载体——媒体在防灾救灾中具有较好的预警作用。自然灾害是任何国家和地区都难以避免的，因此，一方面，政府部门要有提高媒体宣传自然灾害知识的认识，善于利用媒体宣传达到危机预警的作用；另一方面，媒体应该树立社会公共服务意识，强化媒体宣传自然灾害知识的力度，发挥普及科技知识的社会职能作用。这样，才能居安思危，始终保持对自然灾害危机的警惕，加强防预自然灾害和抗击自然灾害知识的宣传和普及，提高应对自然灾害的能力，把自然灾害损失降到最低点。汶川大地震后，中央电视台等媒体迅速播出“避震小常识”，一方面缓解了广大人民群众的心理压力，减少了灾区群众的恐慌；另一方面，营造了全社会防震的氛围，有利于群众在最短时间内掌握必要防震常识，把可能发生的余震造成的损失降到最低。

自然灾害威胁着人民群众的生命和财产安全。因此，媒体必须把宣传自然灾害知识放在十分突出的位置，切实做到公正、客观、实事求是，牢牢把握自然灾害发生前和灾害发生后的两个关键环节。灾害发生前重点是要加强防灾知识方面的宣传，灾害发生后则重点是要进行救灾知识方面的宣传。只有做好灾前宣传教育，才能降低损失；只有及时做好灾后宣传教育，才能把已经发生的灾害损失进一步降到最低。实践证明，充分发挥新闻媒体的传播教育优势，关键要坚持全方位宣传自然灾害知识。

一是要多渠道宣传自然灾害知识。宣传自然灾害知识是媒体坚持以人为本，始终把人民群众的生命安全放在首位的必然要求。自然灾害知识涉及各行各业，方方面面，在宣传教育中要维护好、实现好、发展好广大人民群众的根本利益，促进人与自然和谐。随着各种现代传媒的普及，我们要多种手段并用，多项措施相济，多渠道开展防灾救灾知识的全面宣传，充分利用广播、电视、报刊、网络以及手机短信等不同传播形式的优势，按照“科学判断、及时预警、果断决策、灾前防备”的要求，在各媒体树立公益宣传意识；有计划地在重要时段（或版面）开辟专栏，对冻害、旱灾、洪涝、台风、风暴潮、雹灾、海啸、地震、火山、滑坡、泥石流、森林火灾、农林病虫害等自然灾害相关知识进行宣传教育。同时，通过在中小学教科书中增设必要的自然灾害常识，从小树立科学应对自然灾害的意识；利用墙报、社区（村）宣传栏和主题宣传活动等形式，向广大市民群众宣传自然灾害知识，提高自然灾害知识的普及率，真正做到自然灾害知识的宣传教育“不漏一处，不存死角”，让人人都掌握防灾救灾的必需常识。

二是要经常性地宣传自然灾害知识。针对大量自然灾害发生的不可预见性，媒体必须坚持以防为主，未雨绸缪，常备不懈，建立宣传自然灾害知识的经常性机制，促进防灾抗灾宣传工作的制度化、规范化、长效化。现代社会是一个大众传播事业高度发达的“宽带”社会，媒体是防灾救灾工作中最活跃和最有生命力的参与者，是先进生产力，它不仅要传播先进的科技文化知识，担负党和人民的喉舌和桥梁纽带作用，更是重要的社会公众舆论平台。媒体宣传自然灾害方面的知识，不能时而“冷”时而“热”，只有经常进行自然灾害知识的宣传教育，才能真正做到警钟长鸣，才能真正做到坚持媒体宣传的科学性和准确性，提高防灾抗灾工作的针对性和实效性。

**参考文献**

邓建国：《美国灾害和危机新闻报道中新媒体的应用》，《国际新闻界》2008 年第 4 期。

邓利平、赵淑雯：《从灾害新闻的传播看中美新闻理念的不同》，《西南科技大学学报》（哲学社会科学版）2009 年第 1 期。

董天策、何裕华：《媒体应如何面对自然灾害——以南方雪灾报道为例》，《新闻实践》2008 年第 3 期。

董天策：《如何开展对重大社会问题的舆论监督》，《国际新闻界》2008 年第 2 期。

姜平等：《从灾害报道看中国媒体的成熟转身》，《新闻前哨》2008 年第 7 期。

刘冰：《突发灾害报道的“责”与“度”》，《军事记者》2008 年第 3 期。

刘琼秀：《人文关怀是做好灾难事件报道的核心》，《经济与社会发展》2005 年第 11 期。

梁燕妮：《呼唤灾害报道的理性声音》，《传媒观察》2008 年第 6 期。

罗卓群：《新时期中国报纸灾害新闻报道研究》，硕士学位论文，暨南大学，2004。

马持节：《重大突发公共事件中社会舆论的互动传播——从“非典型性肺炎”事件谈起》，《中南大学学报》（社会科学版）2008 年第 4 期。

芮必峰、李小军：《大众传媒与社会风险——以南方雨雪灾害报道为例》，《淮海工学院学报》（人文社会科学版）2008 年第 2 期。

孙发友、张瑜：《中西灾害报道视角比较》，《新闻前哨》2009 年第 2 期。

田晓：《强化媒体对自然灾害知识的宣传作用》，《社科纵横》2008 年第 6 期。

王宏伟：《特大自然灾害的舆情监管研究》，《中国公共安全》2008 年第 21 期。

魏海岩：《社会危机中舆论生成机制的特点》，《当代传播》2009 年第 1 期。

徐占品等：《管窥新闻联播 2008 年冰冻灾害报道》，《防灾科技学院学报》2008 年第 2 期。

张光辉：《日本的灾害防治机制与应急新闻报道》，《中华新闻报》2009 年 7 月 24 日。

朱勇钢、张水辉：《重大突发性事件舆情监报与群体性事件预防》，《成都大学学报》（社会科学版）2009 年第 1 期。

# 西南大旱与广西河池的抗旱救灾调查

方素梅　陈建樾　梁景之*

2009 年 8 月开始，我国西南地区遭遇了严重的干旱气候，云南、广西、重庆、四川、贵州等省区市降雨少、来水少、蓄水少、气温高、蒸发大，形成数十年乃至百年不遇的特大旱灾，直至 2010 年 5 月上旬才逐步缓解。其中云南、贵州、广西等省区降水较常年同期偏少五成以上，部分地区降雨偏少七至九成，主要河流来水为历史最少。干旱的趋势延伸至湖南、广东、甘肃、河北、山西、宁夏和西藏等省区，长江上游也出现罕见枯水位。特大旱情对上述地区的经济社会发展造成了严重的影响。据统计，截至 2010 年 4 月 19 日，全国耕地受旱面积 1.18 亿亩（多年同期均值为 1.04 亿亩），其中作物受旱 9659 万亩（重旱 2623 万亩、干枯 1680 万亩），待播耕地缺水缺墒 2123 万亩；有 2213 万人、1761 万头大牲畜因旱饮水困难（多年同期均值分别为 1144 万人、893 万头）。云南、贵州、广西、四川四省（区）耕地受旱面积 8909 万亩，占全国的 76%，作物受旱 7041 万亩（重旱 2406 万亩、干枯 1658 万亩），待播

* 方素梅，中国社会科学院民族学与人类学研究所研究员；陈建樾，中国社会科学院民族学与人类学研究所研究员；梁景之，中国社会科学院民族学与人类学研究所研究员。

耕地缺水缺墒1868万亩；有1770万人、1329万头大牲畜因旱饮水困难，分别占全国的80%和75%。[①]

2010年5月下旬~6月上旬，我们赴广西壮族自治区受灾严重的河池市及下辖东兰县、巴马瑶族自治县、凤山县（三县简称东巴凤）和环江毛南族自治县，对当地的抗旱救灾工作进行调查，作为对2008年雨雪冰冻灾害发生以来少数民族地区危机应对状况的补充研究。[②] 我们希望通过调查研究，反映出民族地区特别是民族贫困地区在应对各类突发事件和自然灾害方面所存在的困难和问题及其对当地经济社会发展的影响，并提出相应的对策和建议。

## 一 旱情概况及其成因分析

### （一）河池市基本情况

河池市地处广西西北部、云贵高原南麓，东连柳州、南界南宁、西接百色、北邻贵州省黔南布依族苗族自治州。全市地势西北高东南低，山脉主要分布于边缘地带，北有九万大山，西北有凤凰岭、东风岭，西和西南有都阳山、青龙山等山脉。位于环江毛南族自治县北部的无名峰海拔1693米，是河池第一高峰。

河池市现辖金城江区、宜州市、南丹县、天峨县、东兰县、凤山县、罗城仫佬族自治县、环江毛南族自治县、巴马瑶族自治县、都安瑶族自治县、大化瑶族自治县11个县（市、区）、139个乡镇（含11个民族乡、1个街道办事处），全市总面积为3.35万平方千米。截至2008年年底，全市总人口为404.57万人。[③] 境内有壮、汉、瑶、苗、毛南、仫佬、侗、

---

① 陈雷：《应对西南特大干旱的实践与思考》，《时事报告》2010年第5期。

② 课题组在调查过程中，得到了广西壮族自治区河池市及其下辖东兰县、巴马瑶族自治县、凤山县、环江毛南族自治县各级人民政府和有关部门，以及调查目标乡（镇）、村干部和群众的热情接待和大力支持，对此我们表示衷心的感谢！

③ 2010年5月27日河池市人民政府办公室提供的数据。

水八个世居民族，是广西壮族自治区少数民族聚居最多的地区之一。这里是广西农民运动的发祥地之一和右江革命根据地的重要组成部分，全市有9个县（市）108个乡镇属革命老区，各族人民为中国革命做出了重大牺牲和巨大奉献，其中东巴凤（即东兰、巴马、凤山）三县被追认为革命烈士的就有3905人。

河池市地处低纬，属亚热带季风气候区。夏长而炎热，冬短而暖和，热量丰富，雨量充沛，无霜期长。年均降雨量为1768.3毫米，但年内降雨量分配不均，4~9月占全年降雨量的80%以上。年均气温20.3℃，极端最高气温为39.7℃，极端最低气温为-2℃。多年平均相对湿度76%。境内地形多样，结构复杂，山岭绵延，岩溶广布，是中国西南喀斯特岩溶地区的重要组成部分。全市11个县（市、区）均为石山地区，石山面积占全市总面积的59%，平原和台地只占6.3%，其余为土山丘陵和土山山地。石山地区属峰林谷地和峰丛洼地两种类型。峰林谷地主要集中在宜州、金城江、罗城、环江等县（市、区），在峰林之间有长条谷地和洼地延伸，其间有长流河水灌溉，耕地较集中，水利条件较好。峰丛洼地俗称大石山区，主要分布在都安、大化、东兰、凤山、巴马等县，这些地区石山高大、山峰成丛、连绵不绝，缺土缺水、易旱易涝，生产条件十分恶劣。由于历史和自然条件等方面因素的影响，长期以来河池经济社会发展步伐较为缓慢，属于典型的老、少、边、山、偏地区。全市11个县（市、区）中，有8个属于国家重点扶持的贫困县，1个是自治区重点扶持的贫困县，财政自给能力非常低。

河池市也拥有丰富的自然资源。一是矿产资源丰富。全市目前已发现矿种59种，特别是有色金属矿产资源十分丰富，是全国著名的有色金属之乡，保有储量居广西首位的有锡、铅、锌、锑、银、铟、镉、硫、砷九种。其中，锡金属储量占全国的1/3，居全国之首；铟金属储量名列世界前茅；锑和铅金属储量居全国第二位。二是水利资源丰富。由于雨量充沛，河池境内集雨面积达3万平方千米，年均水资源总量为250亿立方米，占广西水资源总量的13.3%，名列广西前茅。全市有大小河流635条，其中主要河流50多条，河流总长度3130千米，内河通航里程946千米。主要河流有红水河和龙江河两大干流，均属西江水系。因为河流众多，河流密度大，地形落差大，河池水能资源蕴藏量极为丰富。据统计，全市水能资源蕴藏量约1000万千瓦，占广西水能资源的1/2以上，大中型水利资源则占广西的70%。国家计划在红水河建设的10座梯级电站，其中有4座在河池境内。已建成投产的大化电站和岩滩电站，装机容量分别为40万千瓦和121万千瓦；2001年上马的天峨县境内的龙滩电站，规划总装机容量达630万千瓦，次于三峡电站，是红水河梯级开发的龙头骨干控制性工程，首台机组已于2007年5月21日实现投产发电。截至2008年年底，全市已建成水电站130座，总装机容量23 8.62万千瓦。三是动植物资源丰富。河池市有动物资源60多种，其中国家一级、二级保护动物分别为10种和23种。全市已发现植物种类有203科，697属，1850种。其中，森林树种就有84科，250属，532种，森林树种中属常绿树种143种、落叶树种98种，属于国家重点保护的珍贵稀有树种有60种。河池是广西主要林区之一，2008年全市森林面积117.88万公顷，森林覆盖率54.91%。其中用材林面积占60%，森林采伐量178.76万立方米。人工林主要有杉树、松树、杂木、竹等，其中杉树是大面积造林和现有森林中的主要树种，杉树、松树两个树种面积近44万公顷，占森林面积的44%左右。此外，油茶、油桐、八角、板栗、玉桂等经济林种植面积也达十几万亩，其产量在广西居于前茅。

特殊的地理环境和气候特征，决定河池市成为自然灾害频繁发生的地区，年年遭受低温冷冻、干旱洪涝、冰雹、风暴、山体滑坡等气象灾害和地质灾害袭击，人民群众生命财产损失严重。特别是最近几年来，在全球气候变暖的大背景下，河池市极端天气气候连年发生。2007年，河池全市受灾人口262万人，因灾死亡人口10人，因灾伤病人口2712人，紧急转移安置人口28902人，被困人口12246人，饮水困难人口47万人；农作物受灾面积289283公顷，其中：农作物绝收面积36095公顷；倒塌房屋户数2237户；直接经济损失约5.8亿元，其中：农业损失45996万元。2008年1～2月发生的雨雪冰冻灾害，造成河池市11个县（市、区）138个乡镇6356个村屯受害，受灾农业人口186.94万人，农业受灾面积2814万亩，农业成灾面积15.76万亩，农业经济损失约5.5亿元。2008年6月初发生的严重洪涝灾害，使全市11个县市区139个乡镇（街道）不同程度受到洪水的袭击，全市受灾人口278万人，因灾死亡人口19人，因灾伤病人口4.4万人，紧急转移安置人口19万人，饮水困难人口55多万人；农作物受灾面积23万公顷，其中：农作物成灾面积152777公顷，农作物绝收面积45909公顷；倒塌居民住房户数10573户；直接经济损失约19.9亿元，其中：农业损失101166万元、工矿企业损失16233万元、基础设施损失37294万元、公益设施损失13419万元、家庭财产损失30587万元。2009年，河池全市受灾人口263万人，因灾死亡人口5人，因灾失踪人口2人，因灾伤病人口2916人，紧急转移安置人口90279多人，被困人口4120人，饮水困难人口815158人；农作物受灾面积271千公顷，其中：农作物成灾面积182千公顷，农作物绝收面积22千公顷；倒塌房屋户数3670户；直接经济损失约12.2亿元，其中：农业损失约8.5亿元、工矿企业损失8564万元、基础设施损失约1.9亿元、公益设施损失1050万元、家庭财产损失8208万元。[①] 据不完全统计，三年河池市因灾直接经济损失约43.3亿元。各类灾害对河池市经济社会发展和人民群众生活造成了很大的影响。

### （二）旱情概况及其影响

2009年8月以来，河池市各地出现了有气象记录以来最为严重的干旱少雨天气，形成历史罕见的特大旱灾。据气象资料记录，2009年8月1日~2010年4月30日，河池市持续连旱，全市平均降雨量为356.7毫米，比历年同期偏少5.2成，为河池市有气象记录60年以来同期最小值，其中凤山、东兰、南丹、巴马、天峨和金城江6个县（区）偏少超过5

① 2009年10月25日~11月9日，河池市市委组织开展“加强防灾减灾能力建设，科学指导防灾减灾工作”专题调研活动，上述有关河池市近年来自然灾害的基本情况即来源于此次调研，材料由河池市水利局提供。

成。2010 年 2～3 月，东巴凤（即东兰、巴马、凤山）三县城区累积降水量不足 5 毫米。按照国家防汛总指挥部的规范，全市所属 11 个县都处于“严重干旱”状态，其中东兰、巴马、凤山、南丹、天峨和金城江 6 个县（区）处于“特大干旱”状态。

如此罕见的极端干旱气候给当地经济社会发展造成了极大的损失和广泛的影响，形成严重自然灾害。据河池市水利部门统计，全市水库蓄水量仅为 5515.8 万立方米，比历年同期平均值减少 44.3%。全市有 72 座水库干涸，占全市现有 201 座水库的 35.8%；有 16.22 万个家庭水柜和地头水柜干涸，占全市现有 21 万个水柜的 77.2%；有 5677 座塘坝干涸，占全市现有 8738 座塘坝的 65.0%；有 1151 眼机电水井出水不足，占全市现有 4134 眼水井的 27.8%。

在这场严重的自然灾害中，河池市所辖 11 县（市、区）138 个乡（镇）全部受灾，累计受灾人口达 177.53 万人，占全市总人口的 43.4%；因灾发生饮水困难人口达 88.26 万人，大牲畜 30.05 万头，需送水人数最高时达 23.24 万人次。全市受旱耕地面积 328.75 万亩，占耕地总面积 485.54 万亩的 67.7%，农作物受旱面积 280.8 万亩，占春季农作物总面积 375.29 万亩的 74.82%；全市农作物因灾直接经济损失 85490 万元，其中 2010 年春季农作物因灾直接经济损失约 4.85 亿元。全市林地受灾 160 多万亩，其中新造林地受灾面积 16.15 万亩，苗圃受灾 1740 亩，损失 9285.5 万元；干旱引起林业有害生物受害面积 6.39 万亩，损失 601.5 万元；需补植造林面积 16.71 万亩，需投资 4070.5 万元；经济林受灾面积 56.4 万亩，损失 7030 万元；生态公益林受灾面积 540 万亩，造成经济损失约 5.4 亿元。畜牧业因灾直接经济损失 6100 万元。工业因灾减少总产值 24.1 亿元，直接经济损失 3.1 亿元。①

总的看来，此次西南大旱具有持续时间长、发生范围广、影响程度深、损失极为严重的特点，实为历史少有。在属于重灾区之一的河池市，

① 上述关于河池全市旱情概况的数据由河池市抗旱救灾领导协调办公室于 2010 年 6 月 2 日提供。

持续干旱对地区经济社会发展特别是农业生产造成极大威胁，给人民生活特别是山区群众饮水安全带来很大困难。河池市经济结构以农业生产为主，粮食和桑叶、甘蔗等经济作物的种植基本上依靠雨水灌溉。干旱导致农作物种植和生长季节大大推迟甚至无法下种，尽管采取了多种补救措施，但是粮食减产和经济作物歉收已成定局。由于持续干旱，农作物迟迟不能播种，河池市外出打工农民人数增多，以弥补农业的损失。据初步统计，截至2010年5月底，河池全市360万农民中有58.63万人缺粮，其中低保户17.75万人，其他困难户40.88万人，2010年6～8月成为青黄不接季节。如凤山县20万人口中至少有5万人缺粮，缺口达920万吨。截至2010年6月初，县级粮食部门储粮180万吨，只能供应全县人口18天，或是供应城镇人口100天。① 再如巴马县西山乡449个屯中有145个严重缺水，全乡受灾耕地面积1.2万亩，虽然灾后补种但会歉收50%。据估计，全乡有1.6万人缺粮，至2010年8月需要救灾粮3600吨。为了增加收入和减少口粮，乡里青壮年均已外出打工。②

### （三）旱灾成因及其他相关问题

此次西南大旱因其程度严重和影响巨大，引起了全国社会各界乃至其他国家的关注，人们纷纷追寻和探讨旱灾发生的根源。人们普遍认为，这场旱灾的成因是极端天气造成的，属于特大自然灾害。但是，反思数十年来我国在农田水利和其他经济建设方面的一些失误和疏忽，既可以看到此次旱灾成因的一些人为因素，也能够发现其他一些相关问题。

**1. 农田水利设施建设滞后，工程性缺水矛盾突出**

这个问题是此次西南旱区的最大特点。实际上，西南旱区水资源都很丰富，但普遍存在水资源分布不合理、利用率很低的问题。而农田水利设施建设滞后，加剧了水资源时空分布不均的矛盾。因此，此次西南大旱暴露出来的“望水兴叹”问题，突出反映了我国在农田水利设施建设

---

① 2010年5月31日在凤山县政府座谈会上粮食部门人员的介绍。

② 2010年5月29日在巴马县西山乡政府的访谈。

方面的严重问题。首先，进入20世纪80年代以来，我国农田水利工程建设被严重忽视，一部分建好的水库和灌溉系统由于缺乏管理与资金投入而荒废或是改作他途，基本的农田水利建设更是放松了。河池市年均水资源虽然名列广西前茅，但是水利工程大多为20世纪五六十年代所建，工程损坏十分严重，全市201座中小型水库有118座经鉴定为三类病险水库，三类病险水库占58.7%，严重影响其抗击洪涝灾害功能的发挥。其次，长期以来我国水利工作偏重大江大河的治理，中小河流堤坝的治理经费由国家补助、地方配套和群众自筹来凑，增加了治理的难度和地方政府及群众的负担，也导致中小河流防洪标准偏低等问题产生。再次，为解决山区人畜饮水困难而修建的人饮工程和集雨灌溉工程远远不能满足各族群众生产生活的实际需要。河池市现有家庭水柜和地头水柜21万座，但是容量普遍较小，数量仍然不足，且大多无集雨面积、无加盖甚至漏水，致使蓄水量有限，无法保证严重干旱情况下各族群众的饮用水需要。上述问题无疑对此次西南旱区的抗旱救灾产生了不利影响。

**2. 基础设施落后，加剧了灾情的发展**

西南旱区大多属于少数民族贫困地区，经济社会发展滞后，群众行路难、吃水难、上学难、就医难、住房难等问题十分突出，在基础设施建设和改善民生等方面任务非常艰巨。特别是道路交通状况直接影响抗旱救灾工作的开展和成效。只要路通了，送水就容易，不通路的地方送水就困难，加上年轻的劳力都外出打工了，剩下的老弱病残也没法挑水。这次救灾任务艰巨的地方，主要是那些交通不便的山区。由于这些地方大多属于缺水易旱的地区，水的问题在这里实质上是路的问题和生存方式的问题。

**3. 林木种植结构大规模调整，生态环境显著变化**

河池森林资源丰富，森林面积在广西居于前列，但是绝大部分为人工林，原生林木的数量非常少。这与新中国成立以来水库建设造成大片森林遭到砍伐有关，也与人口增加导致毁林开荒以扩大耕地面积和对薪炭林等能源的需求扩大有关。实行退耕还林和封山育林以后，河池的森林植被逐步得到恢复，但是存在树种结构不尽合理的问题，经济林占了相当大的比例，导致其水源涵养和水土保持作用减弱。特别是最近十几年来，速丰林的种植面积不断扩大，水源林和生态林的面积逐步减少，因此，尽管森林面积没有萎缩，但是在水源涵养和生态保护等方面已经产生了消极的影响。随着农村林业制度改革的推行，水源林和生态林的保护与发展更是受到了严峻的挑战。出于对经济利益的追求，水源林和生态林不再像以前那样受到人们的重视，而是不断被毁掉来种植经济林木。这种现象在西南地区并不少见。最近几年，许多学者和各界人士都对某些速丰林如橡胶、桉树等对生态环境的影响进行了分析。特别是此次西南大旱发生后，不少人认为大规模种植速丰林是造成重灾区百年一遇大旱的直接诱因，他们指出橡胶林、桉树林是“绿色沙漠”；桉树是“抽水机”“抽肥机”或“霸王树”，它令其他物种消失，生态遭受颠覆性破坏。尽管这样的观点遭到一些专家的驳斥，尚待研究和考证，但是我们在调查中也听到了不少地方干部赞同这种说法。以河池市环江毛南族自治县洛阳镇团结村为例，该村地处土坡丘陵地带，共有 10 个自然屯 2100 人，加上村委会、团结小学、团结公路道班等单位共有人口近 2200 人。多数自然屯靠引用山涧溪泉作为饮水水源，部分村屯靠提取横穿团结村的小河水作为饮水水源。进入 21 世纪以来，团结村群众大力发展种植速生桉产业，因该植物吸水吸肥过于强烈，对地表水补给系统带来毁灭性破坏，造成山涧溪泉大部分断流，断流期均在 6 个月左右，饮水困难问题遂成为困扰历届洛阳镇政府及团结村委会的大问题。

*4. 矿产开发乱采滥挖，对环境造成巨大破坏，部分江河污染严重*

基于丰富的矿产资源，改革开放以来河池市矿业得到了较快的发展。全市共有各类矿山近千座，从事矿业开发及加工人数超过 10 万人，矿业已是河池市第一大产业，在全市经济发展中具有举足轻重的地位。然而，河池市矿山企业性质复杂，既有国有、集体、个体私营，也有合资、独资，点多面广，管理难度大，尚有无证开采建筑石料等个体矿山存在。有些企业为了经济利益而置国家法律法规于不顾，置人民生命财产安全于不顾，盲目抢采，以致造成大面积的采空区甚至塌陷区，严重浪费了国家资源并造成重大安全隐患。由于多年来矿产资源不合理的开采，河池市境内矿山生态环境恶化。采矿选矿产生的大量废石、废渣、废水侵占土地、破坏植被，使土质、水质恶化，引发地面沉降、滑坡、塌陷、泥石流等地质灾害。因采矿选矿产生的重金属元素和有毒元素排入江河，造成部分江河污染严重。近年来开展的矿山治理整顿工作和生态环境恢复治理工作取得一些成效，但还需进一步治理。①

## 二　抗旱救灾的主要措施

西南特大旱灾发生后，中共中央、国务院高度重视。胡锦涛总书记多次作出重要指示，要求有关地方党委、政府和国务院有关部门以及解放军、武警部队加大工作力度，解决好旱区居民的饮水困难问题，努力减少灾害损失；温家宝总理亲赴广西、云南、贵州等重旱区指导抗旱救灾工作，看望慰问灾区群众，强调要把抗旱工作摆到当前工作的重要位置，把优先解决群众饮水问题作为当前最为迫切的任务。国家减灾委、民政部针对云南旱情启动Ⅱ级响应，针对广西旱情启动Ⅲ级响应，针对贵州、四川旱情启动Ⅳ级响应。2010 年 3 月 31 日，国家防汛总指挥部等部门提前下达 2010 年内与抗旱有关的建设资金 63 亿余元，重点向西南地区倾斜；国家粮食部门在 2010 年 7 月底前向灾区调粮 142 万吨；军队和武警部队出动官兵 1.5 万人，动员组织民兵预备役人员 16 万人赴灾区抗旱；水利、农业、国土、气象、科技等部门也纷纷采取措施，积极投入抗旱救灾工作。

针对数十年罕见旱情的肆虐，河池市的广大各族干部群众一方面积极地向上级政府部门反映情况要求援助，一方面自发开展抗旱救灾活动。2010 年 3 月 22 日，河池市市委常委召开会议，对全市当前的旱情进行研判部署。3 月 23 日，召开全市 2009 年度新农村建设指导动员视频会议，对全

① 参见银联强《河池市矿业开发存在的主要问题及对策思考》，专家学者论坛网，http://www.zjxzlt.com，2010 年 7 月 1 日。

市的抗旱救灾工作进行了再动员、再部署。同日，河池市市委、市政府下发了关于进一步做好当前抗旱救灾的紧急通知，明确要求各级部门至少要抽调1/3的在职干部、挤出10%以上的年度公务经费，投入抗旱救灾。3月26日和27日，分别召开河池市市委常委扩大会议和全市抗旱救灾工作会议，传达学习3月25日晚自治区党委常委扩大会议精神，进一步研究分析当前旱情，安排部署下一步的抗旱救灾工作；同时从市级到灾区各县（市、区）、乡（镇）都成立抗旱救灾工作协调领导小组，由党委、政府第一负责人担任组长，其他主要负责人担任常务副组长，具体领导和协调全市的抗旱救灾工作，并建立了工作机制，落实责任制，确保抗旱救灾各项措施落实到实处。抗旱救灾期间，全市先后启动重大气象灾害（干旱）预警应急预案Ⅲ级、Ⅱ级、Ⅰ级应急响应，启动了抗旱Ⅲ级、Ⅱ级、Ⅱ级应急响应和自然灾害救助Ⅲ级、Ⅱ级、Ⅰ级响应。

### （一）保人饮，救助灾民

根据中共中央、国务院的指示，河池市各级党委和政府把优先解决群众饮水问题作为抗旱救灾工作中最为迫切的任务，采取应对雨雪冰冻灾害时期创立的“五包”责任制，从市到县、乡（镇）、村、组层层分包负责，千方百计确保人畜饮水，努力做到“不漏一村、不漏一校、不漏一屯、不漏一户、不漏一人”。具体措施包括组织旱区水利部门摸清抗旱水源现状，倒排雨季来临前人饮解困供用水计划，落实旱区人饮解困方案；同时，加强饮水解困分类指导，采取水库供水、应急调水、打井取水、拉水送水等各项应急措施，确保群众基本生活用水。

#### 1. 开辟水源，修建应急水源工程

旱情严重时，河池市的水库、水坝蓄水大量减少甚至干涸，必须开辟水源以应急供水。当地政府及有关部门全力配合广西自治区国土资源厅、水利厅等部门寻找水源，修建应急水源工程，并对水源进行管理和分配，解决可能出现的一些矛盾问题和纠纷。截至2010年4月8日，全市累计新建成人畜饮水和应急抗旱水源工程580处（含打井），铺设输水管线583千米。其中，上级派来的6个专业服务队已经在全市踏勘确定钻孔点

169处，已上钻机打井102处（无水终孔15处），其中已见水或出水钻孔36处，抽水利用21处；找到地下河、天窗等地下水源44处，正施工或计划施工25处，其中已抽水使用17处。上级安排给河池市应急水源建设资金2719万元，计划建设130处应急水源工程，截至2010年5月底动工85处，完成投资668万元，完工11处，解决1万多人的饮水困难。[①]

2. 采取多种方式送水进村

旱灾期间，河池市规定居住地点两千米以内没有水源即为饮水困难，必须送水。但是在那些没有修通公路距离集中供水点较远的村屯，群众仍然需要翻山越岭来取水。由于受灾范围广，旱情最严重时需要送水的村庄数量很大。大石山区交通不便，许多村屯还没有公路，因此送水成为一项艰巨任务。各县都制定了送水取水的规定和办法。如巴马瑶族自治县除县城外普遍受灾，全县103个行政村有49个要靠送水解决人畜饮水问题。河池市给巴马县配备了4台送水车，但是远远不能满足需要，因此还要广泛动员社会力量送水，包括团员、民兵、志愿者等，送水的原则是先远后近。在需要送水的地方，规定每人每天供应20千克水，发放取水卡，对鳏寡孤独等弱势群体优先解决，责任落实到户，重点保证学校师生用水。送水的范围设在120个集中供水点，附近3千米内可以取水，远离取水点的每户发放30元补贴以供请劳力帮忙，有摩托车的补贴40元，以便捎带送水。东山乡卡桥村的巴根屯就设有集中供水点，因为有的屯还没有通路，送水车不能到达，所以远隔四五千米的村屯也来这里取水。水源由县、乡、村三级干部统一管理，设有专门的管水员，负责发放取水卡。受灾群众均一水多用，注意节约，基本保证了生活用水。

截至2010年4月8日，河池市累计出动机动运水车辆10.18万辆（次）；设置临时供水点1062个；临时解决饮水困难人口74.93万人、大牲畜42.27万头。民政部门为五保户、困难户、老弱病残户、留守儿童等

---

① 河池市抗旱救灾领导协调小组办公室：《河池市抗旱救灾工作总结》，2010年5月20日。本节有关河池市抗旱救灾措施的数据也主要来源于该工作总结。

特殊群体投入送水资金1274.2万元，累计供水人数226.95万人。

3. 救助救济受灾群众

为了摸清灾情，妥善安排好灾民生活，确保社会稳定，河池市组织工作组深入灾区，对灾区群众生活状况进行全面调查，确保救助工作的准确性和效果。在此基础上及时下发各类救灾资金和物资，以解决受灾群众生活困难。特别是优先解决好五保户、残疾人、孤儿、特困优抚对象及其他特殊困难人群的生活困难。截至2010年5月4日，全市共投入救助资金4401.8万元，发放大米4743.99吨，发放衣被34.4984万件套，累计救助人口56.634万人。

4. 动员组织社会各界抗旱救灾

西南大旱引起了国内外的广泛关注，社会各界纷纷捐助，帮助灾区群众抗旱救灾。截至2010年4月28日，河池市到账捐赠款2827.1368万元（市本级接收到1866.159万元），其中市外捐赠1781.96万元，市内捐赠1045.1768万元；物折款合计1415.26万元（市本级接收到348.47万元），其中市内495.088万元、市外920.17万元。所接受捐赠的物资，大部分由捐赠单位直接运送到灾区。这些款、物对于帮助灾区群众战胜旱灾、渡过难关发挥了积极作用。

同时，部队和民兵、共青团、妇联等组织机构也在抗旱救灾中发挥了重要作用。中国人民解放军第四十一集团军、三零三医院、北京军区给水工程团等部队累计出动官兵5195人次，出动运水车、钻井机等装备771台次，打（掘）水井6口，送水474吨，铺设输水管线9.2千米，抢修水利设施153处，水渠5232米，浇灌农田（地）5132亩，巡回义诊2155人次，解决3万余人次和1.4万余头牲畜饮水，赠送各类药品价值3.6万元。武警消防部队累计出动兵力6334人次、消防送水车2086辆次支援地方抗旱救灾，送水达1万吨，浇灌农田（地）106亩，解决大牲畜饮水10.5万头（匹），惠及群众19.5万人。武警部队累计出动兵力2010人次、各种车辆装备150台次支持地方抗旱救灾，累计送水2560吨，惠及群众近2万人。

## （二）保春耕，促进生产

为了尽量减少旱灾造成的农业生产方面的损失，河池市各级党委和人民政府及相关部门也采取了多种措施，积极发动和帮助灾区群众开展生产。

一是根据旱情，抓好春耕春种，有水源条件的推广地膜覆盖技术。我们在东巴凤调查时，当地4月下旬~5月初抢种的玉米有许多因覆盖了地膜，长势明显好于那些没有地膜覆盖的玉米。

二是组织创建农业高产中心示范片或示范区，其中面积在500亩以上的农业高产中心示范片有5个。巴马瑶族自治县西山乡原来都是在石山坡散种火麻，亩产也就几十斤，建立火麻种植示范区后，火麻生长很好，于是计划扩种到1万亩，亩产预计达到100斤以上。

三是集成推广农业先进实用技术，突出抓好在田粮油作物和经济作物的管护和应急防治。为此各级农业部门和技术人员都纷纷动员起来，深入乡村田间进行指导。

四是加强水资源的科学调度和合理利用，引导农民调整种植结构。如巴马县西山乡原来以种植玉米为主，旱灾期间全乡玉米全部受灾，2010年4月下旬灾情缓解后进行了补种，但预计歉收50%。因此，乡政府动员群众调整种植结构，扩种8000亩，以便种植红薯、黄豆、辣椒及火麻、八角、龙骨茶等经济作物。

五是加强市场监管力度，减少和杜绝假冒伪劣种子、化肥、农药流入灾区，危害灾区群众。这一工作任务很重，有些地方已经发现了假冒伪劣产品，引起了各级政府和相关部门的极大重视。

截至2010年4月28日，河池市累计投入春耕生产资金约2.2亿元，其中中央和自治区财政拨款137万元，市、县级财政拨款1506.40万元，农民自筹20219.37万元。已组织农民抢墒播种农作物322.10万亩，完成种植计划的90.07%。其中：春玉米播种128.64万亩，完成计划任务95.29%；早稻插秧39.64万亩，完成计划任务70.66%。累计抗旱浇灌农作物面积128.9985万亩。

### （三）问题和思考

在河池市各族广大干部群众的共同努力和社会各界的支持帮助下，抗旱救灾工作取得了阶段性的胜利，也积累了防旱治旱工作的经验。特别是在制定抗旱设施建设中长期规划方面，取得了重大进展。截至2010年6月初，河池市水利部门已顺利完成严重缺水地区应急供水方案和现有水源应急工程一揽子投资项目（其中人饮工程项目计划投资达2.7亿元）的编制，此外还有一些规划编制工作在进行中。这些规划将对河池市今后的防旱治旱工作产生积极影响。

根据河池市抗旱救灾工作总结，当前存在的困难和问题主要反映在几个方面：

一是稳定粮食生产压力大。由于旱灾持续时间长，对农业生产特别是2010年的春耕生产影响严重，粮食作物产量歉收已成定局。因播种季节推迟，病虫害有暴发之势，需要加强对农药、化肥、种子等农资市场的监管和规范。此外，农民的科技培训工作也需加强。上述这些都是当前十分紧迫的工作。

二是群众生产自救能力有限。由于这次旱灾持续时间长，点多、面广，群众受灾相当严重，加上河池市多为大石山区，农业生产底子薄，社会各界援助能力有限，群众开展灾后生产自救能力差，确保农业经济持续增长、群众取得实惠的任务相当艰巨，也使得缺粮和贫困人口增多，救助贫困群众压力加大。

三是水利基础设施建设任务艰巨。全市大部分蓄水、引水工程均建于20世纪50~70年代，老化及损坏严重，灌区配套工程极为简陋，绝大部分没有发挥有效灌溉面积的效益，遇到持续干旱天气，农田无法确保灌溉，人畜饮水发生困难。因此，加强水利设施建设刻不容缓。

四是基础设施建设滞后，特别是村屯道路建设存在较大困难，主要是乡村道路质量极低，有相当一部分自然屯还没有通路。

五是应急管理体系建设有待完善。应急管理机构、应急物资及设备、预测预报预警和信息系统等，都存在较多问题。如抗旱设备器材和人员严重不足，导致救灾效果不明显。特别是村一级的应急能力差，没有水电泵等设备，运水车少，人力缺乏，年轻人多外出打工，家户各自为政，居住分散，自救能力很弱。又如应急物资储备短缺。巴马县粮食局只有县城的储备库在正常运转，各乡镇的储备库因无人管理受到损坏，无法储备粮食应急。

六是干部职工工作强度过大。从2010年春节开始，河池市各级党委、政府及相关部门工作人员就没有休息日，连续作战，一些人员因此病倒。河池市民政局的一位司机连续十多天疲劳工作而成为植物人，凤山县水利局长也病逝于工作岗位。

七是生态环境保护和水土保持工作任重道远。保护生态环境是抵御自然灾害的良方。在这次抗旱救灾中发现，凡是森林覆盖率高的地方，水资源保护就好，能找到水源的可能性就大得多，抵御干旱的能力就要强得多。如环江县东兴镇近20年来在保护水源林和生态林方面做了许多积极的工作，使当地生态环境大为改善，在此次旱灾中受到的影响也比较小。因此，做好生态环境保护工作的意义不言而喻，其艰巨性和复杂性也显而易见。

我们认为，针对河池市抗旱救灾工作面临的困难和问题，可以采取如下一些措施和对策，以提高当地防旱治旱的能力和水平。

首先是强化工程性措施。农村人饮工程是防旱治旱的重要设施，在这次特大旱灾中，农村人饮工程特别是大型集中供水工程对缓解旱情起到举足轻重的作用。如果没有这些人饮工程，河池市需要送水的人数将大大增加。因此，加大农村人饮工程建设力度和进度，是提高当地防旱治旱能力的重要举措。2010年3月开始的大石山区人畜饮水工程建设大会战，其目标就是从根本上解决当地群众饮水困难的问题。此外，加强农田水利建设，包括对病险水库等水利设施进行除险加固，对老化、受损水利设施进行维修和改造等。这些既是提高农业灌溉效益的有效途径，也是防止水旱灾害的根本措施。更为重要的是，要根据当地旱涝灾害多发的实际情况，制定一个综合全面的抗旱与防洪相结合的水利设施建设中长期规划，形成包括塘库、水柜、蓄水池、机井、塘坝等中、小型水利工程互相搭配、布局合理的供水网络，彻底改变河池市连年遭受旱涝灾害袭击的状况。

其次是抓好非工程性措施。一是加强应急管理体系的建设，特别是在预测预报预警、应急物资储备、抗灾减灾技术等方面，都是民族贫困地区的弱项，应当给予大力的帮助和扶持。二是重视生态环境保护和建设，继续实行退耕还林工程，完善对水源林和生态林的补贴政策，严格对矿山及其他工业开发的管理。三是加大对民族贫困地区的财政资金扶持，特别是在基础设施建设及大型农田水利建设方面给予特别的扶持。四是推广农业新技术和新设备，对农村产业结构和种植结构进行调整。五是建立和完善农民用水者协会和其他合作组织。我们在调查中了解到，河池市的许多乡村都建立了农民用水者协会，制定了相关的章程和条例，这对提高节水用水管水效益起到了积极作用。环江毛南族自治县东兴镇为才村的农业灌溉用水者协会是一个例子，该协会于 2007 年 1 月正式成立，现在有 100 多名会员，协会设有理事会和监事会并订立了章程，理事会成员包括会长、副会长、秘书长、副秘书长、会计和出纳，负责协会的各项工作。协会成员缴纳一定的费用，共同承担水利工程的建设、维修、管理和使用。据反映，农民很欢迎这样的协会，参加协会工作的积极性较高。六是大力培养和提高社会抗灾减灾意识，这方面的工作在我国严重缺失，有待改进和加强。

总之，针对此次西南大旱暴露出来的诸多问题，需要加强重视，从各个方面下大力气进行解决，才能全面提高当地防旱治旱、应对灾情危机的综合能力和水平。

## 三　大石山区人畜饮水工程建设大会战

2010 年 3 月，在抗灾救灾工作进入最为紧要的关头，广西壮族自治区党委和政府在中共中央和国务院的领导与支持下，作出了一个重要的决定，决心集中人力、物力、财力，在全区 30 个大石山区县组织开展人畜饮水工程建设大会战。[①]

在此次特大旱灾中，大石山区既是受灾最为严重的地区，也是抗灾任务最为艰巨的地区。由于自然条件和历史的因素，长期以来生活在大石山区的广大各族群众，一直面临着交通、水利、电力以及教育、卫生等方面的困难和问题，这些困难和问题成为制约当地经济社会发展的重要因素和瓶颈。自实行“八七扶贫攻坚计划”以来，广西加强了民族贫困地区的道路交通和水利设施建设，取得了显著的成效。特别是革命老区东巴凤三县通过实施“东巴凤大会战”，投入了大量的人力、物力和财力，大石山区基础设施和人民群众生产生活条件得到明显改善。西南大旱之前河池市现有的20多万座（处）人畜饮水工程和地头水柜集雨灌溉工程，绝大部分是1997年和1998年开展水利建设大会战时修建的。但是，仍然有一部分家庭因为各种原因没有修建家庭水柜；一些以往修建的水柜，或是因为质量或维护等问题无法蓄水而废弃，或是因为分布、选点不合理储不到水。此次特大旱灾，凸显了大石山区基础设施建设特别是水利建设存在的问题和不足。当前，饮水已经成为大石山区群众最关心、最迫切要求解决的问题之一，生产生活用水已成为制约大石山区科学发展、和谐发展的重要因素之一。

温家宝总理于2010年春节前夕在东兰、巴马等地视察时，针对疯狂肆虐的特大旱情以及当地的自然地理条件，明确提出要采取行之有效的办法和措施，从根本上解决山区人民吃水用水困难的问题，实现“有水存得住，旱时用得上”的目标。因此，开展大石山区人畜饮水工程建设大会战，既是抗旱救灾的应急之举，也是主动应对气候变化和自然灾害的长远之策，更是进一步改善各族群众生产生活条件、推进民族地区经济社会发展的现实要求。

### （一）总体目标和任务

广西大石山区人畜饮水工程建设大会战的总体目标是：通过两年的

---

① 参见《自治区党委、自治区人民政府关于开展广西大石山区人畜饮水工程建设大会战的决定》（桂发〔2010〕11号），2010年3月。

努力，解决大石山区人畜饮水困难问题。具体而言包括几个方面的内容，一是使大石山区城乡居民饮水条件得到根本改善，全面解决因干旱需要送水群众的饮水困难问题，新解决饮水困难人口 120 万人以上；二是使大石山区灌溉和生产用水条件得到明显改善，恢复改善新增耕地有效灌溉面积 150 万亩以上；三是使大石山区水土流失现象得到有效遏制，生产生活及生态环境得到进一步改善；四是使大石山区抵御旱涝等自然灾害的能力得到大幅度提升，农业产业竞争力和群众自我发展能力明显增强。①

广西大石山区人畜饮水工程建设大会战实施范围为桂西北 6 市 30 个县（市、区），包括河池市 11 个县市区，百色市 12 个县区以及南宁市隆安、马山县，柳州市融水、融安、三江县，来宾市忻城县，崇左市天等县。大会战的主要工作内容包括：一是建设和改造家庭水柜、地头水柜。二是清淤维修工程。三是水库除险加固和新建工程。四是灌区配套、泵站改造维修和新建工程。五是加快水源工程建设。六是加强管网和集中供水工程建设。七是充分发挥水电站、水库尤其是原设计有灌溉功能的大中型水库、水电站的灌溉功能。②

根据初步调查，这次大会战将新建家庭水柜 6 万个；新建扩网工程 180 多处，建设自流引水工程 1500 多处，建设提水工程 650 多处，建设引蓄结合工程 500 多处及地头水柜。③ 大会战工程建设规划分两期完成。第一期从 2010 年 4 月开始，2010 年 12 月完成，完成投资 14.53 亿元，解决 64 万人饮水问题；第二期从 2011 年 1 月开始，2011 年 12 月完成，完成投资 9.05 亿元，解决 56 万人饮水问题。④

组织开展这次大会战，工程总投资约为 23 亿元。资金具体来源

---

① 参见《自治区党委、自治区人民政府关于开展广西大石山区人畜饮水工程建设大会战的决定》（桂发〔2010〕11 号），2010 年 3 月。

② 参见《自治区党委、自治区人民政府关于开展广西大石山区人畜饮水工程建设大会战的决定》（桂发〔2010〕11 号），2010 年 3 月。

③《广西大石山区人畜饮水工程建设大会战正式开工》，广西壮族自治区人民政府门户网站，http：www.gxzf.gov.cn，2010 年 4 月 16 日。

④《广西决定开展大石山区人畜饮水工程建设大会战》，《中国民族报》2010 年 4 月 20 日。

包括：积极争取国家各部委资金；调整自治区财政资金预算（含国家开发银行2亿元抗旱救灾专项贷款资金）；整合利用自治区发展改革、水利、扶贫、国土资源等部门资金；6市30个县（市、区）财政资金；动员部门单位挂钩帮扶和社会各界捐助资金，用好社会捐助抗旱救灾资金；发动社会和群众投工投劳等。具体筹措方案由自治区财政厅研究制定。[①]

2010年4月15日上午，广西大石山区人畜饮水工程建设大会战开工仪式在都安瑶族自治县举行，其他各县也同时举行大石山区人畜饮水工程建设大会战开工仪式，规模浩大的人畜饮水工程建设大会战在广西大石山区拉开了序幕。

河池市的11个县（市、区）均为石山地区，也是此次特大旱灾的重灾区，因此全部包括在大石山区人畜饮水工程建设大会战的实施范围之内。根据广西自治区党委、自治区政府关于开展大石山区人畜饮水工程建设大会战的决定，河池市结合实际情况，制定了《河池市大石山区人畜饮水工程建设大会战实施方案》，提出了河池市大会战总的工作目标是：经过两年左右的努力，使全市大石山区饮水条件得到重大改善，抵御旱灾的能力大幅度提升，山区群众饮水难问题基本解决，因旱送水的状况基本消除，群众生活质量明显得到提高。全市大会战项目建设的任务是：新建集中供水工程1527处，其中扩网工程22处，大井工程16口；新建家庭水柜2.7818万个，解决饮水困难57.2865万人。项目建设计划总投资约9.20亿元，其中中央补助资金约2.96亿元，地方配套约6.24亿元。项目覆盖全市11个县（市、区）118个乡（镇）667个村民委员会，项目建成后57.28万人从中受益。[②]

其中，我们调查的东兰、巴马、凤山、环江四县的项目计划如表1所示。[③]

---

① 参见《自治区党委、自治区人民政府关于开展广西大石山区人畜饮水工程建设大会战的决定》（桂发〔2010〕11号），2010年3月。

② 《河池市大石山区人畜饮水工程建设大会战实施方案》，河池市人民政府办公室，2010年6月2日提供。

③ 数据来源于：《河池市大石山区人畜饮水工程建设大会战实施方案》，河池市人民政府办公室，2010年6月2日提供。

**表1 东兰、巴马、凤山、环江四县项目计划表**

| 县名 | 项目情况 | | | 投资总额（万元） | 实施范围 | | 解决饮水困难人数（万人） |
|---|---|---|---|---|---|---|---|
| | 总数（处、个） | 其中 | | | 乡（镇）（个） | 村委会（个） | |
| | | 集中供水工程（处） | 新建家庭水柜（个） | | | | |
| 东兰 | 5570 | 228 | 5342 | 14201.18 | 10 | 73 | 6.62 |
| 巴马 | 3128 | 128 | 3000 | 7745.10 | | | 4.00 |
| 凤山 | 4004 | 95 | 3909 | 11168.10 | | | 4.27 |
| 环江 | 237 | 237 | 0 | 4598.00 | | | 4.63 |

## （二）主要措施和进展

河池市是广西大石山区人畜饮水工程建设大会战的主要战场之一，项目数量近3万处（个），点多面广，施工时间紧、任务重、要求高。按照自治区党委、自治区政府的指示，河池市党委和人民政府根据河池市的实际情况，出台了相关的措施和要求。

一是成立河池市大石山区人畜饮水工程建设大会战指挥部，指挥长由市委书记、市人大常委会主任、市长、市政协主席担任，副指挥长由市委、市人大、市政府、市政协和河池军分区有关负责人担任。领导小组下设办公室及综合组、项目协调组、资金协调组、工程技术组、宣传组和督察组。各县（市、区）及乡镇也相应成立大会战指挥部及办公室，由主要领导担任第一责任人。形成市、县（市、区）、乡分级推进、分级管理，部门协调合作的组织管理机制。

二是各级各部门均制定大会战实施方案，全面落实以县为主体的大会战工作责任制。除了个别项目以外，大会战各类项目建设任务全部落实到县，项目建设资金下达到县，项目建设责任明确到县。各县（市、区）把任务分解到乡（镇）村屯各基层单位，把责任落实到每个干部职工，实行领导分片包干、处级干部包乡（镇）、科级干部包村屯、干部职工挂点包项目的责任制。河池市大会战指挥部的主要职责是做好大会战组织协调、督促检查、工作指导和项目核查验收工作；县级大会战指挥部重点做好大会战项目具体组织实施及项目建设资金的管理使用等工作。市县各有关部门根据工作职能，发挥优势各负其责。

三是在深入调查的基础上科学编制大会战项目建设规划，尽可能做到既满足人畜饮水需求，也能解决生产用水困难；既要立足当前人畜饮水和耕地灌溉存在的突出问题，又要着眼长远，优化布局，注重各项水利设施发挥长久的整体功能，从根本上解决大石山区生产生活用水困难的问题。各市县在项目前期均抽调专业技术人员进行项目建设现场实地踏勘，根据地域特点、人口聚居、水源水质情况，进行科学规划和设计，选择适宜的水利工程建设形式，确定合理的施工方案。特别是集中供水工程的设计和施工等各项程序，要实行严格要求、分级审批和规范管理。家庭水柜项目建设容量原则上按每户 60 立方米/个建设，每个水柜建设国家补助投资标准为水柜造价的 75%，主要支付水泥、钢筋、砂石等建筑材料费，不足部分由建设农户以投工投劳或出资等方式解决。对于一些农户人口较少、劳动力缺乏及建设用地不足等客观因素，则因地制宜按照每人 15 立方米的标准联户建设。同时，广泛动员各级政府部门、各单位以及各种社会力量共同参与大会战建设，号召和鼓励集体和个人认捐“爱心水柜”。

按照自治区党委和自治区政府的总体安排，河池市大会战第一期要完成项目建设计划总投资约 4.44 亿元，其中中央补助资金约 1.24 亿元，地方配套资金约 3.21 亿元，新建集中供水工程 882 处，新建家庭水柜 10936 个，解决 278792 人饮水困难；第二期要完成项目建设总投资约 4.76 亿元，其中中央补助资金约 1.73 亿元，地方配套资金约 3.03 亿元，新建集中供水工程 645 处，新建家庭水柜 16882 个，解决 294073 人饮水困难。2010 年和 2011 年度分别下达的家庭水柜项目，要求当年 7 月底全面竣工，以确保其旱季到来之前尽快蓄水充分发挥效益。集中供水工程则分别于 2010 年年底和 2011 年年底竣工。无论是家庭水柜还是集中供水工程，都组织相应的核查和验收工作。[①]

---

① 参见《河池市大石山区人畜饮水工程建设大会战实施方案》，河池市人民政府办公室，2010 年 6 月 2 日提供。

自河池市大石山区人畜饮水工程启动以来，全市 11 个县（市、区）结合当地实际，集中人力、物力、财力，采取有力措施全力推进人畜饮水工程建设。东兰县狠抓人饮工程大会战党风廉政建设，实施党风廉政建设的“八个一”活动：建立一套比较完善的大石山区人畜饮水工程建设大会战的规章制度（包括资金和物资管理办法、质量管理、安全生产管理、督察办法、廉政规定等内容）、签订一份大会战项目廉政协议书、发放一张大会战项目群众明白卡、开展“一周一督察”活动、制作一个公开栏、认捐一个“爱心水柜”、安装一部举报电话、设置一个举报箱。“八个一”活动的开展，为确保项目建成优质工程、安全工程、阳光工程、廉政工程织起了一道“互廉网”。巴马县确定 2010 年大石山区人畜饮水工程建设大会战建设项目为 177 个，其中集中供水工程 81 处、家庭水柜 96 处共 1264 个，总容量为 82280 立方米，涉及 8 个乡镇 52 个村 41 所学校 2 万人，项目总投资 3464.58 万元。截至 2010 年 5 月 28 日，这些项目已经全部动工，其中已建成集中供水工程 5 处、水柜 59 个，完成投资 600 万元。① 在大会战中，乡村干部及人大代表积极发挥表率带头作用，有效地推进了工程建设进度。该县东山乡弄谟村属典型大石山区，水柜都是建在石头上面，对没有爆破经验和打钻机械的群众来说要完成全村 46 个水柜建设任务相当困难。该村村委会主任蒙海康和村党支书蒙靖元组织本村懂技术的人员组建了 3 个专业施工队，每个专业施工队有 5～7 人，帮助群众爆破清基，挖砂砌石，解决了群众修建水柜难题，加快了工程进度。凤山县 2010 年要投资 4880.82 万元，新建堤、引水工程 51 处，兴建家庭水柜 1809 个总容量 12.474 万立方米，拟解决农村饮水困难人口 2.27 万人。截至 2010 年 5 月 27 日，上述项目已经全部动工，其中家庭水柜建设竣工 100 个，占年内总任务的 5.52%。② 截至 2010 年 6 月 28 日，河池全市已动工家庭水柜 12539 座（占计划的

---

① 自治县实施大石山区人畜饮水工程建设大会战指挥部：《巴马瑶族自治县开展大石山区人畜饮水工程建设大会战工作情况汇报》，2010 年 5 月 29 日。

② 中共凤山县委员会、凤山县人民政府：《凤山县大石山区人畜饮水工程建设大会战建设情况汇报》，2010 年 5 月 28 日。

99.9%)、集中供水 974 处，已竣工家庭水柜 5754 座，完成投资 22809 万元，占第一期总投资的 51.35%。[①]

## （三）困难和问题

从大石山区人畜饮水工程建设的情况来看，无论是资金还是人力、物力的投入，如果按照人均来分配，其数量不能说是少数。由于地形地貌条件，这些地方常常是有雨则涝，无雨则旱，建设饮水管道不合算，因为在多数情况下，即便修了管道也利用不上。如果采取其他的办法，例如移民，在目前来说存在较大的难度，特别是移民点的土地安置很难解决。就移民是否就是唯一或最好的解决办法，是否真正有利于生态保护和文化传承，存在着较多的质疑或不同的意见。因此，广西开展大石山区人畜饮水工程建设大会战，是根据大石山区的自然地理条件和经济发展状况而采取的变大旱为大治的工程性抗灾救灾措施的典型举措，也是目前情况下操作容易、见效迅速的措施。特别是家庭水柜，在 6 月底雨季来临之时绝大部分已经完工，可以及时储存雨水，发挥作用。

实际上，大石山区一直在用水柜，水柜可以说是民间智慧的结晶，老百姓对使用水柜很熟悉，也能接受。如巴马县东山乡卡桥村的布努瑶山寨巴根屯每年都会发生旱灾，村民以自然形成的水坑为水源地储水，全村共有 5 个天然大水坑，可蓄水 300～800 立方米，供全村人使用。为了改善储水条件，近年县发改委、水利、扶贫等单位出资对这些水坑进行了改造。[②] 因此，由于有了群众基础，河池市的大石山区人畜饮水工程建设大会战动员起来相当顺利。

但是，由于诸多因素的影响和一些条件的限制，河池市大石山区人畜饮水工程建设大会战面临着不少的困难和问题，主要反映在以下几个方面：

（1）大会战的目标和任务包括几大方面的内容，但是限于资金和时间的要求，目前河池市主要还是着重解决人畜饮水问题，也就是集中饮水工

---

① 罗昌亮：《河池人饮工程大会战快马加鞭》，《河池日报》2010 年 7 月 2 日。

② 实地访谈材料，2010 年 5 月 29 日。

程和家庭水柜的修建，其中又以家庭水柜为重点，而大会战所提出的改善灌溉和生产用水条件以及其他基础设施建设等，目前仍无法顾及。特别是在大石山区，乡村道路交通和水利设施建设非常滞后，不仅影响群众的生产生活及经济社会的发展，也成为抗灾救灾和危机应对的一大障碍。从我们对2008年雨雪冰冻灾害和此次旱灾的调查来看，都说明了这一点。2010年5月3日，我们在凤山县袍里乡央峒村考察屯级公路，公路一侧为山壁，一侧为沟壑，由于一块落石挡住了去路，致使我们的轿车右后胎悬空前进，差点酿成事故。可以想见在突发事故和灾害发生时，当地的交通状况会给危机处理和抗灾救灾工作造成相当严重的阻碍。

（2）大会战项目建设计划总投资约9.2亿元，其中中央补助资金占总投资的31%，地方配套占总投资的69%。但是，上级投资存在两个问题。一是中央补助资金虽然已经确定，但是所占总投资比例过小；二是自治区配套资金额度还没有确定，如果所占总投资比例不高，对于大会战的顺利实施会造成很大的影响。因为河池市财政困难，难于进行配套，河池市各县多为国家级和自治区级贫困县，自行解决存在很大的困难。资金是项目建设完成的重要保证，上级应尽快把中央补助资金拨付到位并尽快明确和下拨区级配套资金；自治区党委和政府应充分考虑贫困民族地区的实际情况，提高区级配套资金额度，减轻民族贫困市县的地方配套资金，以确保大石山区人畜饮水工程建设大会战任务顺利完成。关于少数民族贫困地区的资金扶持政策，我们在后面还会有较为详细的讨论。

（3）由于河池市大石山区人畜饮水工程建设大会战项目数量多，建设地点分散，工作量大，而技术人员数量不足，由此造成了技术支持和质量监管的力度不够等问题，因而难免出现部分建设项目质量未能达标的现象。例如，工程标准要求家庭水柜建设包括沉沙池等配套设施，但是由于自然条件、资金、材料及技术等因素的影响，我们看到许多家庭在建造水柜时并未配套建设沉沙池。

（4）在大规模开展农村饮水工程建设中，饮水安全特别是水质达标问题还没有引起足够的重视。饮水安全包括饮水水质、水量、用水方便程度和水源保证率四项指标，其中水质不达标在河池市是一个主要问题。例如截至2009年年底，环江县农村尚有16.23万人饮水不安全，其中水质不达标的有0.15万人，均为“污染水等其他水质问题”。但是截至2010年6月初，在河池市开展的大石山区人畜饮水工程建设大会战中，这个问题还没有提上解决的议事日程，没有对水质达标进行要求和规划。解决农村饮用水安全问题，关系到社会的安定团结，关系到人民群众的身体健康，关系到人民群众的生活提高，关系到生态环境的改善，其社会效益是十分明显的，因此应当引起足够的重视。

## 四　水土保持及生态建设

### （一）生态环境状况及水土流失成因

近年来频发的自然灾害，特别是2010年发生的特大水旱灾害，暴露出我国生态环境日趋恶化的严酷现实，与之相关的喀斯特地区的水土流失问题也引起社会各界的广泛关注。这次调查的广西河池市即属于典型的喀斯特地形地貌，具体而言，该地区可划分为两种基本类型：大石山区和土山区。大石山区以东兰、巴马、凤山（即东巴凤）三县为例，土地贫瘠，缺少水源，旱涝灾害多发，被称为“三天无水地冒烟，一场大雨水无边”。由于大石山区岩石裸露，岩洞洞穴纵横交错，地表水系少，地下水埋藏深，属于严重的干旱石山地区。据不完全统计，东巴凤三县石山面积占耕地面积的58%以上，且零星分布在山弄洼地、谷地，土壤覆盖层薄，保水性差，水土流失严重，生态环境恶化，并形成恶性循环。土山区则以环江毛南族自治县为例，县境内自然分布的土壤有红壤、黄红壤、黄壤、棕色石灰土、黑色石灰土五个土壤亚类。成土母岩以砂页岩、石灰岩为主，砂岩、页岩次之，黄壤分布在海拔800米以上的中低山地；黄红壤分布在海拔500~800米低山丘陵和高丘陵区，红壤分布在海拔500米以下的丘陵台地或低山中下部，棕色石灰土主要分布在石灰岩地区，有机质含量较高，微酸性，土层深厚，自然肥力强，黑色石灰土微酸性，土层较薄，有机质含量较高。但最近几年来，由于土山区水土流失严重，不少地区石漠化不断加剧，个别地区甚至爆发泥石流、滑坡等地质灾害，生态环境面临严峻挑战。

总体而言，河池市的水土流失情况具有以下几个明显特点：一是水土流失面积逐年扩大，分布范围越来越广；二是局部流失的强度大；三是流失成因复杂；四是区域差异明显。究其原因，主要涉及以下几个方面：

第一，自然因素的影响。河池市地处低纬度，属于亚热带季风气候区，高温多雨。且春季易发春旱，春末入夏时节又会出现冰雹、大风、暴雨洪涝、雷暴等天气；到了盛夏，则出现持续的高温干旱天气。该地区又属典型的裸露岩溶山区地貌，地形多样，山岭绵亘，岩溶广布，地质构造复杂，岩土结构完整性及稳定性差，易产生滑坡、泥石流、危岩崩塌、岩溶地面塌陷等地质灾害，而丰富的降雨量使各种地质体的稳定性变差，更容易引发地质灾害，使地质灾害点多面广，发生频率高。而境内还存在有五条大断裂带，地震活动也相当活跃。这些特殊的地理环境和气候特征，决定了该地区是个旱涝、水土流失、泥石流等地质灾害频繁发生的地区。

第二，森林植被遭到严重破坏。众所周知，森林不仅能为人类提供所需的木材，还具有重要的生态功能，即保持生物多样化、涵养水源、防止泥沙侵蚀等方面的功能。伟大的革命先行者孙中山在近百年前就注意到了生态环境破坏与灾害关系，他说："近来的水灾为什么是一年多过一年呢？古时候的水灾为什么很少呢？这个原因，就是由于古代有很多森林，现在人民采伐之后，又不行补种，所以森林便很少。许多山岭都是童山，一遇了大雨，山上没有森林来吸水和阻止雨水，山上的水，便马上流到河里去，河水便马上泛涨起来，即成水灾。"① 因此孙中山特别指出："防止水灾与旱灾的根本方法，都是要造森林，要造全国大规模的森林。"②

20 世纪 50 年代以来，和全国其他地区一样，河池市的森林不断遭到过度砍伐，天然林面积急剧减少，导致水土保护次能力的下降。加上人口数量扩张，人地矛盾突出，毁林开荒现象十分突出，造成了严重的水土流

① 《孙中山全集》第 9 卷，中华书局，1986，第 407 页。
② 《孙中山全集》第 9 卷，中华书局，1986，第 408 页。

失状况。特别是生态环境脆弱的大石山区，由于土瘠地薄，加之缺少有效的水利设施，大部分耕地只能种植单一的作物——玉米，亩产不足200斤，群众长期处于贫困的状态。由于粮食产量低，人口不断增长，只能想办法扩大种植面积，致使植被遭受破坏，水土流失严重，生态环境恶化，并形成恶性循环。据《凤山县志》记载，该县在20世纪50年代前，由于人口稀少，每平方千米只有46人左右，森林覆盖率达38%，故水土流失现象并不严重。60年代以后，人多地少的矛盾日益突出，农民不断上山开荒种粮，尤其是在1958年的“大办钢铁”和“文化大革命”期间的林粮大会战，使不少原始森林被砍光。至80年代，全县森林覆盖率下降到15%，水土流失由新中国成立初期的3.18万亩增加到15.24万亩，水土流失年侵蚀模数由每平方千米138吨增加到765吨。水库库区受到不同程度的淤积，因淤泥积累，河床普遍增高，一遇暴雨，洪水泛滥，进而又加剧对地表土层的冲刷。一些地下河因受水土流失淤积堵塞，汛期泄洪能力降低，涝灾风险进一步加大，从而形成恶性循环。[①] 东兰县在20世纪50年代后，县内多次出现滥伐森林现象。60年代初大办粮食，毁林开荒，有的水源林也被砍光，造成下游水田变旱地，冬季人畜饮水也发生困难。“文化大革命”期间，号召农业学大寨，上山毁林造田造地，30%的自然林遭到破坏。1980年开始落实生产责任制，造成大量哄抢和盗伐林木现象，又造成20%的自然林受损。直到1984年9月《森林法》颁布，毁林现象虽然得到一定遏制，但由于长期以来的乱砍滥伐，造成水土流失，河流干涸，自然灾害频繁，甚至导致人畜饮水严重困难。[②] 巴马县被誉为长寿之乡，20世纪50年代以前，农村各地群众均有在村前村后河溪两侧等进行小规模封山育林的习惯，除了日常修枝外还在显眼地方扎草把挂在树干上作为封山育林标志，众人也自觉遵守，互相维护，也有的在庙堂四周由众人成片育林死封，有的保留村头、村尾等处的古树、大树。封育区禁止砍柴、放牧、割草。“文化大革命”期间，管护不力，只划封山区，没有做到禁

---

① 凤山县志编纂委员会编《凤山县志》，广西人民出版社，2008，第186～187页。

② 东兰县志编纂委员会编《东兰县志》，广西人民出版社，1994，第306页。

山，群众到封山育林区乱砍滥伐，上山打柴、放牧、放火烧山、毁林开荒等时有发生，造成大面积水土流失。[①] 可见，毁林开荒、植被覆盖率下降，是造成水土流失的根本原因，而水土流失又进一步加剧植被的破坏程度，可谓恶性循环。相对而言，环江毛南族自治县坡耕地所占的比重较大，水土流失极易形成滑坡、泥石流等山地灾害。此外，最近几年，受越来越多的修路、建房、采石、矿山开采等活动的影响，水土流失、泥石流等灾害也呈现出一种点多面广、发生频率高的特点。

第三，林种结构的单一造成森林涵养水源功能的下降。通常在亚热带季风气候区，高温多雨，植物生长快速，即便在典型的喀斯特地区，只要坡面上的土被和植被不被破坏，地表就能保住一部分水分，生态环境就不会恶化。然而最近几年大力推广的速丰林（速生丰产林）种植却打破了这一自然法则——大片的速丰林不仅丧失了应有的涵养水源功能，而且成为山地之殇。理论上而言，水土的保持状况取决于森林和植被的覆盖率，森林的覆盖率越高，则水土也就越不容易流失，水土保持的也就越好。但实际上，水土的保持与树种或林种结构密切相关。一般来说，原始林、天然林由于成林时间久远，根系发达，水土保持较好，即使遭受暴雨袭击，虽会形成径流，也不容易发生滑坡、泥石流等灾害。而人工林特别是速丰林，由于林种结构过于单一，林下缺少灌木或草本植被覆盖，土壤表面裸露程度高，一旦遇上暴雨，常常会发生中度甚至强度以上的水土流失，酿成洪涝灾害。这种现象，即所谓的“林下水土流失”。

导致林下水土流失的原因有多种，林种过于单一造成林下植被缺失是其中一个重要因素。最近几年，河池市以种马尾松、杉树或其他经济林木如桉树等为主。其中，马尾松会加剧土壤的酸化，导致其他植物难以存活，而桉树则由于生长快，需水量大，容易造成地表干旱，并影响其他植被生长。片面强调林木的覆盖率，忽视植被的覆盖率，没有统筹考虑生态环境效益也是导致林下水土流失的一个重要因素。一些部门更愿意采用方便植树的造林

① 巴马瑶族自治县县志编纂委员会编《巴马瑶族自治县志》，广西人民出版社，2003，第377～388页。

形式，比如全垦造林，将原先的植被全部毁掉，重造一片新林，急功近利。这不仅带来造林初期的水土流失问题，而且会造成日后成熟林的林下水土流失问题。再一个原因就是过度追求造林的经济效益，造成林果业的无序开发。特别是近年来经济林发展很快，有些庄园大户只顾树上、不顾树下，在进行经济林抚育时，把林下的灌草与枯枝落叶统统清除干净，破坏了原生植被。同时，因锄草、翻耕和大量使用除草剂，使得经济林木下水土流失问题更加突出。此外还有一个重要因素，即个别地区的部分水源林被改种速丰林或经济林，从而改变甚至破坏了原有的土壤结构和植被特性，造成水土流失。

> **［访谈1］** 林种改变肯定会影响气候，破坏生物的多样化，导致林地涵养水源的功能下降。因为油茶、八角等林地需要除草、施肥等日常护理，从而遏制了其他林木的生长，如可以保持水土的野生芭蕉等阔叶林。林种过于单一，对野生动植物资源也是一种损害。水土保持最好的办法还是种植、保护生态林。
>
> 现在准备启动盘阳河流域水源林保护工程，同时希望把水源林列入生态保护工程，林业、水利等各相关职能部门应协调统一规划，统筹解决，因为在生态保护方面，涉及部门较多，利益复杂。另外就是政府与村屯利益的协调也是一个大问题，政府管不了村屯，村屯又承包到了户，涉及土地、林权等国家、集体与家庭之间的利益关系。希望今后能扩大水源林的保护范围，加强保护力度，提高生态补偿标准。（日期：2010年5月31日；地点：凤山县林业局）
>
> **［访谈2］** 为什么人畜饮水工程反反复复搞不见成效？水源地的水源林得不到有效保护。山地林权改革，林地都承包到户了，包括水源林。水源林被包产到户后，群众为了自身利益，在水源地种植经济林、速丰林，从而破坏了水源林，影响了水土保持。
>
> 经济林木有八角、油茶，以及桉树等速丰林。当地有5个国有林场，其中也有破坏生态林而改种杉树、桉树等速丰林的现象。水源林主要是分布在土山区，大石山区则是生态林。最近几年降雨量在减少，由年1500毫米降至1300毫米，这与林种单一有一定的关

系。所以旱灾成因有两大因素：一是工程性缺水，二是林种单一。

目前全县有经济林 8200 公顷，种植杉树、八角、油茶等，当然油茶和八角一般认为是经济生态兼用林。有林地 139187 公顷。（日期：2010 年 5 月 31 日。地点：凤山县水利局）

**［访谈 3］** 这几年我们这里自然灾害多一点，原来没有什么大的灾害。如最近 5 年发生过的较大灾害有洪水、干旱和冰冻灾害。地质灾害主要是滑坡，主要集中在公路沿线。不过干旱影响不算很大，当地山泉比较多，可以满足生活用水。山区水源林保护得好，且面积大，所以蓄水能力强，那里的村寨饮用的水质甚至比镇里河两岸的还要好。水源林之所以保护得好，既受益于林业政策，也与民间传统有关。当地政府管理很严，不怎么开放林木市场，但在这里可以有计划地砍伐，所以老百姓的造林积极性高，只要有荒坡就全种上了树，人工林也可以蓄水。水源林的补贴标准是 5 元一亩，公益生态林是 4.5 元一亩。原始林是不允许砍伐破坏的。当地于 1981 年实行承包责任制，林地也分配到户，不过生态林规划到了集体用地，由村民小组管理，所以农户无权砍伐。当时村民也要求不分水源林，一是分配水源林有难度，二是为了保护水源地。（日期：2010 年 6 月 3 日。地点：环江县东兴镇政府）

## （二）水土流失的治理模式及步骤

近年来，针对生态环境恶化及水土流失严重的状况，河池市不断采取措施进行治理。从表 2 可以看出当地水土流失治理的情况。

**表 2 河池市水土流失治理情况**

单位：千公顷

| 全市水土流失面积 | 全市治理面积 | 其中 | | | | | | 小流域治理面积 |
|---|---|---|---|---|---|---|---|---|
| | | 水平梯田 | 沟坝地 | 水土保持 | 种草 | 其他 | 坡改地 | |
| 720.14 | 198.21 | 24.89 | 1.93 | 145.56 | 1.5 | 23.69 | 0.64 | 34.87 |

从表中数据来看，河池市水土流失治理面积仅占全市水土流失面积的27.52%。因此，加强生态建设、进一步治理水土流失的任务仍然十分艰巨。由于植被破坏、森林覆盖率下降以及林种结构单一是导致水土流失的主要因素，为此，重视植被保护，提高森林覆盖率，合理调整林种结构，加强综合治理，就成为遏制水土流失的关键举措。具体而言，应进一步做好以下几个方面的工作：

（1）退耕还林与封山育林并举，还林与还草并重，加大封禁保护力度，充分发挥林区生态的自然修复功能。据了解，2004年，河池市先后组织实施了珠江防护林工程、封山育林工程、石漠化治理工程、退耕还林工程、生态效益补助工程、速丰林工程等国家或自治区林业重点生态项目。其中，珠江流域防护体系工程完成人工造林30.2万亩，封山育林工程使200万亩绿色植被逐渐恢复，石漠化治理工程达8.1万亩；退耕还林工程145.4万亩，其中退耕地65.4万亩，荒山荒地造林80万亩；生态效益补助工程296万亩。通过系列工程项目的实施，全市林种结构调整取得了显著的成效，板栗、八角、油茶、油桐等原有基地得到不断巩固和加强。2004年年底，全市板栗面积已达50.84万亩，八角面积达36.16万亩，油茶面积达78万亩，油桐面积达75万亩，核桃面积5.22万亩。目前全市有林面积已达1526.4万亩，存活立木蓄积量2629万立方米，全市森林覆盖率达52.9%；全市已建立短轮伐期工业原料（速丰桉、西南桦）基地近40万亩，竹子基地30万亩，核桃基地5万亩，山葡萄基地1万亩，喜树基地4万亩，使河池逐步发展成为全国商品材林业基地和名优经济果木林基地。这些退耕还林后续产业基地的建立和发展，对于发挥全市特色生物资源优势和振兴河池经济，具有重要的现实意义和长远的发展战略意义。[①] 其中凤山县2002年被自治区列为“退耕还林建设县”和“生态环境公益补助试点县”，东兰县2001年被列为全国退耕还林试点县。巴马、环江两县也均加大了退耕还林还草、造林、封山育林的工作力度和进

① 陈报勋主编《会战东巴凤——广西河池市东巴凤三县基础设施建设大会战纪实》，广西人民出版社，2005，第141页。

度，并采取必要措施努力杜绝边退边垦荒、林粮间种的现象发生，应该说取得了显著效果。

虽然多年来通过实施退耕地还林工程等项目，河池市在水土流失治理方面取得了一定的成效，然而大石山区石漠化的状况还没有得到彻底遏制。如巴马县2002～2009年共实施退耕还林计划任务22.9万亩（其中退耕还林10万亩、荒山荒地造林9.9万亩，封山育林3万亩），增强了当地的水土保持、水源涵养能力，减轻了水土流失和土地石漠化，改善了生态环境，对提高项目区人民群众生存环境质量起到了一定的作用。但是目前全县还有3万亩左右的石山退耕地尚未能实施退耕还林，对全县的生态环境保护和水土流失治理造成了影响。

退耕还林工程实施以来，对农户的直补政策深得人心，粮食和生活费补助已成为退耕农户收入的重要组成部分，退耕农户生活得到改善。但是，由于解决退耕农户长远生计问题的长效机制尚未建立，随着退耕还林政策补助陆续到期，部分退耕农户生计将出现困难，影响了退耕还林成果的巩固。同时，由于诸多原因有些退耕还林造林地块林木保存率（成活率）不高，有些地块造林质量较差，达不到国家验收标准，对退耕还林工程的生态功能发挥和群众的收入造成了一定的影响。因此，在今后的工作中，应当制定相关政策措施，巩固退耕还林的成果。如环江毛南族自治县利用国家巩固退耕还林成果专项资金，制定了《2009年巩固退耕还林成果基本口粮田建设和后续产业发展实施方案》，以巩固退耕还林成果、解决退耕农户生活困难和长远生计问题。

（2）加大林种结构的调整力度。虽然最近几年河池市逐步加大了退耕还林、造林、封山育林等工作的力度，并对林种结构进行了一定调整。但从生态效益以及水土保持的客观需要而言，仍有必要加大调整的力度和速度。以森林覆盖率达59.7%的环江县为例，该县从2002年起，利用世界银行贷款项目、退耕还林工程、珠防林工程等项目和工程建设，大力发展速生丰产林产业，形成了桂西北最大的速生丰产林基地，到2007年底，全县速生丰产林面积已经达到30.3万亩，其中速生桉面积28.8万亩。与此同时，2002年以来，全县共计实施退耕还林工程

28.5 万亩，其中退耕造林 5.5 万亩、荒山配套造林 23 万亩。而在退耕造林中，生态林有 4.7 万亩、经济林 7932.68 亩。由此而言，59.1 万亩林木中，速丰林占有 30.3 万亩，速丰林中的桉树面积竟多达 28.8 万亩，生态林则只有 4.7 万亩，不到全部林木面积的 13%。因此，在退耕还林的同时，合理调整林种结构，选定适生本土树种（如既是经济林，又是绿化林和生态林的八角树可以作为退耕还林、造林的主要树种等），适当扩大生态林、水源林的种植面积，降低或控制速生林，特别是影响其他植物生长的桉树林的比例，有效遏制水土流失，特别是林下水土流失。

（3）加快调整大农业产业结构，因地制宜，宜林则林，宜经则经，宜果则果，特别是望天田要坚决退耕还林、还茶、还经、还草，或者改种耐旱作物，减少高水耗农作物的种植面积。水源条件不好的田坂，要减少双季稻和单晚稻的种植面积，早、晚稻面积要合理搭配，错开用水高峰，解决用水矛盾，提高抗旱和防旱能力。同时应重视发挥草被或植被在坡地水土保持中的作用，坚决杜绝陡坡开荒垦田，严格限制坡耕地的种植范围，合理开发利用草山草坡资源。例如环江毛南族自治县近年来加大农业产业结构调整，相当一部分宜林地、望天田实施退耕还林，双季稻的种植面积逐年减少，降低了需水量，提高了中晚稻的用水灌溉保证率。但是在水源条件不足的地方，仍有不少高磅田和张天田种水稻，早稻播种面积少，中晚稻播种面积多，导致此次大旱时需水相对集中，发生用水供给矛盾，加剧了旱情的发展，损失加重。

（4）加强林业管理，避免皆伐，提倡间伐，杜绝全垦造林。皆伐是指在大面积范围内把所有树木全部砍光伐净。因此伐完后的山坡表土就会直接裸露，极易被地表径流冲刷带走，造成水土流失，也是山洪泥石流爆发的直接原因之一。间伐是分片砍伐或只砍伐成熟林木，留下中幼年树木。这样既能保持水土，又能让树木生长迅速。全垦造林则是首先将山坡上所有的植物全部砍光或烧光，桂北称之为“炼山”，然后再种树。这种方法被林业部门认为是一种速生的造林方法，但由于坡面原有植被遭到完全破坏，因此在树苗长大之前，坡面表土一时失去植被保护，遇雨即被径流冲刷，造成水土流失，甚至诱发山洪和泥石流。[①] 调查中，当地个别国有林场狼藉遍地的“皆伐”现场，说明这种落后的砍伐方式已经到了必须改变的时候了。

总之，加强生态建设，搞好水土保持，是防旱治旱的根本措施之一。良好的植被不仅可以涵养水源，减少水土流失量，还可以减少河道、水库塘坝的淤积，提高防御水旱灾害的能力。因此，生态环境保护和水土流失治理工作应当坚持常抓不懈，进一步加大投入力度。

## 五　民族贫困地区的财政资金扶持政策

### （一）民族贫困地区的财政困难状况

改革开放30年来，特别是西部大开发10年来，我国经济社会发展取得了很大的进步。但是，由于自然、历史、社会等诸多方面的因素，总的来看，少数民族地区经济基础仍然十分薄弱，社会事业发展缓慢，群众生活质量较低，农村人口贫困状况严重。全国592个国家扶贫开发工作重点县（旗、市），大部分属于少数民族聚居的西部地区。这些地区由于经济总量小、财政收入少，地方财力以中央财政补助为主，地方财政表现为“吃饭型”财政，财政困难的状况依然没有得到根本的改变。虽然近几年中央财政对民族地区的转移支付逐年增加，但由于受既定财力分配格局的限制，中央财政的横向平衡能力还不能满足民族地区发展的需要。

以河池市为例，全市11个县市区中有8个属于国家重点扶持的贫困县，1个是自治区重点扶持的贫困县，财政自给能力非常低。即使与同为西部集中连片贫困地区的西藏林芝地区相比，2008年在完成国民生产总值和财政收入方面也有很大差距，具体见表3。[②]

---

① 曾令锋：《广西洪涝灾害及减灾对策》，地质出版社，2000，第35页。

② 数据分别由河池市人民政府办公室和林芝地区财政局提供。

**表 3　河池市与林芝地区的生产总值及财政收入等方面的比较**

| 地　市 | 总人口（万人） | 地市生产总值(亿元) | 人均生产总值(元) | 地市财政收入(亿元) | 人均财政收入(元) | 农(牧)民人均纯收入(元) |
|---|---|---|---|---|---|---|
| 广西河池市 | 404.57 | 367.31 | 9079 | 40.23 | 994.40 | 2944 |
| 西藏林芝地区 | 16.68 | 38.99 | 23375 | 2.40 | 1438.84 | 4095 |

凤山县是河池市下辖的一个国家贫困县，2009 年全县实现生产总值 12.25 亿元，财政收入只有 7500 万元，农民人均纯收入仅为 2586 元。按 2009 年国家对贫困人口新的界定标准测算，全县尚有贫困人口 8 万人，贫困面高达 42.6%。目前全县仍有 3.88 万人饮水困难，有 57 个行政村通车困难，有 406 个 15 户以上居民的自然屯未通公路，未通路的这些自然村（屯）占全县自然村（屯）总数的 52.45%。[①] 这种贫困状况在河池市及其他民族贫困地区并非少见。

## （二）民族贫困地区抗灾救灾工作的困境

一般而言，一个国家或地区经济社会发展状况与其抵御灾害的能力建设有着密切的关系。中国少数民族地区大多属于自然灾害频发的地区，例如 2008 年以来发生的雨雪冰冻灾害、汶川地震、西南大旱、玉树地震、南方洪涝灾害等，少数民族聚居的地区都受到了严重的影响。然而由于财政困难，中国少数民族地区抵御自然灾害的能力较低，每年因灾造成的损失非常严重，由此增加了财政负担。据不完全统计，2007～2009 年河池市因灾直接经济损失高达 37.8682 亿元。2009 年 8 月开始的特大旱灾发生后，广西各级政府先后启动了重大气象灾害应急预案，全力投入抗旱救灾工作。截至 2010 年 4 月底，广西河池地区直接投入抗旱人数达到 209.17 万人次，累计投入抗旱资金 2106.41 万元，投入抗旱泵站 856 处、机动抗旱设备 8.66 万台（套）、机动运水车辆 10.53 万辆（次）；设置临时供水点 1062 个；临时解决饮水困难人口 74.93 万人、大牲畜 42.27 万

---

① 中共凤山县委员会、凤山县人民政府：《凤山县新阶段扶贫开发工作情况汇报》，2010 年 5 月 31 日。

头；累计新建人畜饮水和应急水源工程580处（含打井），铺设输水管线583千米。可以说，仅仅从这些不完全统计来看，河池市抗旱救灾投入的人力、物力和财力是巨大的。

旱灾一直是广西最为严重的灾害类型之一，地处大石山区的河池市每年都出现导致人畜饮水困难的严重旱情，生活在大石山区的各族群众主要靠在“碗一块、瓢一块”的石缝地中耕作，在十年九灾的恶劣生存环境下，他们的收入极低且极不稳定，饮水难、行路难、上学难、就医难、通电难、结婚难的情况长期以来改变不大，自我抗击自然灾害的能力较为薄弱。因此，地方政府几乎每年都要投入大量的人力物力为石山地区送水和其他救灾物资。然而，由于这些山区基础设施严重不足，大大影响了抗灾救灾的成效。在此次大旱中，由于河池市大石山区面积大、纵深广，通村道路等级低、路况差、通行能力和抗灾能力弱，这不仅导致抗旱设备和人力无法及时运送到位，也使得群众只能徒步翻山越岭到靠近公路的集中供水点背水回去；即便是前去救灾的解放军野战部队战士也有不少因山路崎岖、不堪重负而发生休克。总之交通是个大问题，只有路通了，救助范围才可扩大覆盖到各个村落。据河池市水利局的统计，该市所属大石山区20户以上的聚居贫困村屯有1793个未修通屯级路，总里程多达5083千米。因此，这些地区目前需要解决的是加强基础设施如公路、水利、水柜的建设力度，优先解决资金以及设备与技术问题。

长期以来，由于水旱灾害在大石山区灾害频现，导致地方政府及其地方财力不得不集中于抗灾救灾和灾后救助，因疲于救灾而不能专注于地方各项事业的发展，已经成为广大民族贫困地区无法实现科学发展的最大困扰。根据河池市的统计，该市在这次旱灾中累计投入抗旱资金2.1亿元，而上级政府拨付的抗旱专项经费只有1162万元；截至2010年4月底，河池市、县两级财政累计投入春耕生产资金1506.4万元，但中央和自治区财政拨款仅有137万元。另据河池市水利局的估算，该市仅水利抗旱专项经费缺口就达到5000多万元，其中关系到当地群众生产生活的山塘维修、清淤的费用，经费缺口超过2000万元。

所有这些都显示，中国西南地区的这次旱灾尽管是极端气候所致，但石山地区薄弱的基础设施状况和财政困难状况，增大了抗旱救灾的困难程度。在地方经济屡遭重创的情况下，当地党政机关和干部群众依然主动捐助了1045.2万元，占全部受捐资金的37%，河池人民齐心抗灾、共克时艰的决心和韧性由此也可见一斑。但我们在感佩的同时，发现政府对大石山区在基础设施、水利建设和财政支持方面还远远低于广大少数民族民族群众的期望，中央政府应该尽快采取果断措施，通过特殊政策切实解决困扰大石山区千百年来的人畜饮水问题。

### （三）民族贫困地区财政配套资金的问题

地方配套资金主要是指中央和省区市在下达地方专项资金的同时，要求地方市、县级相应安排配套资金。其中，省区市的项目要求市县两级财政配套，国家项目要求省市县三级财政配套。这些项目对各级地方的配套比例要求各有不同，有的不作明确规定，但一般都在40%～50%。近年来，国家对民族地区的投资越来越多，而且主要涉及民生项目。但是，由于民族贫困地区财政困难，配套资金难度大，致使其在实施过程中出现了诸多严重的问题。

（1）民族贫困地区经济社会发展滞后，群众行路难、吃水难、上学难、就医难、住房难等问题十分突出，在基础设施建设和改善民生等方面任务非常艰巨，需要国家投资建设的项目很多，如果累加起来，地方配套资金的数额将非常庞大，致使地方政府难以负担。因此，实行地方配套资金制度，会给民族贫困地区的财政造成巨大压力，给这些地区的经济社会发展带来更多的约束。

（2）由于财政困难，民族贫困地区在申报项目时，往往难以开展较大型项目建设。特别是这些地方自然灾害频发、基础设施差，综合大型农田水利工程缺失，大项目投入大，即使是配套10%，对民族贫困地区来说也是一项极大的负担。而在现行投资渠道下，中小河流堤坝的治理经费是由国家补助、地方配套和群众自筹组成，这就增加了治理的难度和地方政府及群众的负担。

（3）民族贫困地区自然条件恶劣，相关基础设施建设成本往往被低估，导致项目经费缺口较大，增加了地方政府和群众的负担。例如，目前上级部门对于凤山县修建屯级公路按照每千米5万元、修建沼气池每座1200元进行补助，与建设通屯公路每千米补助8万~10万元、新建沼气池每座补助4500元的概算投资相距很大，农民自筹占相当大的比例，难以支持项目建设。全县至少还有632千米山路要建，群众负担的总数在当地来说是很高的。另外还有一些问题，即劳动力少、里程长、补助少、管护难。道路修好后，由于缺乏资金，后期的管护不到位，许多路段存在安全隐患。管护原则上是县道县养，乡道乡养，村道村养。这样一旦公路损毁比较严重的话，农民就无力养护。一年一千米的养护费在1500元，上级拨500元，自筹1000元。现在就是保通而已。目前河池市20人以上村落尚未通车的有1200个，主要原因是资金不到位，加上村落又分散，工程成本逐年攀高，老百姓又普遍贫穷，市里没有配套资金资助，所以最终还得靠国家投入。

（4）有些地方为了获得项目，往往不顾自身财政能力，承诺配套，先把国家资金拿到手。而在实施过程中，由于一些项目成本核算被迫降低，或是地方财政配套能力出现问题，就容易出现变更计划、减少成本、降低标准乃至豆腐渣工程等问题。有的投资工程因配套资金短缺而无法完工。有些地方由于财政困难不能落实配套资金，不得已采取挪用资金、编造假账等手段蒙混过关，导致违纪违法现象增多。有些地方为了获得项目指标，想方设法筹集配套资金，甚至举债筹资，引发或加重了政府债务。有些地方由于财政配套能力有限，争取项目的积极性也大受打击，从而放弃申报项目。

我们在调查中了解到，民族贫困地区的党政领导干部对地方财政配套都有很大的意见，认为目前该制度已经造成了一种两难境地，不申报项目可惜，申报又会给地方带来很大的负担。实际上，由于投入民族地区的中央财政经费大多需要地方经费的配套支持，这导致民族贫困地方政府财政沦为“配套”财政。以河池市的巴马瑶族自治县为例，2008年全县获得中央财政投入21项共2861.5万元，需县级财政投入配套资金1514.58万元。2009年全县共获得中央财政28项专项投入，其中需要自治区财政和县级地方财政配套分别为18项和16项，分别占项目总数的64%和50%，这意味着至少一半以上的中央财政投入项目都需要地方财政提供配套；其中，中央财政共投入7954.2万元，自治区财政和县级财政分别配套2085.4万元和4496.2万元。[①] 也就是说，2008～2009年巴马县需要投入地方配套资金达6010.78万元，这对属于国家贫困县的巴马来说已成为沉重的负担。

配套财政给民族贫困地区带来的困扰显而易见。以河池市这个典型的老、少、边、山、偏地区为例，由于2009年8月以来的西南大旱对全市造成了严重影响，全市在2010年3月开始启动的大石山区人畜饮水工程建设大会战中计划总投资9.2亿元进行项目建设，其中中央补助资金约2.96亿元、地方配套约6.24亿元；中央补助资金占总投资的31%，地方配套占总投资的69%。如果自治区配套资金所占比例不高，河池市将很难自行解决所需资金。

国家实行地方配套资金，目的是发挥中央财政“四两拨千斤”、带动地方经济和公益事业发展的作用。然而在实施过程中，却出现了一系列问题，特别是民族贫困地区由于财政状况的影响，问题尤其严重。各地普遍反映财政收支矛盾突出，落实配套资金困难。地方财政配套制度在这些地方已经失去了其积极意义。当前，西部民族地区发展正处在攻坚的关键时刻，资金需求巨大，国家在财政方面对这些民族贫困地区应当提供更加有力的支持，使财政支持成为其经济发展的发动机。

### （四）政策建议

民族贫困地区有着独特的自然、历史、社会、文化特点，以及经济社会发展的现实困难和需求，应当在财政支持方面实行与东部发达地区不同的政策。特别是民族贫困地区有相当一部分属于边境地区、生态环境保护区和矿产资源蕴藏区，具有重要的战略和资源地位，在维稳固边、生态建设和环境保护等方面，都承担着非常艰巨的任务，应当给予特殊的财政支持。

---

① 2010年5月28日巴马瑶族自治县财政局提供的数据。

在国家的有关法律和政策中，都关注到了地方财政配套对于民族贫困地区的限制和消极影响，作出了减免地方财政配套资金的一些规定。如2000年修订的《民族区域自治法》在第五十六条规定："国家在民族自治地方安排基础设施建设，需要民族自治地方配套资金的，根据不同情况给予减少或者免除配套资金的照顾"；国务院2005年5月19日公布的《实施〈中华人民共和国民族区域自治法〉若干规定》第七条中规定："民族自治地方的国家扶贫重点县和财政困难县确实无力负担的免除配套资金"；国务院2009年年底公布的《国务院关于进一步促进广西经济社会发展的若干意见》（国发2009第42号）第十二条中规定："对中央投资安排河池、百色的公益性建设项目，适当减少市级配套资金。"但是，在实践中，这种减免政策并未得到有效实施。例如2010年广西开展的大石山区人畜饮水工程大会战，百色和河池两市仍然需要投入地方财政配套资金。因此，在调查中地方干部群众建议取消地方财政配套。

我们认为，国家在制定"十二五"规划和启动新一轮西部大开发战略部署时，要充分考虑民族贫困地区地方财政困难的现实情况，在项目资金配套政策具体安排上对民族贫困县将给予更加切合实际的照顾。如果条件允许，应该考虑对民族贫困地区全面、彻底地免除所有资金配套的要求，彻底解除西部老少边穷地区经济社会发展的财政负担。为此，提出以下建议：

（1）根据民族贫困地区的财政收入状况，减少或者免除地方配套资金。要制定出具体可行的方案或细则。比如，规定国家级贫困县、集中连片的贫困地市完全取消地方财政配套；省区市级贫困县适当减少地方配套资金，或是配套资金不得超过一定比例。确保民族贫困地区的各级政府能够逐步从"吃饭型"财政和"配套"财政的状态中解脱出来，专注于改善民生、发展经济，促进各项事业又好又快地发展。

（2）放宽民族贫困地区减少或免除地方配套资金的范围。包括基础设施、生态建设和环境保护、社会事业等公益性建设项目，均应纳入减少或免除地方配套资金的范围，特别是对关系国计民生的项目实行"零配套"。大型农田水利工程不纳入地方配套资金规定范围。宜参照国务院

《支持西藏经济社会发展若干政策和重大项目的意见》中“除国务院另有规定的项目外，不要求西藏财政配套”“对中央安排的基础设施、生态建设和环境保护、社会事业、农牧林水气、基层政权等公益性建设项目，取消西藏地方政府配套投资”的规定，对其他少数民族贫困地区实行同样的政策。

（3）考虑到民族贫困地区财政困难、基础设施落后、重大灾害频发、社会事业和公共服务滞后的现实，建议中央政府在规划新一轮西部大开发战略部署时，对民族贫困地区的水利、交通、教育、卫生等方面的建设进行全面规划和战略部署，彻底改变西部民族贫困地区经济社会发展严重滞后的面貌。

（4）取消民族贫困地区财政配套资金后，为了更好地推动这些地区经济社会各项建设事业的开展，应当设计更加科学合理地针对民族贫困地区建设项目的申报、审批、管理、监督、验收的机制或制度。

综上所述，要解决西部民族贫困地区在基础设施建设、经济社会发展和生态环境保护等方面长期存在的问题，就必须解决资金投入问题。建议中央政府取消民族贫困地区财政配套制度，这样不仅可以使民族贫困地区的干部群众真真切切地感到党和国家对他们的关心和帮助，而且也有助于进一步提振整个西部民族地区的基础设施建设和公共服务水平，有助于宣传我国民族区域自治制度在处理和解决民族问题方面巨大的制度优势，更是确保新一轮西部大开发取得显著成效的关键所在。

**图书在版编目(CIP)数据**

特大自然灾害与社会危机应对机制：2008年南方雨雪冰冻灾害的反思与启示/郝时远主编. —北京：社会科学文献出版社，2013.4
(中国社会科学院国情调研丛书)
ISBN 978-7-5097-4372-0

Ⅰ.①特… Ⅱ.①郝… Ⅲ.①雪害-灾害管理-研究-中国 ②冰害-灾害管理-研究-中国 Ⅳ.①P426.616

中国版本图书馆CIP数据核字（2013）第045371号

·中国社会科学院国情调研丛书·
**特大自然灾害与社会危机应对机制**
——2008年南方雨雪冰冻灾害的反思与启示

主　　编／郝时远

出 版 人／谢寿光
出 版 者／社会科学文献出版社
地　　址／北京市西城区北三环中路甲29号院3号楼华龙大厦
邮政编码／100029

责任部门／人文分社（010）59367215　　责任编辑／王玉霞
电子信箱／renwen@ssap.cn　　责任校对／韩海超
项目统筹／宋月华　范　迎　　责任印制／岳　阳
经　　销／社会科学文献出版社市场营销中心（010）59367081　59367089
读者服务／读者服务中心（010）59367028

印　　装／三河市尚艺印装有限公司
开　　本／787mm×1092mm　1/16　　印　　张／21
版　　次／2013年4月第1版　　字　　数／318千字
印　　次／2013年4月第1次印刷
书　　号／ISBN 978-7-5097-4372-0
定　　价／79.00元